ଡ: ଜ୍ୟୋସ୍ନା ମହାପାତ୍ରଙ୍କ ଲୋକପ୍ରିୟ ବିଜ୍ଞାନ

ଡ: ଜ୍ୟୋସ୍ନା ମହାପାତ୍ର

VIDYA
PUBLISHING INC.

ବିଦ୍ୟା ପବ୍ଲିଶିଙ୍

ଟରୋଣ୍ଟୋ, କାନାଡ଼ା ॥ ଭୁବନେଶ୍ୱର, ଓଡ଼ିଶା

ଡ଼: ଜ୍ୟୋସ୍ନା ମହାପାତ୍ରଙ୍କ ଲୋକପ୍ରିୟ ବିଜ୍ଞାନ

ଲେଖିକା	: ଡ଼: ଜ୍ୟୋସ୍ନା ମହାପାତ୍ର
ପ୍ରକାଶକ	: ଡ. ତନ୍ମୟ ପଣ୍ଡା, ଡ. ସୁନନ୍ଦା ମିଶ୍ର ପଣ୍ଡା
	ବିଦ୍ୟା ପବ୍ଲିଶିଙ୍ଗ୍ ଇଙ୍କ୍, ଟରୋଣ୍ଟୋ, କାନାଡ଼ା
ପ୍ରଥମ ସଂସ୍କରଣ	: ଅଗଷ୍ଟ, ୨୦୨୪

....

Dr. Jyotshna Mahapatranka Lokapriya Bignyana
(by Dr. Jyotshna Mahapatra)

ISBN : 978-1-998475-09-4

First Edition	: August, 2024
Published by	: Dr. Tanmay Panda & Dr. Sunanda Mishra Panda
	Vidya Publishing Inc.,
	Toronto, Canada || Bhubaneswar, Odisha
Website	: www.vidyapublishing.com
Email	: vidyapublishinginc@gmail.com
Cell	: +1 6478389884
Odisha Contact	: Nirmalya Garden, Plot 516/1719, House 10,
	KIIT Post Office, Patia, Bhubaneswar - 751024
Cell	: +91 8000455611
Cover Design	: Srushti Panda
	Printed in India, Biswanath Enterprises
Price	: ₹ 275/-

ଜୟ ଜଗନ୍ନାଥ

ଜଗନ୍ନାଥ ସ୍ୱାମୀ

ନୟନପଥଗାମୀ

ଭବତୁମେ

ଉତ୍ସର୍ଗ

ସୁଦେଷ୍ଣା ଓ ଅମିତାଭ **ସୁନିଭା ଓ ସୁରଜିତ୍**

ମୋର କନ୍ୟା ସୁଦେଷ୍ଣା, ଜ୍ୱାଇଁ ଅମିତାଭ, ପୁତ୍ର ସୁରଜିତ୍‌, ବୋହୂ ସୁନିଭାଙ୍କ ହାତରେ ପୁସ୍ତକଟି ଟେକିଦେଲି ।

- ଲେଖିକା

ଧନ୍ୟବାଦ

ପୁସ୍ତକଟି ପ୍ରକାଶ କରିବାରେ ଯେ ମୋତେ ସାହାଯ୍ୟ କରିଛନ୍ତି, ସେ ହେଉଛନ୍ତି ମୋର ସ୍ୱାମୀ ଡ: ଶ୍ରୀକାନ୍ତ ପଟ୍ଟନାଏକ । ତାଙ୍କୁ ମୋର ଅଶେଷ ଧନ୍ୟବାଦ । ମୋର ବାପା ଡ: ଗୋକୁଳାନନ୍ଦ ମହାପାତ୍ର ଆଜି ନଥିଲେ ମଧ୍ୟ ତାଙ୍କର ପ୍ରେରଣା ଓ ଉତ୍କଣ୍ଠା ଆଜି ବହିଟି ପ୍ରକାଶ କରିବାରେ ମୋତେ ସାହାଯ୍ୟ କରିପାରିଛି । ଆମେରିକାରେ ରହୁଥିବା ମୋ ପିଲାମାନଙ୍କର ଉତ୍ସାହ ମଧ୍ୟ କମ୍ ନୁହେଁ, ସେମାନଙ୍କୁ ମୋର ଧନ୍ୟବାଦ ଓ ହୃଦୟଭରା ଆର୍ଶୀବାଦ ।

ଆମୁଖ

ଡଃ ନିତ୍ୟାନନ୍ଦ ସ୍ୱାଇଁ

ଡକ୍ଟର ଜ୍ୟୋତ୍ସ୍ନା ମହାପାତ୍ର ସୁଯୋଗ୍ୟ ପିତା ପ୍ରଫେସର ଡକ୍ଟର ଗୋକୁଳାନନ୍ଦ ମହାପାତ୍ରଙ୍କର ସୁଯୋଗ୍ୟା କନ୍ୟା। ପ୍ରଫେସର ମହାପାତ୍ର ଥିଲେ ଓଡ଼ିଶାରେ ଜନପ୍ରିୟ ବିଜ୍ଞାନ ରଚନାର ଅଗ୍ରପଥିକ। ଓଡ଼ିଆ ଭାଷାରେ ବିଜ୍ଞାନର ସାମାଜିକୀକରଣ କରାଇବାରେ ତାଙ୍କର ଅବଦାନ ଅବିସ୍ମରଣୀୟ। ପିତାଙ୍କ ପଦାଙ୍କ ଅନୁସରଣ କରି ଡକ୍ଟର ଜ୍ୟୋତ୍ସ୍ନା ମହାପାତ୍ର ବିଗତ ତିନି ଦଶକରୁ ଊର୍ଦ୍ଧ୍ୱ କାଳ ଧରି ବିଜ୍ଞାନକୁ ଲୋକାଭିମୁଖୀ କରାଇବାରେ ସ୍ୱୀୟଲେଖନୀ ଚଳେଇ ଆସୁଛନ୍ତି। ଉତ୍କଳର ବିଜ୍ଞାନ ସାହିତ୍ୟ କ୍ଷେତ୍ରକୁ ଏକାଧିକ ଗ୍ରନ୍ଥ ଉପହାର ଦେଇ ନିଜର ସାରସ୍ୱତ ପ୍ରତିଭାକୁ ସୁପ୍ରତିଷ୍ଠିତ କରିପାରିଛନ୍ତି ସେ।

"ଜ୍ୟୋତ୍ସ୍ନା ମହାପାତ୍ରଙ୍କର ଲୋକପ୍ରିୟ ବିଜ୍ଞାନ" ଶୀର୍ଷକ ପୁସ୍ତକଟି ତାଙ୍କର ସଦ୍ୟତମ ସୃଷ୍ଟି। ଏହି ପୁସ୍ତକଟିରେ ସନ୍ନିବିଷ୍ଟ ହୋଇଛି ବିବିଧ ସ୍ୱାଦର ଚାଳିଶଟି ପ୍ରବନ୍ଧ। ବୈଜ୍ଞାନିକଙ୍କ ଜୀବନୀଠାରୁ ଆରମ୍ଭ କରି ବିଜ୍ଞାନର ପ୍ରାୟ ସମସ୍ତ ମୌଳିକ ଶାଖାର ନିର୍ବାଚିତ ବିଷୟ ଏହି ପୁସ୍ତକଟିରେ ସ୍ଥାନିତ। ବିଷୟଗୁଡ଼ିକର ଉପସ୍ଥାପନା ଶୈଳୀ ଅତ୍ୟନ୍ତ ଆକର୍ଷଣୀୟ, କୌତୂହଳୋଦ୍ଦୀପକ ତଥା ଅନୁସନ୍ଧିତ୍ସାମୂଳକ। ବୈଜ୍ଞାନିକ ତଥ୍ୟଭିତ୍ତିକ ହୋଇଥିଲେ ମଧ୍ୟ ବିଷୟଗୁଡ଼ିକରେ ବୈଜ୍ଞାନିକ ପରିଭାଷାର କାଠିନ୍ୟ ନାହିଁ। ଭାଷା ସରଳ ତଥା ବୋଧଗମ୍ୟ।

ଜନସାଧାରଣଙ୍କୁ ବିଜ୍ଞାନ ସାକ୍ଷର କରେଇବା ସଙ୍ଗେ ସଙ୍ଗେ ବିଜ୍ଞାନର ବିଭିନ୍ନ ବିଭାବ ସମ୍ବନ୍ଧରେ ସେମାନଙ୍କ ଜ୍ଞାନକୁ ସମୃଦ୍ଧ କରିବାରେ ଏହି ପୁସ୍ତକଟି ଯେ ଯଥେଷ୍ଟ ସହାୟକ ହୋଇପାରିବ, ଏହା ନିଃସନ୍ଦେହ।

ବିଶିଷ୍ଟ ଭାରତୀୟ ବିଜ୍ଞାନୀ ଆତ୍ମା ରାମ କହିଥିଲେ "କଳକାରଖାନାର ଶ୍ରମିକ, କୃଷିକ୍ଷେତ୍ରର କୃଷକ ଓ ପରିବାରର ପ୍ରତ୍ୟେକ ସଦସ୍ୟଙ୍କ ନିକଟରେ ବିଜ୍ଞାନ-ଜ୍ଞାନକୁ ପହଞ୍ଚେଇବା ହିଁ ସାମ୍ପ୍ରତିକ ସମୟର ପ୍ରଧାନ ଆବଶ୍ୟକତା।" ଆତ୍ମା ରାମଙ୍କର ଏହି ଉକ୍ତିକୁ ସାର୍ଥକ କରିବାରେ ନିରନ୍ତର ବ୍ରତୀ ରହିଆସିଛନ୍ତି ଡକ୍ଟର ଜ୍ୟୋତ୍ସ୍ନା ମହାପାତ୍ର।

ଡକ୍ଟର ଜ୍ୟୋତ୍ସ୍ନା ମହାପାତ୍ରଙ୍କ ଲେଖନୀ ସତତ ସକ୍ରିୟ ରହି ଆହୁରି ଯଶସ୍ୱିନୀ ହେଉ। ପୁସ୍ତକଟି ପ୍ରାପ୍ତ ହେଉ ପ୍ରଚୁର ପାଠକୀୟ ପ୍ରଶଂସା।

୨୨ ଜୁଲାଇ, ୨୦୨୪ **ଡ: ନିତ୍ୟାନନ୍ଦ ସ୍ୱାଇଁ**

ବୈଜ୍ଞାନିକ ମନବୃତ୍ତି

ଆଜିକାଲି ଦୁନିଆରେ ସୁନାଗରିକ ହୋଇ ଶାନ୍ତି ଓ ସ୍ୱଚ୍ଛଳ ଅବସ୍ଥାରେ ରହିବା ପାଇଁ ହେଲେ ଆମ ଦେଶର ନାଗରିକମାନେ ବୈଜ୍ଞାନିକ ମନୋବୃତ୍ତି ସମ୍ପନ୍ନ ହେବା ନିହାତି ଆବଶ୍ୟକ। ବୈଜ୍ଞାନିକ ମନୋଭାବପନ୍ନ ହେବା ବିଜ୍ଞାନ ଶିକ୍ଷା ଉପରେ ନିର୍ଭର କରେ ନାହିଁ। ବିଜ୍ଞାନ ଶିକ୍ଷା ନ ପାଇ ମଧ୍ୟ ଲୋକେ ବୈଜ୍ଞାନିକ ମନୋଭାବାପନ୍ନ ହୋଇପାରିବେ। ସେ ଜାଣିଛି ରୋଗର ଚିକିତ୍ସା ଚିକିତ୍ସକମାନେ ହିଁ କରିପାରିବେ, ମା', ବାବାମାନେ ଆଦୌ କରିପାରିବେନି। ଯେତେ ମନ୍ତ୍ର ପାଠ କଲେ, ଝଡ଼ା ଫୁଙ୍କା କଲେ ବା ଠାକୁରଙ୍କ ପାଖରେ ଦିନ ଦିନ ଅଧିଆ ପଡ଼ିଲେ କିଛି ଲାଭ ହେବ ନାହିଁ। ସାପ କାମୁଡ଼ିଲେ ବା କୁକୁର କାମୁଡ଼ିଲେ ସେ ଚିକିତ୍ସା ପାଇଁ ଡାକ୍ତରଙ୍କ ପାଖକୁ ଯିବା ଉଚିତ ନା ଗୁଣିଆଠାକୁ ଯାଇ ନିଜ ଲୋକଙ୍କୁ ମୃତ୍ୟୁ ମୁଖକୁ ଟାଣିନେବା ଅତି ମୁର୍ଖାମୀର କାମ। ଏହିସବୁ ହେଲା ବୈଜ୍ଞାନିକ ମନୋବୃତ୍ତିର ବିଭିନ୍ନ ଉଦାହରଣ। ଆଜି ପର୍ଯ୍ୟନ୍ତ ସେହି ପୁରୁଣା ଚିନ୍ତାଧାର କି ଗାଁ ଗଣ୍ଡା ସହର ଆଦିରେ ପ୍ରଚଳିତ ହେଉଛି। ଅନ୍ଧବିଶ୍ୱାସ କିଛି ଦୂର ହୋଇପାରୁ ନାହିଁ।

ଆଜିର ଦୁନିଆରେ ସରଳ ଭାଷାରେ ଅନେକ ଲୋକପ୍ରିୟ ବିଜ୍ଞାନ ପ୍ରକାଶ କରୁଛନ୍ତି। ଅବସର ସମୟରେ ସେହି ଗୁଡ଼ିକ ପଢ଼ିଲେ ବିଜ୍ଞାନ ବିଷୟରେ କିଛିଟା ଜ୍ଞାନ ହୋଇପାରିବ। ଏହି ବହିଟି "ଜ୍ୟୋତ୍ସ୍ନା ମହାପାତ୍ରଙ୍କର ଲୋକପ୍ରିୟ ବିଜ୍ଞାନ"ରେ ଲେଖିକା ଛୋଟ ଛୋଟ କିଛିଟା ବିଷୟ ଅତି ସରଳ ଭାଷାରେ ବୁଝାଇବାକୁ ଚେଷ୍ଟା କରାହୋଇଛି। ଏଥିରେ ଅଛି ବିଭିନ୍ନ ସ୍ୱାଦର ଚାଳିଶିଟି ପ୍ରବନ୍ଧ। ଏହିଗୁଡ଼ିକ ସମୟ ସମୟରେ ଓଡ଼ିଶା ବିଜ୍ଞାନ ଏକାଡେମୀର ପତ୍ରିକା

ବିଜ୍ଞାନ ଦିଗନ୍ତ, କାଦମ୍ବିନୀ, ବିଜ୍ଞାନ ଆଲୋକ ଏବଂ କିଛି ଖବର କାଗଜରେ ପ୍ରକାଶିତ ଲେଖା ।

ଆଜି ପର୍ଯ୍ୟନ୍ତ ଆମ ସମାଜରେ ନାନାପ୍ରକାରର ଅନ୍ଧବିଶ୍ୱାସ ଭର୍ତ୍ତି ହୋଇଛି । ସେହି ବିଷୟରେ ମଧ୍ୟ କିଛି ଆଲୋଚନା କରାହୋଇଛି । ପରିବେଶ ପ୍ରଦୂଷଣ ବଢ଼ିବାରେ ଲାଗିଛି, ସେହି ବିଷୟରେ କିଛିଟା ଚିନ୍ତା ମଧ୍ୟ ବହିରେ ପ୍ରକାଶ ପାଇଛି ।

ଆଧୁନିକ ବୈଜ୍ଞାନିକମାନଙ୍କ ମଧ୍ୟରେ ପୃଥିବୀରେ ବିଜ୍ଞାନର ଆରମ୍ଭ ହୁଏ ଆଜକୁ ପ୍ରାୟ ଦଶ ହଜାର ବର୍ଷ ତଳେ । ଆଜି ବିଜ୍ଞାନର ପ୍ରସାର ହୋଇଛି ସତ; କିନ୍ତୁ ଚିନ୍ତାଧାରା ବଦଳିବାକୁ ଆହୁରି ସମୟ ଲାଗିବ । ବିଜ୍ଞାନକୁ ଜନପ୍ରିୟ କରିବାକୁ ବିଜ୍ଞାନ ପ୍ରେମୀମାନେ ଯଥାସାଧ୍ୟ ଚେଷ୍ଟା କରିବା ଉଚିତ । ବିଜ୍ଞାନ କିପରି ସମସ୍ତଙ୍କ ପାଖରେ ପହଞ୍ଚିପାରିବ, ସେଥିପାଇଁ ଅତି ସରଳ ଭାଷାରେ ଏବଂ ମଜାଳିଆ ଗପ ଆକାରରେ ଲେଖା ପ୍ରକାଶ କଲେ କିଛିଟା ଫଳ ହେବ ଏବଂ ଅନ୍ଧବିଶ୍ୱାସ ସମାଜରୁ ଲୋପ ପାଇବ ଓ ଲୋକଙ୍କର ବୈଜ୍ଞାନିକ ମନବୃତ୍ତି ବଢ଼ିବ । ଏହି ପୁସ୍ତକଟି "ଜ୍ୟୋସ୍ନା ମହାପାତ୍ରଙ୍କର ଲୋକପ୍ରିୟ ବିଜ୍ଞାନ"ର ଉଦ୍ଦେଶ୍ୟ ହିଁ ସେୟା । ଭାଷା ଅତି ସରଳ ମନକୁ ଛୁଇଁଲା ଭଳି କଥା । ସମସ୍ତେ ଆନନ୍ଦ ପାଇଲେ ମୋର ଶ୍ରମ ସାର୍ଥକ ହେବ ।

- ଲେଖିକା

ସୂଚିପତ୍ର

ବୈଜ୍ଞାନିକ ଗଳ୍ପ

ଶ୍ରଦ୍ଧାଞ୍ଜଳୀ

❖❖

ଡାଇନୋସର

ଏହା ଏକ ଗ୍ରୀକ୍ ଶବ୍ଦ, ଯାହାର ଆକ୍ଷରିକ ଅର୍ଥ ହେଉଛି ଭୟଙ୍କର ଝିଟିପିଟି । ଅତି ପୁରାକାଳରେ ଭୂମି ଉପରେ ଆତଯାତ କରୁଥିବା ଝିଟିପିଟି, ଗୋଧି ଜାତୀୟ ପ୍ରାଣୀ ଆକାରରେ କଳ୍ପନାତୀତ କୋଟି ବର୍ଷ ତଳେ ମେସୋଜୋଇକ୍ କଳ୍ପରେ ଟ୍ରାଇଆସିକ, ଜୁରାସିକ ଓ କ୍ରେଟାସିୟସ ଯୁଗରେ ଏହି ପୃଥିବୀରେ ଆତଯାତ ହେଉଥିଲେ । ସେମାନଙ୍କ ଶରୀର ଆକାରରେ ଖୁବ୍ ବିରାଟ ଥିଲା । କିନ୍ତୁ ମସ୍ତିଷ୍କ ଶରୀର ତୁଳନାରେ ଖୁବ୍ ଛୋଟ ଥିଲା । ସେମାନଙ୍କର ଏହି ବିଶାଳ ଶରୀର ହେତୁ ସେମାନେ ସେ ଯୁଗରେ ଖୁବ୍ ଆଧିପତ୍ୟ ବିସ୍ତାର କରିଥିଲେ । ସେମାନଙ୍କ କଙ୍କାଳ ପ୍ରସ୍ତରୀଭୂତ ବା ଜୀବାଶ୍ମ ଭାବରେ ବିଭିନ୍ନ ସ୍ଥାନରେ ମିଳୁଥିବାରୁ ସେହି ପ୍ରସ୍ତରୀଭୂତ କଙ୍କାଳରୁ ସେମାନେ ବିଶାଳତା ସମ୍ବନ୍ଧରେ ବହୁତ କିଛି କଳ୍ପନା କରିହୁଏ । କେତେକ ଦେଶରେ ସେମାନଙ୍କ ବିରାଟ ବିରାଟ ପଦଚିହ୍ନ ପ୍ରସ୍ତରୀଭୂତ ଅବସ୍ଥାରେ ମିଳୁଥିବାରୁ ସେମାନଙ୍କ ପଦଚିହ୍ନରୁ ସେମାନଙ୍କ ଶରୀରର ବିଶାଳତା ସମ୍ବନ୍ଧରେ ଧାରଣା ହୁଏ ।

ଡାଇନୋସର ନାମ ଡାଇନୋସୋରିଆ (Dianosoria)ରୁ ଆସିଛି । ଇଂରାଜୀ ବୈଜ୍ଞାନିକ ରିଚ୍ଚର୍ଡ଼ ଓଏନ୍ (Richard Owen) ୧୮୪୨ ମସିହାରେ ଏହି ଜନ୍ତୁର ନାମ ଏହିପରି ରଖିଥିଲେ । ଯାହାର ଗ୍ରୀକ୍ ଭାଷାର ଅର୍ଥ ଡେଇନୋ (deino) ଅର୍ଥ ଭୟଙ୍କର ('terrible' or 'fearful, great') ଏବଂ ସଉରସ (sauros)ର ଅର୍ଥ ଝିଟିପିଟି ବା ସରୀସୃପ ଜାତୀୟ ।

ଡାଇନୋସର ଟ୍ରାଆସିକ୍, ଜୁରାସିକ୍ ଏବଂ କ୍ରିଟାସିଏସ୍ ପିରିୟଡ୍‌ରେ ଦେଖିବାକୁ ମିଳିଥିଲା । ୨୨୫ ମିଲିଅନ୍ ବର୍ଷରୁ ୬୫ ମିଲିଅନ୍ ବର୍ଷ ପର୍ଯ୍ୟନ୍ତ

ଏମାନେ ପୃଥିବୀ ପୃଷ୍ଠରେ ଦେଖାଯାଉଥିଲେ । ଏହି ସମୟରେ ବିଭିନ୍ନ ଜାତିର ଡାଇନୋସର ଦେଖିବାକୁ ମିଳୁଥିଲେ । ଜୁରାସିକ୍ ପାର୍କ ସିନେମା ଦେଖିବା ପରେ ଅନେକ ଲୋକଙ୍କର ଡାଇନୋସର ବିଷୟରେ ଜାଣିବା ପାଇଁ ଆଗ୍ରହ ଜନ୍ମିଲା । ଲକ୍ଷ ଲକ୍ଷ ବର୍ଷ ଆଗେ ଯେତେବେଳେ ଦୁନିଆରେ ଲୋକମାନଙ୍କର ଚିହ୍ନବର୍ଣ୍ଣ ନଥିଲା । ସେତେବେଳେ ରାଜୁତି ଥିଲା ଏହି ଡାଇନୋସରଙ୍କର । ଡାଇନୋସରମାନେ ଲୋପ ପାଇଲା ପରେ ମଣିଷମାନଙ୍କର ଜନ୍ମ । ଡାଇନୋସର ସରୀସୃପ ଜାତୀୟ ପ୍ରାଣୀ ମେସୋଜୋଇକ୍ ସମୟର ଏବଂ (Mesozoic era) ସବୁଠାରୁ ବଡ଼ ଡାଇନୋସର ଉଚ୍ଚତା ୧୦୦ ଫୁଟ (୩୦ ମିଟର) ଲମ୍ବା ୨୫୦ ଫୁଟ (୧୫ ମିଟର) ଉଚ୍ଚତା ଏବଂ ସବୁଠାରୁ ଛୋଟ ଡାଇନୋସରର ଆକାର ଗୋଟିଏ କୁକୁଡ଼ାର ଆକାର ଭଳି । ସେମାନେ କିପରି ଆବାଜ କରୁଥିଲେ, କିପରି ପ୍ରକୃତି ତାଙ୍କର, କିପରି ବଂଶ ବିସ୍ତାର କରୁଥିଲେ କିଛି ଠିକ୍ ଭାବରେ ଜଣାପଡ଼ିନାହିଁ । ଜୀବାଶ୍ମରୁ ମଧ୍ୟ ନାରୀ କି ପୁରୁଷ ଡାଇନୋସର ଜାଣିବା କଷ୍ଟକର ହୋଇପଡ଼େ । ତେବେ ବୈଜ୍ଞାନିକମାନେ କିଛି କିଛି ତଥ୍ୟ ସେମାନଙ୍କ ବିଷୟରେ ସଂଗ୍ରହ କରିପାରିଛନ୍ତି । ଏଥିପାଇଁ ତାଙ୍କୁ ଅନେକ କଷ୍ଟ କରିବାକୁ ପଡ଼ିଛି ।

କେତେ ଡାଇନୋସର ଦୁଇଟି ଗୋଡ଼, କେତେକଙ୍କର ଚାରୋଟି ଆଉ କେତେକଙ୍କର ଅଧିକ ଗୋଡ଼ ଥିବାର ଦେଖାଯାଏ । କେତେ ଡାଇନୋସର ଜୋରରେ ଦୌଡ଼ି ପାରନ୍ତି ତ ଆଉ କେତେକଙ୍କର ଗତିପଥ ଅତି ଧୀର । ନିଜକୁ ଶତ୍ରୁ କବଳରୁ ରକ୍ଷା କରିବା ପାଇଁ କେତେକ ଡାଇନୋସରର ଶରୀରରେ ବିଭିନ୍ନ ପ୍ରକାରର ଅସ୍ତ୍ରଶସ୍ତ୍ର ଥାଏ । କେତେକଙ୍କର ମୋଟା ଚର୍ମ ତ ଆଉ କେତେକଙ୍କର ନରମ ପର ଭଳି । କେତେଗୁଡ଼ିଏ ଡାଇନୋସରଙ୍କର ଚେହେରା ଏବଂ ପ୍ରକୃତି ବିଷୟରେ କିଛି କିଛି ଜ୍ଞାନ ଅର୍ଜନ କରିବା ।

ଆଙ୍କିଲୋସଉରସ (Ankylosaurus)

ଆଙ୍କିଲୋସରସ ଦେଖିବାକୁ ସିଧା ଝିଟିପିଟି ଭଳି । ଏହା ଏକପ୍ରକାରର ନିରାମିଶାସୀ ଡାଇନୋସର । ଏହି ଡାଇନୋସର ଆମେରିକା ଓ ଏସିଆରେ ବାସ କରୁଥିଲେ । ଏମାନଙ୍କର ଲମ୍ବ ୩୩ ଫୁଟ । ଶରୀରଟି ବେଶ ମୋଟା । ଏହାର ଚାରୋଟି ଗୋଡ଼ ଅଛି । ମୁଣ୍ଡ ପାଖରେ ଏକ ଧାରୁଆ ପ୍ଲେଟ୍ ଭଳି ଅଂଶ ଅଛି । ଏହାର ଲାଞ୍ଜର ଶେଷଭାଗରେ ମଧ୍ୟ ଏକ ଭାରୀ ହାଡ଼ ଅଛି । ନିଜକୁ ସେ ଏହିଥିରେ ବିପଦରୁ ରକ୍ଷା କରିପାରେ ।

ଲଙ୍ଗିସ୍କୁଆମା (Longisquama)

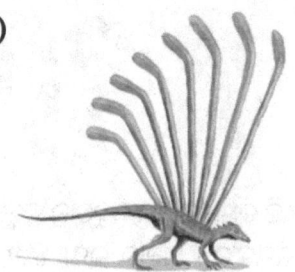

ଏହି ପ୍ରକାରର ଡାଇନୋସର ୧୯୭୦ ମସିହାରେ କିରଗିସ୍ଥାନରେ ଆବିଷ୍କାର କରାହୋଇଥିଲା । ଏସିଆର ମଧ୍ୟଭାଗରେ ମଧ୍ୟ ଏହି ପ୍ରକାର ଡାଇନୋସର ଦେଖାଯାଆନ୍ତି । ଏହା ଦେଖିବାକୁ ଏକ ସୁନ୍ଦର ରଙ୍ଗରଙ୍ଗିଆ ଝିଟିପିଟି ଭଳି ।

ଏହାର ଲମ୍ବା ଲମ୍ବା ରଙ୍ଗ ରଙ୍ଗିଆ ସ୍କେଲ୍ ତା'ର ଚେହେରାକୁ ଆକର୍ଷଣୀୟ କରିଥାଏ, ଯାହାକି ସେ ଆରାମ କରୁଥିଲାବେଳେ ସିଧା ହୋଇ ରହେ । କିନ୍ତୁ ଚାଲିଲା ବେଳେ ଏହି ସ୍କେଲ୍ ଗୁଡ଼ିକ ଡେଣା ଭଳି କାମ କରିଥାଆନ୍ତି । ଏହି ଡାଇନୋସର ପୋକ ଜୋକ ଖାଇବାକୁ ବେଶି ପସନ୍ଦ କରେ ।

ସିଲିଡୋସଉରସ (Scelidosaurus)

ଏହି ପ୍ରକାର ଡାଇନୋସର ୧୮୫ ମିଲିଅନ୍ ବର୍ଷ ଆଗେ ଦେଖାଯାଉଥିଲା । ତେର ଫୁଟ ଉଚ୍ଚତା ମୋଟା ଦେହ ଥିବା ଡାଇନୋସର । ଏହା ନିରାମିଶାସୀ ପ୍ରାଣୀ । ସେଥିପାଇଁ ଏହାର ଦୁର୍ବଳିଆ ଗୋଡ଼ ଅଛି ।

ଟିରାନୋସଉରସ ରେକ (Tyrannosaurus Rex)

ଏହି ଡାଇନୋସର ସବୁଠାରୁ ବଳୁଆ ଓ ଅଧିକ ଶକ୍ତିଶାଳୀ ଏବଂ ଦେଖିବାକୁ ବିରାଟ ଓ ଭୟଙ୍କର । ଏହାର ଲମ୍ବା ୪୬ ଫୁଟ ଏବଂ ଉଚ୍ଚତା ୧୮ ଫୁଟ ଏବଂ ଓଜନ ୧୦ ଟନ୍ ।

ଏହାର ମୁଣ୍ଡ ଅତ୍ୟଧିକ ବଡ଼ ଏବଂ ମାଢ଼ିଗୁଡ଼ିକ ଅତି ଶକ୍ତିଶାଳୀ ପ୍ରାୟ ୪ ଫୁଟ ଲମ୍ବା । ଉପରମାଢ଼ି ଓ ତଳମାଢ଼ିରେ ଶକ୍ତିଶାଳୀ ଦାନ୍ତ ଭରପୂର । ଏହାଦ୍ୱାରା ସେ ବଡ଼ ବଡ଼ ଖଣ୍ଡ ମାଂସ ଖାଇପାରେ । ହାତ ଦୁଇଟି ଦେହ ତୁଳନାରେ ଅତି ଛୋଟ । ଏହି ଡାଇନୋସର ଅନ୍ୟାନ୍ୟ ଡାଇନୋସରଙ୍କୁ ମଧ୍ୟ ମାରି ଖାଇଦିଏ ।

ଷ୍ଟେଗୋସରସ (Stegosaurus)

ଷ୍ଟେଗୋସରସକୁ ଅସ୍ତ୍ରଶସ୍ତ୍ର ବାଲା ଡାଇନୋସର କୁହାଯାଏ; କାରଣ ଏହା ପିଠିରେ ଦୁଇଧାଡ଼ି ହାଡ଼ର ପ୍ଲେଟ୍ ଥାଏ । ଏହିଗୁଡ଼ିକ ତାକୁ ଶତ୍ରୁଠାରୁ ବଞ୍ଚାଇଥାଏ

ଏହା ମଧ୍ୟ ତାକୁ ଗରମରୁ ବଞ୍ଚାଇବାରେ ସାହାଯ୍ୟ କରେ । ଏହାର ଲାଞ୍ଜର ଶେଷ ଭାଗରେ ୪ଟି ମୁନିଆଁ ହାଡ଼ ଥାଏ । ଏହି ହାଡ଼ଗୁଡ଼ିକ ଶତ୍ରୁଠାରୁ ନିଜକୁ ରକ୍ଷା କରିବା ପାଇଁ ବେଶ ସାହାଯ୍ୟ କରେ । ଏହି ଡାଇନୋସର ଉଚ୍ଚତା ୧୯ ଫୁଟ ଏବଂ ଓଜନ ପ୍ରାୟ ୫ ଟନ । ପାଣି ପାଖରେ ଉଠୁଥିବା ଗଛଲତାକୁ ଖାଇବାକୁ ବେଶୀ ପସନ୍ଦ କରେ ।

ସବୁଠାରୁ ବଡ଼ ଡିପ୍ଲୋଡୋକସ୍‌ର ଲମ୍ବ ୫୯ ଫୁଟ । ଏହା ଦେହର ଅଧା ଲମ୍ବ ତା'ର ଲାଞ୍ଜ । ଏହି ଲାଞ୍ଜକୁ ଦେଖି ମଧ୍ୟ ତା'ର ବେକ ଠିକ୍ ସେହିପରି ଅତ୍ୟଧିକ ଲମ୍ବା । ଏହାର ଓଜନ ୧୨ ଟନ୍ । ମୁଣ୍ଡଟି ଲମ୍ବା ଏବଂ ବେକ ତୁଳନାରେ ଅତି ଛୋଟ ।

ଲମ୍ବା ବେକ ଥିବାରୁ ଏହା ଭଲ ଭଲ ସୁସ୍ୱାଦୁ ପତ୍ର ବାଛି ବାଛି ଖାଇବାରେ ଆନନ୍ଦ ପାଏ । ଏହାର ଲାଞ୍ଜ ନିଜକୁ ଶତ୍ରୁ କବଳରୁ ରକ୍ଷା କରିଥାଏ ।

ଅଭିରାପଟର (Oviraptor)

ଅଭିରାପ୍ଟରର ନାମ ଅଣ୍ଡାଚୋର; କାରଣ ପ୍ରଥମ ହାଡ଼ ଯେଉଁ ଅଭିରାପ୍ଟରର ମିଳିଥିଲା ଯାହା ତଳେ ମେଞ୍ଚେ ଅଣ୍ଡା ଥିଲା । ଏହା ଏକ ଅଦ୍ଭୁତ ପ୍ରକାରର ଜୀବ ଯାହାର ଗୋଟିଏ ବି ଦାନ୍ତ ନାହିଁ ।

ପାଟିରେ ଏକ ପ୍ରକାର କଣ୍ଟା କଣ୍ଟା ମାଂସ ଥାଏ ଏବଂ ଏହିଗୁଡ଼ିକ ମାଂସରୁ ଖଣ୍ଡ ଖଣ୍ଡ କରିବାରେ ସାହାଯ୍ୟ କରିଥାଏ । ଏହାର ମୁଣ୍ଡ ଚଢ଼େଇ ଭଳି ଦେଖାଯାଏ ଏବଂ ଲାଞ୍ଜ ବଡ଼ ଓ ମାଂସଳ । ଗୋଡ଼ଗୁଡ଼ିକ ବେଶ୍ ଲମ୍ବା । ତେଣୁ ଏହା ଜୋରରେ ଦୌଡ଼ିପାରେ । ହାତରେ ତିନୋଟି ମାତ୍ର ଆଙ୍ଗୁଳି କିନ୍ତୁ ଏଗୁଡ଼ିକ

ତାକୁ ବେଶ୍ ସାହାଯ୍ୟ କରେ । ଏଗୁଡ଼ିକ ସତରେ ଅନ୍ୟ ଡାଇନୋସରମାନଙ୍କର ଅଣ୍ଡା ଚୋରାଇବାରେ ବେଶ୍ ଧୂରନ୍ଧର ।

ଡିପଲୋଡୋକସ୍ (Diplodocus)

ଏହି ପ୍ରକାର ଡାଇନୋସର ଅନ୍ୟ ଡାଇନୋସରମାନଙ୍କ ଭିତରେ ସବୁଠାରୁ ଲମ୍ୱା । ସେଥିପାଇଁ ଏହାର ନାମ ଡିପଲୋଡୋକସ୍ ରଖାଯାଇଛି । ଏହାର ଅର୍ଥ ଡବଲ ବିମ୍ (Double beam) । ଏହାର ହାଡ଼ର ସାମଞ୍ଜସ୍ୟ ଏକ ଝୁଲାପୋଲ ସହିତ ଅଛି ।

ଆପାଟୋସଉରସ (Apatosaurus)

ବେଶ ବଡ଼ ଡାଇନୋସର ଜୁରାସିକ ପିରିୟଡ଼ରେ ଥିଲା । ଏହାର ଲମ୍ୱ ୭୯ ଫୁଟ ଏବଂ ଓଜନ ୨୫ ଟନ୍ । ବେକଟି ଅତ୍ୟଧିକ ଲମ୍ୱା । ଏହାର ୪ଟି ଗୋଡ଼ । ଏହାର ବେକ ଅତ୍ୟଧିକ ଲମ୍ୱା ଥିବାରୁ ଏହି ଡାଇନୋସରଟିକୁ ବଡ଼ ବଡ଼ ଗଛପତ୍ର ଖାଇବାରେ ଯେ ସାହାଯ୍ୟ କରେ ତା' ନୁହେଁ ନଈ ନାଳରେ ଯିବା ସମୟରେ ଏହା ନିଃଶ୍ୱାସ ପ୍ରଶ୍ୱାସ ନେବାରେ ମଧ୍ୟ ସାହାଯ୍ୟ କରିଥାଏ । ଏହାର ବ୍ରେନ୍ (Brain) ବହୁତ ଛୋଟ; ଗୋଟିଏ ସେଓ ଆକାରର । ତେଣୁ ବୈଜ୍ଞାନିକମାନଙ୍କର ଧାରଣା ଏହି ଡାଇନୋସର ବେଶ ଶାନ୍ତ ଓ ନିର୍ବୁଦ୍ଧିଆ ଜୀବଟିଏ ।

ଆରଟିଓଟରିକ୍ସ (Archaeopteryx)

ଅତି ପୁରୁଣା ଚଢ଼େଇ ଜାତୀୟ ଜୀବଟିଏ, ଡାଇନୋସର ସହିତ ବେଶ୍ ସାମଞ୍ଜସ୍ୟ । ଏହାର ଉଭୟ ଚଢ଼େଇ ଏବଂ ଡାଇନୋସର ସହିତ ସାମଞ୍ଜସ୍ୟ । ମନେହୁଏ ଯେପରି ଚଢ଼େଇମାନେ ଡାଇନୋସରରୁ ହୋଇଛନ୍ତି, ଏଇ ଚଢ଼େଇମାନଙ୍କ bkòùVŴŸû@ŒÕ _¥òZŒ \ ů । Kଣ୍ଟା ଥିବା ଆଙ୍ଗୁଠି ଠିକ୍ ଡାଇନୋସର ଭଳି । ଛୋଟ ଜୀବଟିଏ ୨ ରୁ ୩ ଫୁଟ ଲମ୍ବା ମାଂଶାଶୀ ପ୍ରାଣୀ । ଏହାର ଲାଞ୍ଜ ମଧ୍ଯ ଲମ୍ବା । ଏହି ଜୀବ ମାଛ, ପୋକ, ଜୋକ ଖାଇବାକୁ ପସନ୍ଦ କରିଥାଏ ।

ଟେରାନୋଡନ୍ (Pteranodon)

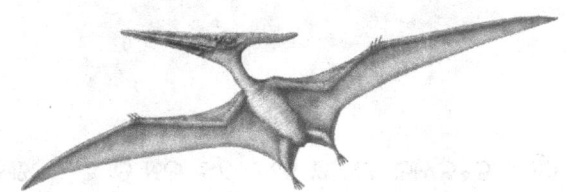

ଏହା ଏକ ପ୍ରକାର ଉଡ଼ନ୍ତା ଡାଇନୋସର । ଏହାର ବିରାଟ ଡେଣାଗୁଡ଼ିକ ୩୦ ଫୁଟ ଲମ୍ବା । ଏହାର ଡେଣାଗୁଡ଼ିକ ଚଢ଼େଇ ଭଳି ପରରେ ପରିପୂର୍ଣ୍ଣ । ହାଡ଼ ଗୁଡ଼ିକ ହାଲ୍କା ଓ ଫମ୍ପା ହୋଇଥିବାରୁ ଏହାକୁ ଉଡ଼ିବାରେ ସାହାଯ୍ୟ କରେ । ଏହାର ଦାନ୍ତ ନାହିଁ କି ଲାଞ୍ଜ ନାହିଁ । ସମୁଦ୍ର ଉପରେ ଉଡୁଥାଏ ଏବଂ ମାଛ ଖାଇବାରେ ଧୁରନ୍ଧର । ଏହି ଡାଇନୋସରର ଚଢ଼େଇ ପରିକା ଲମ୍ବା ଲମ୍ବା ଥଣ୍ଟ । ଏହା ଏକ ଅଦ୍ଭୁତ ପ୍ରକାରର ଡାଇନୋସର ।

ସ୍ପିନୋସରସ୍ (Spinosaurus)

ଏହି ଡାଇନୋସରର ପିଠିରେ କଣ୍ଟା ଭର୍ତ୍ତି ଥାଏ । ଲମ୍ବ ୪୯ ଫୁଟ । ଟିକିଏ ବଡ଼ ମୁଣ୍ଡ । ୪ଟି ଗୋଡ଼ ଅଛି ପ୍ରଥମ ଦୁଇଟି ଗୋଡ଼ ଅତ୍ୟଧିକ ଛୋଟ । ଚାଲିବାରେ ସାହଯ୍ୟ ହୁଏ ନାହିଁ; ତେଣୁ ଏକ ଦୁଇଗୋଡ଼ିଆ ପ୍ରାଣୀ । ମୁନିଆ ଦାନ୍ତ ଦ୍ୱାରା ଅନ୍ୟ ଜୀବର ମାଂସକୁ ଟାଣି ଟାଣି ଖାଇପାରେ ।

ଟ୍ରାଇସେରାଟପ୍ସ (Triceratops)

ଏହି ଡାଇନୋସର ଜାତୀୟ ଜୀବ ୬୫ ବର୍ଷ ତଳେ ଦେଖାଯାଉଥିଲେ ଏହାର ଲମ୍ବ ୩୦ ଫୁଟ ଏବଂ ଓଜନ ୫ ଟନ୍ । ଏହାର ତିନୋଟି ସିଂଗ ଅଛି । ଏକ ପ୍ରକାର ହାଲୁକା ପରଦା ବେକ ପାଖରେ ଅଛି । ଯାହା ତାଙ୍କୁ ଶତ୍ରୁମାନଙ୍କ କବଳରୁ ସାହାଯ୍ୟ କରିଥାଏ । ଏହାର ଶୁଆ ପରି ଏକ ପ୍ରକାରର ଥଣ୍ଟ ଅଛି । ପ୍ରତ୍ୟେକ ମାଡ଼ିରେ ୩୫ଟି ଦାନ୍ତ ଥାଏ, ଯାହା ତାକୁ ଗଛପତ୍ର ଚୋବାଇ ଖାଇବାରେ ସାହାଯ୍ୟ କରେ । ଏହା ନିରାମିଷାଷୀ ଡାଇନୋସର, ମାଂସ କି ମାଛ ଛୁଏଁ ନାହିଁ ।

ପାରାସଉରୋଲୋଫସ୍ (Parasaurolophus)

ଏହା ଏକ ପ୍ରକାରର ନିରାମିଷାଷୀ ଡାଇନୋସର । ଏହାର ଥଣ୍ଟ ବତକ ଭଳି । ବେକ ପାଖରେ ଏକ ପ୍ରକାରର ଫମ୍ପା କ୍ରେଷ୍ଟ ଅଛି । ବୈଜ୍ଞାନିକମାନେ କୁହନ୍ତି ଏହା ଭାବର ଆଦାନପ୍ରଦାନ ପାଇଁ ଏକ ମାଧ୍ୟମ । ଜଙ୍ଗଲରେ ଲମ୍ବା ପାଇନ୍ ଓକ୍ ଏବଂ ଅନ୍ୟ ଗଛର ପପଲାର ଧାରଗୁଡ଼ିକୁ ଖାଇବାକୁ ବେଶି ପସନ୍ଦ କରେ ।

ଅର୍ଣ୍ଣୀଥୋମିସସ (Ornithomimus)

ଏହାର ଲମ୍ବ ୧୧ ରୁ ୧୩ ଫୁଟ । ଏହା ଦେଖିବାକୁ ଅଷ୍ଟ୍ରିଚ୍ ଭଳି । ବଡ଼ ତୀକ୍ଷ୍ଣ ଆଖି, ଶକ୍ତିଶାଳୀ ଗୋଡ଼ ଓ ଦାନ୍ତ ନଥିବା ଚଢ଼େଇ ଭଳି ମୁଣ୍ଡଟିଏ । ହାତଗୁଡ଼ିକ ଛୋଟ ଛୋଟ କେବଳ ଖାଦ୍ୟ ଟାଣିବାରେ ସାହାଯ୍ୟ କରିଥାଏ । ଏହି ଡାଇନୋସର ବେଶ୍ ଜୋରରେ ଦୌଡ଼ିପାରେ ୫୦ କି.ମି.ର ଘଣ୍ଟାକୁ । ଛୋଟ ଛୋଟ ଝିଟିପିଟି ଖାଇବାକୁ ପସନ୍ଦ କରେ । କୀଟପତଙ୍ଗ, ଅନ୍ୟ ଡାଇନୋସରଙ୍କ ଅଣ୍ଡା ସହିତ ବେଳେବେଳେ ଗଛପତ୍ର ମଧ୍ୟ ଖାଏ ।

◆◆

ଉହାନରୁ ସମଗ୍ର ବିଶ୍ୱରେ କ୍ଷୁଦ୍ରାତି କ୍ଷୁଦ୍ର ଭୂତାଣୁ କୋଭିଡ୍-୧୯

ପୃଥିବୀରେ ସଭ୍ୟ ହେବାର ଚରି ହଜାର ବର୍ଷ ପର୍ଯ୍ୟନ୍ତ ମଣିଷ ରୋଗର କାରଣ ବିଷୟରେ ଅଜ୍ଞ ଥିଲା । ଭୂତ, ପ୍ରେତ, ଡାହାଣୀ, ଗୋସାଣୀ ଲାଗିବାରୁ ସେ ରୋଗଗ୍ରସ୍ତ ହୁଏ ବୋଲି କ୍ରମେ ତା' ମନରେ ଅନ୍ଧ ବିଶ୍ୱାସ ରହିଥାଏ ।

୧୮୬୫ ମସିହା ପର୍ଯ୍ୟନ୍ତ ବିଜ୍ଞାନ ପ୍ରମାଣ କରିପାରି ନଥିଲା ଯେ ଜୀବାଣୁ (germs) ହେଉଛି ରୋଗର ଏକ ମୁଖ୍ୟ କାରଣ । ପ୍ରସିଦ୍ଧ ଫରାସୀ ବୈଜ୍ଞାନିକ ଲୁଇ ପାଷ୍ଟର ପୃଥିବୀରେ ପ୍ରଥମ ଥର ପାଇଁ ଘୋଷଣା କରିଥିଲେ ଯେ ଜୀବାଣୁଙ୍କ ଯୋଗୁଁ ମଣିଷକୁ ଏବଂ ଅନ୍ୟ ପ୍ରାଣୀମାନଙ୍କୁ ନାନାପ୍ରକାର ରୋଗ ହୁଏ । ଆଜି ବିଜ୍ଞାନ ପ୍ରମାଣ କରିସାରିଲାଣି କି ମଣିଷ ସମାଜର ସବୁଠାରୁ ଅଧିକ ବିପଦଜନକ ଶତ୍ରୁ ହେଉଛି ଅଣୁ ଜୀବନ ।

ସମସ୍ତ ଅଣୁଜୀବମାନଙ୍କ ମଧ୍ୟରେ ଭୂତାଣୁମାନେ ହେଉଛନ୍ତି ସବୁଠାରୁ ଆକାରରେ ଛୋଟ ଓ ସେଗୁଡ଼ିକ ଏତେ କ୍ଷୁଦ୍ର ଯେ ସାଧାରଣ ଥଣ୍ଡା ରୋଗ ସୃଷ୍ଟିକାରୀ ରାଇନୋ ଭାଇରସ୍ ୫୦ କୋଟି ସଂଖ୍ୟାରେ ଏକ ପିନ୍‌କଣ୍ଟା ମୁଣ୍ଡରେ ରହିଯାଇପାରିବେ । ବୈଜ୍ଞାନିକମାନେ କୁହନ୍ତି ଯେ ବ୍ରହ୍ମାଣ୍ଡରେ ଥିବା ତାରାମାନଙ୍କ ଅପେକ୍ଷା ଭୂତାଣୁମାନେ ଅଧିକ ସଂଖ୍ୟାରେ ଅଛନ୍ତି ।

ଆଜିର କୋଭିଡ୍-୧୯ ଏପରି ଏକ ଭୂତାଣୁ ଯାହା ଚୀନ୍ ଦେଶର ଉହାନ୍ ସହରରୁ ୨୦୧୯ ଡିସେମ୍ବରରୁ ଆରମ୍ଭ ହୋଇ ପୃଥିବୀ ସାରା ବ୍ୟାପୀ ଆତଙ୍କ ଖେଳାଇ ଦେଇଛି । ବର୍ତ୍ତମାନ ସୁଦ୍ଧା ସାରା ପୃଥିବୀରେ ୮.୪୨ କୋଟିରୁ

ଅଧିକ ଲୋକ ସଂକ୍ରମିତ ହୋଇ ୩ ଲକ୍ଷରୁ ଅଧିକ ଲୋକ ମୃତ୍ୟୁବରଣ କରିଛନ୍ତି । ଆଜିର ଏହି ଭୟାନକ ଭୂତାଣୁ କୋଭିଡ୍-୧୯ ବାଦୁଡ଼ି ଠାରୁ ବଜ୍ରକାପ୍ତା ପରି ମଧ୍ୟବର୍ତ୍ତୀ ହୋଷ୍ଟ ମାଧ୍ୟମରେ ମଣିଷ ଶରୀରରେ ପ୍ରବେଶ କରୁଛି ବୋଲି ବୈଜ୍ଞାନିକମାନେ ସୂଚନା ଦିଅନ୍ତି । ଏହି କୋଭିଡ୍-୧୯ ରୋଗ ସାମ୍ପ୍ରତିକ ସମଗ୍ର ମାନବ ସମାଜ ସମ୍ମୁଖରେ ଏକ ଭୟଙ୍କର ମହାମାରୀ ରୂପେ ଆଜି ଦଣ୍ଡାୟମାନ । ଏହା କବଳରୁ ବର୍ତ୍ତିବା ପାଇଁ ସମଗ୍ର ପୃଥିବୀ ବର୍ତ୍ତମାନ ବିଭିନ୍ନ ଜ୍ଞାନ କୌଶଳ ପ୍ରୟୋଗ କରିବା ଚେଷ୍ଟାରେ ଲାଗି ପଡ଼ିଛନ୍ତି ।

ଅନେକ ପ୍ରାଣୀ ଆଜି ଧରାପୃଷ୍ଠରୁ ବର୍ତ୍ତମାନ ବିଲୁପ୍ତ । ଆଜିର ଏହି ଭୟାନକ ପରିସ୍ଥିତି ଦେଖି ମନେହୁଏ କ'ଣ ମନୁଷ୍ୟ ଜାତି ମଧ୍ୟ ସତରେ ଦିନେ ପ୍ରାଣୀମାନଙ୍କ ଭଳି ଧରାପୃଷ୍ଠରୁ ବିଲୁପ୍ତ ହୋଇଯିବ ନା କ'ଣ ?

ଅତୀତରେ ଅନେକ ମହାମାରୀ ଆସିଛି ଓ ସମୟକ୍ରମେ ବିଭିନ୍ନ ପ୍ରତିଷେଧକ ଔଷଧ ବା ଟୀକା ଆବିଷ୍କାର ଫଳରେ ସେଗୁଡ଼ିକର ପ୍ରାଦୁର୍ଭାବ ଦମନ କରାଯାଇଛି । ସେତେବେଳେ ବିଜ୍ଞାନ ଏତେ ଉନ୍ନତ ନଥିଲା ହେଲେ ମଧ୍ୟ ପ୍ରତିଷେଧକ ଔଷଧ ଓ ଟୀକା ଦ୍ୱାରା ଏହାକୁ ଦମନ କରାଯାଇପାରିଥିଲା । ଆହୁରି ପଛକୁ ଗଲେ ମାନେ ୧୫୨ ବର୍ଷ ତଳର ଏକ ଘଟଣା ମନେ ପଡ଼ିଯାଏ ୧୮୬୬ ନ'ଅଙ୍କ ଦୁର୍ଭିକ୍ଷର ଭୟାନକ ପରିସ୍ଥିତି । ଜନ୍ ବିମ୍ସଙ୍କର ହିଷ୍ଟ୍ରି ଅଫ୍ ଓଡ଼ିଶା (History of Odisha) ପୁସ୍ତକର ବର୍ଣ୍ଣନା ଅନୁସାରେ ଓଡ଼ିଶା ଜନସଂଖ୍ୟାର ୫୦% ଜନତାଙ୍କର ମୃତ୍ୟୁ ଘଟିଥିଲା ।

୧୬୨ ବର୍ଷ ପରେ ଆଜି ଆସିଛି ସେହିପରି ଏକ ଭୟାନକ ପରିସ୍ଥିତି । ଖବର ମିଳେ ୨୦୧୯ ମସିହା ନଭେମ୍ବର ମାସ ୧୭ ତାରିଖ ଏହି ଭୟାନକ ମହାମାରୀର ଉତ୍ପତ୍ତି ହୋଇଥିଲା । ଏହିଦିନ ଚୀନ୍‌ର ହୁବାଇ ପ୍ରଦେଶର ରାଜଧାନୀ ଉହାନ ସହରର ଏକ ୫୫ ବର୍ଷର ମହିଳାଙ୍କର ଏହି ଭୟାନକ ଭୂତାଣୁକୁ ଚିହ୍ନଟ କରାଯାଇଥିଲା ।

ଏହା ପରେ ପରେ ଦୈନିକ ପାଖାପାଖି ୧ ରୁ ୫ ନୂଆ ସଂକ୍ରମିତ ବାହାରିଥିଲେ । ୨୦୧୯ ଡିସେମ୍ବର ୧୫ ତାରିଖ ବେଳକୁ ସଂକ୍ରମିତ ସଂଖ୍ୟା

ପାଖାପାଖି ୨୯ରେ ପହଞ୍ଚିଲା । ଡିସେମ୍ବର ୨୦ ତାରିଖ ବେଳକୁ ସଂକ୍ରମିତଙ୍କ ସଂଖ୍ୟା ପାଖାପାଖି ୭୦ରେ ପହଞ୍ଚିଲା ।

ଏହାପରେ ଡିସେମ୍ବର ୨୭ ତାରିଖରେ ଉହାନରେ ଥିବା ହସ୍‌ପିଟାଲ୍‌ର ଡାକ୍ତର ଝାଙ୍ଗ୍ ଡିକ୍ସିୟାନ୍ ଚୀନ୍‌ର ସ୍ୱାସ୍ଥ୍ୟ ବିଭାଗକୁ ଏକ ନୂଆ ଭୂତାଣୁର ଆବିର୍ଭାବ ବିଷୟରେ ଜଣାଇଥିଲେ । ସେତେବେଳକୁ ସଂକ୍ରମିତ ଲୋକଙ୍କ ସଂଖ୍ୟା ପାଖାପାଖି ୧୮୦ରେ ପହଞ୍ଚିଥିଲା ।

୨୦୨୦ ବର୍ଷର ପ୍ରଥମ ଦିନ ଅର୍ଥାତ୍ ଜାନୁୟାରୀ ୧ ତାରିଖ ବେଳକୁ ସଂକ୍ରମିତଙ୍କ ସଂଖ୍ୟା ପ୍ରାୟ ୩୮୧ ହୋଇଯାଇଥିଲା । ସେତେବେଳେ ଏହା ସମଗ୍ର ପୃଥିବୀରେ ଆତଙ୍କ ଖେଳାଇବାକୁ ଆରମ୍ଭ କଲା ।

ବିଶ୍ୱ ସ୍ୱାସ୍ଥ୍ୟ ସଂଗଠନ (WHO) ପ୍ରଥମେ ଏହି ରୋଗ ଏକ ନୂଆ ଧରଣର ନିମୋନିଆ ବା ଫୁସ୍‌ଫୁସ୍ ସଂକ୍ରମଣ ବୋଲି କହୁଥିଲା ସେତେବେଳେ ଜଣା ପଡ଼ିଲା କି ଏହି ରୋଗ ମନୁଷ୍ୟ ଠାରୁ ମନୁଷ୍ୟକୁ ଖୁବ୍ ଶୀଘ୍ର ସଂକ୍ରମିତ ହୋଇପାରିବ ।

ଧିରେ ଧିରେ ସଂକ୍ରମଣ ଅନ୍ୟାନ୍ୟ ଦେଶରେ ବଢ଼ିବାରେ ଲାଗିଲା । ଥାଇଲ୍ୟାଣ୍ଡ୍ ଆମେରିକା ଫ୍ରାନ୍ସ ଆଦି ଦେଶରେ କିଛି କିଛି ରୋଗୀ ଚିହ୍ନଟ ହେବାରେ ଲାଗିଲେ । ଭାରତରେ ପ୍ରଥମେ ଏହି ରୋଗ କେରଳର ଜଣେ ଛାତ୍ରୀଙ୍କ ଠାରେ ଦେଖାଯାଇଥିଲା, ଯାହାକି ରିଭର୍ସ ଟ୍ରାନ୍ସକ୍ରିପ୍‌ଟେନ୍ସ ପଲିମରେଜ ଦ୍ୱାରା ଚିହ୍ନଟ କରାଯାଇଥିଲା । ୨୦୨୦ର ପ୍ରଥମାର୍ଦ୍ଧରେ ଓଡ଼ିଶାରେ ଏହି ରୋଗର ପରୀକ୍ଷଣ ଭୁବନେଶ୍ୱରସ୍ଥିତ ଇଣ୍ଡିଆନ୍ କାଉନ୍‌ସିଲ୍ ଅଫ୍ ମେଡ଼ିକାଲ୍ ରିସର୍ଚ୍ଚ ସେଣ୍ଟର (ICMR-RMRC)ରେ ହୋଇଥିଲା ।

ଜାନୁୟାରୀ ୩୦ ତାରିଖ ଭାରତର ପ୍ରଥମ କରୋନା ଭୂତାଣୁ ସଂକ୍ରମିତ କେରଳ ରାଜ୍ୟ ତ୍ରିପୁରା ଅଞ୍ଚଳର ଜଣେ ୨୦ ବର୍ଷିୟା ମେଡ଼ିକାଲ୍ ଛାତ୍ରୀ ଚିହ୍ନଟ ହୋଇଥିଲେ । ଉହାନ ସହରରୁ ଫେରିଥିବା ଏହି ଡାକ୍ତରୀ ଛାତ୍ରୀ ଜଣଙ୍କର ତଣ୍ଟି ଲାଳ ନମୁନା ପ୍ରଥମେ NIV ର କେରଳ ଠାରେ ଥିବା କେନ୍ଦ୍ରରେ ପରୀକ୍ଷା କରାଯାଇଥିଲା । ଏହାପରେ ଏହି ପରୀକ୍ଷା ପୁଣିଥରେ NIV ପୁନେରେ କରାହୋଇ

ରିପୋର୍ଟ ପଜିଟିଭ୍ ରିପୋର୍ଟକୁ ଆନୁଷ୍ଠାନିକ ଭାବରେ ଭାରତ ସରକାର ଜାନୁୟାରୀ କୋଭିଡ୍-୧୯ ମହାମାରୀ ଥିଲା ଏକ ସମ୍ପୂର୍ଣ୍ଣ ନୂତନ ଭାଇରସ୍ । ବୈଜ୍ଞାନିକମାନେ ଏହି ନୂତନ ଭାଇରସ୍‌କୁ କେବେ ଆଗରୁ ଜାଣିନଥିଲେ କି ଅନୁମାନ କରିନଥିଲେ । ଜଣାପଡ଼ିଲା କି ଏହି ଭୂତାଣୁ କିଛି ନୂତନ ପରିବର୍ତ୍ତନ ହାସଲ କରି ଏକ ପଶୁ ଠାରୁ (ବାଦୁଡ଼ି) ମନୁଷ୍ୟ ଶରୀରକୁ ଆସିଛି । ଏହା ଏକ ସମ୍ପୂର୍ଣ୍ଣ ନୂଆ ରୋଗ ଜଣାପଡ଼ିଲା ।

ବର୍ତ୍ତମାନ ବଡ଼ ସମସ୍ୟା ଆସିଛି କି ଆମେ କିପରି ଏହି ଅଦୃଶ୍ୟ ଶତ୍ରୁ ସହିତ ଲଢ଼ିବା । ଆମେମାନେ କିପରି ମୁକ୍ତ ହୋଇପାରିବା ଏହି ଭୟାନକ ଭୂତାଣୁ କବଳରୁ । ବିଶ୍ୱର ବିଭିନ୍ନ ଦେଶର ବୈଜ୍ଞାନିକମାନେ ଗତ କିଛିମାସ ମଧ୍ୟରେ ଏହି ସଂକ୍ରମଣକୁ ସୀମିତ କରିବାର ଉପାୟ ଖୋଜିବା ଏହାର ବିସ୍ତାରକୁ ବନ୍ଦ କରିବା ଏବଂ ଶେଷରେ କୋଭିଡ୍-୧୯ ପାଇଁ ଏକ ସମ୍ଭାବ୍ୟ ଉପଚାର ପ୍ରସ୍ତୁତ କରିବାକୁ ଚେଷ୍ଟା ଚଳାଇଛନ୍ତି । ସେହି ଦିଗ ଗୁଡ଼ିକ ହେଲା ଭାଇରସ୍‌ର ସଂରଚନା । ସଂକ୍ରମଣ ଦକ୍ଷତା ଏହାର ମଲିକ୍ୟୁଲାର ଜୀବ ବିଜ୍ଞାନ ଓ ନ୍ୟୁକ୍ଲିକ୍ ଏସିଡ୍ କ୍ରମର ଉତ୍ପତ୍ତି ଆଦି ।

ଏତେ ଭୟାନକ ଭୂତାଣୁ ଚାଇନାର ଉହାନ୍ ସହର ସିଇ ଫୁଡ୍ (See Food) ମାର୍କେଟ୍‌ରୁ ଉତ୍ପନ୍ନ ହୋଇ ମଣିଷ ମାଧ୍ୟମରେ ସଂକ୍ରମିତ ହୋଇ ଆଦି ପୃଥିବୀରେ ୨୨୦ରୁ ଅଧିକ ଦେଶକୁ ବ୍ୟାପୀ ଚାଲିଛି । ଲୋକେ ଚାହିଁଲେ ଏହାର ବ୍ୟାପିବାକୁ ନିଶ୍ଚୟ କମାଇ ପାରିବେ । କିନ୍ତୁ ଲୋକମାନେ ଅମାନ୍ୟ ହେଉଛନ୍ତି ଫଳରେ ଏହା ଜୋରସୋର ବ୍ୟାପିବାରେ ଲାଗିଛି ।

ଭ୍ୟାକ୍‌ସିନ୍ ତିଆରି ପାଇଁ କେତେଗୁଡ଼ିଏ ବର୍ଷ ସମୟ ଲାଗେ; କିନ୍ତୁ ଏହିଥର କୋଭିଡ୍ ୧୯ ଭୟାବହତା ପାଇଁ ଆମେରିକା, ଇଂଲଣ୍ଡ, ଜର୍ମାନ୍, ରୁଷ୍, ଚୀନ୍ ଓ ଭାରତ ପ୍ରଭୃତି ଦେଶଗୁଡ଼ିକ ଅତି ଶୀଘ୍ର ଟୀକା ପ୍ରସ୍ତୁତ କରିବା ପାଇଁ ଲାଗି ପଡ଼ିଲେ ଏବଂ ଖୁବ୍ କମ୍ ସମୟ ମଧ୍ୟରେ ଏହି କାର୍ଯ୍ୟ ସମ୍ପୂର୍ଣ୍ଣ କରିବାକୁ ପଡ଼ିଲା; କିନ୍ତୁ ଗବେଷଣା ଜୀବ ବିଜ୍ଞାନ ସମ୍ବନ୍ଧୀୟ ହୋଇଥିବାରୁ ସମୟକୁ କମ୍ କରାଯାଇପାରିବ ନାହିଁ । ଭ୍ୟାକ୍‌ସିନ୍ ବା ପ୍ରତିଷେଧକ ଟୀକା ବାହାରୁ ଶରୀର ମଧ୍ୟରେ ପ୍ରବେଶ କରୁଥିବା ଭୂତାଣୁକୁ ନଷ୍ଟ କରିଥାଏ । ଏଥିପାଇଁ ଦୁର୍ବଳ କିମ୍ବା ନିଷ୍କ୍ରିୟ ଭୂତାଣୁକୁ ମଣିଷ ଦେହରେ ଇଞ୍ଜେକ୍‌ସନ୍ ଆକାରରେ ଦିଆଯାଇଥାଏ ।

ଦୁଇ ସପ୍ତାହ ବେଳକୁ ଆଣ୍ଟିବଡ଼ି (antibody) ତିଆରି ହୁଏ । ଭବିଷ୍ୟତରେ ଉକ୍ତ ଭୂତାଣୁ ଶରୀରରେ ପ୍ରବେଶ କଲେ ପ୍ରତିଷେଧକ ବ୍ୟବସ୍ଥା ଜାଗ୍ରତ ହୋଇ ତାକୁ ମାରିଦିଏ ।

କୋଭିଡ୍-୧୯ ପ୍ରାରମ୍ଭିକ ଅବସ୍ଥାରେ ଭୂତାଣୁଜନିତ ନିମୋନିଆ (vital pocumonia)ରୁ ଆରମ୍ଭ ହୋଇଥିଲା । ପରେ ବିଶ୍ୱ ସ୍ୱାସ୍ଥ୍ୟ ସଙ୍ଗଠନ (WHO) ଏହାକୁ ୩୧ ଡିସେମ୍ବର ୨୦୧୯ରେ କୋଭିଡ୍-୧୯ ବୋଲି ଘୋଷଣା କଲେ । ଏହା ଏକ ନୂଆ କରୋନା ଭୂତାଣୁ (SARS-Cov-2) ରୁ ସୃଷ୍ଟି ବୋଲି ଜଣାପଡ଼ିଲା । କୋଭିଡ୍-୧୯ ଯେ ଏତେ ଭୟଙ୍କର ହେବ କେହି ଭାବି ନଥିଲେ । ବ୍ୟାପିବାର କାରଣ ଅତି ସହଜ । ମାସ୍କ ଭଲ ଭାବରେ ନ ପିନ୍ଧିଲେ ରୋଗୀର କାଶ, ଛିଙ୍କରୁ ବାହାରୁଥିବା କ୍ଷୁଦ୍ କଣିକା ଦ୍ୱାରା ଖୁବ୍ ଶୀଘ୍ର ବ୍ୟାପିଯାଏ । ଲୋକେ ଏହିସବୁ ଭଲ ଭାବରେ ଜାଣି ମଧ୍ୟ ନ ଜାଣିଲା ପରି ରହୁଛନ୍ତି । ବଜାର ଘାଟରେ ଅପର୍ଯ୍ୟାପ୍ତ ଭିଡ଼ ଲାଗି ରହୁଛି । ଆଧ୍ୟାମିକ କାର୍ଯ୍ୟରେ ଲୋକେ କରୋନାକୁ ପୁରାପୁରି ଭୁଲି ଯାଉଛନ୍ତି । ଏହାଛଡ଼ା ଏହି ରୋଗର ଭୂତାଣୁ ପବନ ଦ୍ୱାରା ଜଣଙ୍କ ପାଖରୁ ଅନ୍ୟ ଜଣଙ୍କ ପାଖକୁ ଯାଇଥାଏ । ଯେକୌଣସି ବନ୍ଦ ସ୍ଥାନରେ ଯଥା ଘରର କାନ୍ଥ, ୬ରେକା, କବାଟ, ସିନେମା ହଲ, ମଲ୍ ଆଦି ସ୍ଥାନରେ ଏହି ଭୂତାଣୁ କରୋନା ରୋଗୀ ଦ୍ୱାରା ପହଞ୍ଚିଥାନ୍ତି ଏବଂ ବେଶୀ ସମୟ ସକ୍ରିୟ ହୋଇ ରୁହନ୍ତି । ଏହି ରୋଗରେ ଆକ୍ରାନ୍ତ ହେବା ପାଇଁ ମଣିଷକୁ ଲାଗେ ଅତି କମ୍ରେ ୧୦୦୦ଟି କରୋନା ଭୂତାଣୁ ଯାହାକି ମଣିଷର ଶ୍ୱାସନଳୀ ବା ନାକରେ ପଶିବା ଦରକାର । ଏହି ଭୂତାଣୁ ନାକଦ୍ୱାର ଦେଇ ସୁସ୍ଥ ମଣିଷର ଶ୍ୱାସନଳୀରେ ଥିବା ଗଳକୋଷ (Pharynx)ରେ ପ୍ରବେଶ କରି ବହୁଗୁଣିତ ହୋଇଯାଏ ଓ ଫୁସ୍ଫୁସ୍କୁ ଧୀରେ ଧୀରେ ବ୍ୟାପିଯାଇ ନାନାପ୍ରକାରର କ୍ଷତି କରିଥାଏ । ଏଣୁ ଶ୍ୱାସ ନେବାରେ ଯଥେଷ୍ଟ କଷ୍ଟ ହୁଏ । ଅଧଘଣ୍ଟା ୨ ସମୟ ମାତ୍ର ଲାଗେ ସୁସ୍ଥ ଲୋକକୁ ଏହି ରୋଗ ଆକ୍ରାନ୍ତ କରିବାକୁ । ସେଥିପାଇଁ ବାରମ୍ବାର କୁହାଯାଉଛି କି ସାମାଜିକ ଦୂରତ୍ୱ (ଦୁଇଗଜ ଦୂରରେ ରହିବା ଉଚିତ) ମାସ୍କ ଭଲ ଭାବରେ ବ୍ୟବହାର କରିବା, ବାରମ୍ବାର ହାତ ଧୋଇବା ନାକରେ ପାଟିରେ ଆଖିରେ ହାତ ମାରିବା ଉଚିତ ନୁହେଁ । ସବୁଠାରୁ ବଡ଼ କଥା ଅତି ଜରୁରୀ ନହେଲେ ଘରୁ ବାହାରିବା ଆଦୌ ଉଚିତ ନୁହେଁ । ଲୋକମାନଙ୍କର

ଅମାନିଆ ସ୍ୱଭାବ ଯୋଗୁଁ ଦେଶ ଅସୁବିଧାର ସମ୍ମୁଖୀନ ହେବାରେ ଲାଗିଛି । ଲୋକେ ଯେବେ ବୁଝିବେ ବା ହୃଦୟଙ୍ଗମ କରିବେ କରୋନାର ଭୟାବହତା, ତେବେ କରୋନାର ପ୍ରସାର ନିଶ୍ଚୟ କମିବ ।

ଲୋକମାନେ ବୁଝିବା ଉଚିତ କି ଶରୀରର ଜୀବକୋଷକୁ କ୍ଷତି କରିବା ସହ ରୋଗ ପ୍ରତିରୋଧକ କୋଷଗୁଡ଼ିକୁ ଆକ୍ରମଣ କରି ଶରୀରର ଖରାପ ସାଇଟୋକାଇନ୍‌କୁ ବଢ଼ାଇଦିଏ, ଯାହାକି ଶରୀରର ବହୁତ କ୍ଷତି ଘଟାଏ ।

ଉହାନ୍‌ର ଏକ ଅଧ୍ୟୟନରୁ ଜଣାପଡ଼ିଛି ଯେ ୬୪ ପ୍ରତିଶତ ଉଚ୍ଚ ରକ୍ତଚାପ ଲୋକଙ୍କ ଠାରେ ଏହା ଅଧିକ ଜଟିଳତା ସୃଷ୍ଟି କରୁଛି । ବଂଶଗତ ରୋଗରେ ପୀଡ଼ିତ ଥିବା ଲୋକମାନଙ୍କ ପାଖରେ ୭୨ ପ୍ରତିଶତ । ଏହି ରୋଗ ଦେଖାଯାଉଥିବା ବେଳେ ଅନ୍ୟମାନଙ୍କ ପାଖରେ ୩୮ ପ୍ରତିଶତ ଦେଖାଯାଉଛି ।

କୋଭିଡ୍ ଲକ୍ଷଣ ଆସିବା ପରେ, ଏହାକୁ ସଠିକ୍ ଭାବେ ଜାଣିବା ପାଇଁ ଆମେ କୋଭିଡ୍ ପରୀକ୍ଷା କରିଥାଉ । ଏହା ସାଧାରଣତଃ ୨ ପ୍ରକାର । (୧) ଆର୍.ଟି.ପି.ସି.ଆର୍, (୨) ଆଣ୍ଟିଜେନ୍ ପରୀକ୍ଷା । ଆଣ୍ଟିଜେନ୍ ପରୀକ୍ଷା ପାଇଁ ୩୦-୪୫ ମିନିଟ୍ ଲାଗୁଥିବା ବେଳେ, ଆର୍.ଟି.ପିମି.ଆର୍. ପାଇଁ ୪-୫ ଘଣ୍ଟା ସମୟ ଲାଗିଥାଏ । ବର୍ତ୍ତମାନର ଆର୍.ଟି.ପି.ସି.ଆର୍. ପରୀକ୍ଷାକୁ ସାଧାରଣତଃ ଗୋଲ୍ଡ ଷ୍ଟାଣ୍ଡାର୍ଡ଼ ବୋଲି କୁହାଯାଇଥାଏ । ସମୂହ ଗୋଷ୍ଠୀ ପରୀକ୍ଷଣ ପାଇଁ ଆଣ୍ଟିଜେନ୍ ପରୀକ୍ଷା କରାଯାଇଥାଏ ।

ମହାମାରୀ ବିଜ୍ଞାନୀ ତଥା ଅଣୁବିଜ୍ଞାନୀମାନେ ଏହି ପ୍ରକ୍ରିୟା ଉପରେ ତୀକ୍ଷ୍ଣ ଦୃଷ୍ଟି ରଖିଛନ୍ତି ଯାହାପାଇଁ ଏକ ସୁଦୃଢ଼ ନିରୀକ୍ଷଣ (Surveillance) ବ୍ୟବସ୍ଥା ରହିଛି । ରୋଗର ନିରୀକ୍ଷଣ ସହିତ gene ର ମଧ୍ୟ ନିରୀକ୍ଷଣ କରାଯାଉଛି । ୧୯୧୮ରେ ଦେଖାଯାଇଥିବା ମାରାତ୍ମକ ବିଶ୍ୱ ମହାମାରୀ 'ସ୍ପାନିସ୍ ଫ୍ଲୁ'ରେ ମଧ୍ୟ ଦ୍ୱିତୀୟ ତରଙ୍ଗ ଥିଲା । ବେଶୀ ବିଧ୍ୱଂସକାରୀ । ବିଶେଷଜ୍ଞଙ୍କ ମତରେ ସେହି ସମୟରେ ମଧ୍ୟ ଭୂତାଣୁ ତା'ର ରୂପ ଓ ଗୁଣ ପରିବର୍ତ୍ତନ କରିଥିଲା । ଯାହାହେଉ ନା କାହିଁକି, କୋଭିଡ୍-୧୯ ଯେତେ ମାତ୍ରାରେ ଆଶଙ୍କାର ସଞ୍ଚାର କଲେ ମଧ୍ୟ ମନୁଷ୍ୟ ବିଜ୍ଞାନ ବଳରେ ଶୀଘ୍ର ଏହାକୁ କବଳିତ କରିବ ହିଁ କରିବ ଏଥିରେ ଆଦୌ

ସନ୍ଦେହ ନାହିଁ । ଲୋକମାନଙ୍କର ସାହାଯ୍ୟ ନିଶ୍ଚୟ ଦରକାର ଯଥା କୋଭିଡ୍ କଟକଣା ଯଥା ସତର୍କତା ଅବଲମ୍ବନ କରିବା, ସାମାଜିକ ଦୂରୀକରଣ, ମାସ୍କର ବ୍ୟବହାର, ବାରମ୍ବରା ହାତ ସାବୁନରେ ଧୋଇବା, ଶୁଚିରକ୍ଷଣ (sanitize) କରିବା ଏକପ୍ରକାର ନୂଆ ସତର୍କତା ବୋଲି ଧରି ନିଆଯାଇଥାଏ ।

ଆମମାନଙ୍କ ପାଖରେ ଜ୍ଞାନ ଅଛି ଓ ବିଜ୍ଞାନ ଅଛି । ତେଣୁ ମଣିଷ ଜାତି ଧରାପୃଷ୍ଠରୁ କେବେ ବିଲୁପ୍ତ ହେବ ନାହିଁ । ଡାଇନୋସୋର ଆଦି ପଶୁଙ୍କ ଭଳି ଏହା ନିଶ୍ଚିତ । ବୈଜ୍ଞାନିକମାନେ ନିଶ୍ଚୟ କୋଭିଡ୍ ମହାମାରୀକୁ ପରାଜିତ କରି ସଫଳ ହେବେ, ଏଥିରେ ସନ୍ଦେହ ନାହିଁ ।

◆◆

ଜୀବସାର 'ଗ' (Vitamin C)

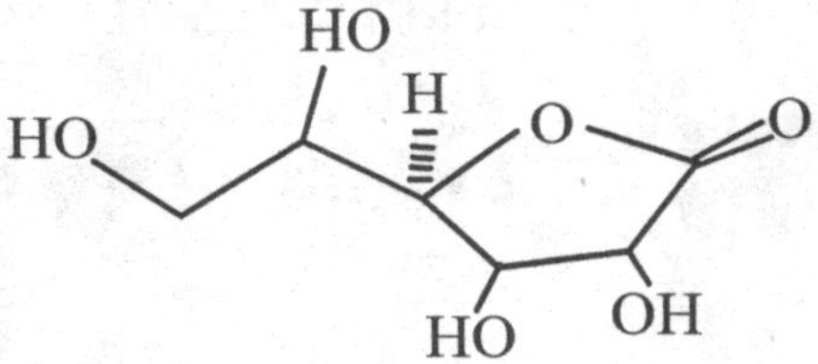

Ascorbic Acid (Vitamin C)

Formuls $\quad$ $C_6H_6O_6$

Molar mass $\quad$ 176.124g.mol^{-1}

Density $\quad$ 1.64g / cm^3

M.P $\quad$ 190 to 192^{0}C (374 to 378^{0}F)

B.P $\quad$ 552.7^{0}C (1, 026.9^{0}F)

Vitamine C ର ଉଭାବନ ୧୯୧୨ ମସିହାରେ ଏବଂ ଆଇସୋଲେସନ୍ (Isolation) ୧୯୨୮ ଏବଂ ୧୯୩୩ ମସିହାରେ ପ୍ରଥମ ଭିଟାମିନ୍ ରାସାୟନିକ ପଦ୍ଧତିରେ ବାହାର କରାଯାଇଛି । ଏଥିପାଇଁ ବୈଜ୍ଞାନିକ ଆଲବର୍ଟ ସେଣ୍ଟ ଗିଅରଗିଲ (Albert Scent Gyorgyl) ଙ୍କୁ ନୋବେଲ ପ୍ରାଇଜ୍ ମିଳିଥିଲା ।

ଆମେ ଖାଉଥିବା ଖାଦ୍ୟ ମୋଟାମୋଟି ପାଞ୍ଚ ପ୍ରକାର । ସେହିଗୁଡ଼ିକ ହେଲା ପୁଷ୍ଟିସାର, ସ୍ୱେତସାର, ଧାତୁସାର ଓ ଜୀବସାର । ପ୍ରତିଦିନ ଆମେ ଯେଉଁ ଖାଦ୍ୟ ଖାଉଁ ସେଥିରେ ଏହି ପାଞ୍ଚପ୍ରକାର ଖାଦ୍ୟ ସୁଷମ ଅନୁପାତରେ ରହିଲେ

ଆମ ଶରୀର ଭଲ ଭାବରେ ବଢ଼ିବ ଓ ସ୍ୱାସ୍ଥ୍ୟ ଠିକ୍ ରହିବ । ଏହି ପାଞ୍ଚ ପ୍ରକାର ଖାଦ୍ୟ ଭିତରୁ ଶ୍ୱେତସାର, ପୁଷ୍ଟିସାର, ଓ ସ୍ନେହସାର ଶକ୍ତି ପ୍ରଦାୟକ । ଏହା ଆମ ଶରୀରକୁ କାମ କରିବା ପାଇଁ ଶକ୍ତି ଯୋଗାଏ, ପୁଷ୍ଟିସାର ଧାତୁସାର ଓ ଜୀବସାର ଆମ ଶରୀର ବୃଦ୍ଧି ଓ ଶରୀରର ରକ୍ଷଣା ବେକ୍ଷଣାରେ ସାହାଯ୍ୟ କରେ । ଏହାର ଅଭାବ ହେଲେ ନାନା ପ୍ରକାରର ରୋଗ ଦେଖାଯାଏ ।

GET YOUR DOSE OF VITAMIN C WITH THESE FOODS

Oranges · Tomato Juice · Broccoli · Kiwifruit · Kale Juice · Strawberries

VITAMIN C

ଏହି ଖାଦ୍ୟ ଭିତରୁ ଜୀବସାର ବା ଭିଟାମିନ୍ ଅପେକ୍ଷାକୃତ କମ୍ ପରିମାଣରେ ଆମ ଶରୀର ପାଇଁ ଆବଶ୍ୟକ ହୁଏ । ଜୀବସାରର ସଂଖ୍ୟା ଓ ସେମାନଙ୍କ ଅଭାବ ଜନିତ ରୋଗର ସଂଖ୍ୟା ଦିନକୁ ଦିନ ଏତେ ବଡ଼ି ବଡ଼ି

ଗଲାଣି ଯେ ସେଗୁଡ଼ିକର ଯଥାଯଥ ଶ୍ରେଣୀକରଣ ଓ ନାମକରଣ ନ କଲେ ସେମାନଙ୍କ ଅଧ୍ୟୟନ ଶୃଙ୍ଖଳିତ ହେବନି । ତେଣୁ ବୈଜ୍ଞାନିକମାନେ ଭିଟାମିନ୍‌ର ଶ୍ରେଣୀକରଣ ଓ ନାମ କରଣ କରିଛନ୍ତି ଯଥା - ଜୀବସାର କ, ଖ, ଗ, ଘ, ଚ ଇତ୍ୟାଦି । ଏହି ଜୀବସାର ଭିତରୁ କେତେକେ ଜଳରେ ଦ୍ରବଣୀୟ ଓ କେତେକ ଚର୍ବିରେ ଦ୍ରବଣୀୟ ତେଣୁ ପ୍ରଥମତଃ ସେମାନଙ୍କୁ ଦୁଇ ଶ୍ରେଣୀରେ ବିଭକ୍ତ କରାଯାଇଛି । ଯଥା - ଜଳରେ ଦ୍ରବଣୀୟ ଜୀବସାର ଓ ଚର୍ବିରେ ଦ୍ରବଣୀୟ ଜୀବସାର ।

ଏହି ଗୁଡ଼ିକ ଭିତରୁ ଆମେ ଆଜି ଜୀବସାର ଗ (Vitamin-C) ବିଷୟରେ ଆଲୋଚନା କରିବା ।

୧୯୧୭ ରୁ ୧୯୨୭ ମସିହା ଭିତରେ ବୈଜ୍ଞାନିକ ଜିଲଭା । ଜୀବସାର- 'ଗ'କୁ ଖାଦ୍ୟ ପଦାର୍ଥରୁ ବିଶୁଦ୍ଧ ଭାବରେ ଅଲଗା କରିବାରେ ସର୍ବପ୍ରଥମେ କୃତକାର୍ଯ୍ୟ ହୋଇଥିଲେ । ୧୯୨୮ ରେ ବୈଜ୍ଞାନିକ ସେଣ୍ଟ ଗିଅରି ମଧ ବନ୍ଧାକୋବି, ଆଡ୍ରିନାଲ ଗ୍ରନ୍ଥି ଓ କମଳା ଲେମ୍ବୁରୁ ଏହାକୁ ଅଲଗା କରିପାରିଥିଲେ । ସେ ଏହି ଜୀବସାରର ଅମ୍ଳ ପ୍ରକୃତି ଥିବା ସର୍ବପ୍ରଥମ ଲକ୍ଷ୍ୟ କରିଥିଲେ । ୧୯୩୨ ମସିହାରେ ବୈଜ୍ଞାନିକ ୱାର୍ ଓ ବିଙ୍ଗ୍ କାଗଜିଲେମ୍ବୁ ରସରୁ ବିଶୁଦ୍ଧ ଜୀବସାର-'ଗ' ଅଲଗା କରିପାରିଥିଲେ । ଏହାପରେ ଜୀବସାର 'ଗ'ର ନାମ ଦିଆଗଲା ଏସକରବିକ୍ ଆସିଡ୍ (Ascorbic Acid) କାରଣ ଏହା ସ୍କର୍ଭିଂ ରୋଗ ବିରୋଧରେ ବ୍ୟବହୃତ ହୁଏ । ଜୀବସାର- 'ର' କ୍ଷୁଦ୍ରାନ୍ତରୁ ଖୁବ୍ ଭଲ ଭାବରେ ଶରୀର ଭିତରକୁ ବିଶୋଷିତ ହୁଏ । ଏହି ଜୀବସାର ଆମ ଦେହରେ ବେଶିଦିନ ସଞ୍ଚିତ ହୋଇ ରହିପାରେ ନାହିଁ । ଏହା ସହଜରେ ପରିସ୍ରାରେ ଆମ ଶରୀର ଭିତରୁ ବାହାରିଥାଏ । ଏହି ଜୀବସାର ଆଜିକାଲି ସାଂଶ୍ଳେଷିକ ଭାବରେ ପ୍ରସ୍ତୁତ ହେଉଛି । ଏହାକୁ ସାଂଶ୍ଳେଷଣ ବା Synthesis କରିବାରେ ବୈଜ୍ଞାନିକ ଟି. ରାଇଚଷ୍ଟାଇନ୍ ୧୯୩୪ ମସିହାରେ କୃତକାର୍ଯ୍ୟ ହୋଇଥିଲେ ।

ଆମ ଶରୀରର ବିପାକୀୟ କାର୍ଯ୍ୟରେ ଏହା ସାହାଯ୍ୟ କରେ । ଶରୀରର କ୍ଷତ ସ୍ଥାନକୁ ଶୀଘ୍ର ଭଲ କରିବାରେ ସାହାଯ୍ୟ କରେ । ଏହା ରୋଗ ସୃଷ୍ଟିକାରୀ ଜୀବାଣୁ ସଂକ୍ରମଣରୁ ଆମକୁ ରକ୍ଷା କରେ । ଶରୀରରୁ ରକ୍ତ ସ୍ରାବକୁ ବାଧା ଦିଏ ।

ଏହି ଜୀବସାର ଅଭାବରୁ ମଣିଷଙ୍କୁ ସ୍କର୍ଭି ନାମକ ଏକ ପ୍ରକାର ରୋଗ ହୁଏ । ଏହି ରୋଗରେ ଦେହରେ ଦୁର୍ବଳତା ଦେଖାଦିଏ । ଦାନ୍ତ ମାଢ଼ିରୁ ରକ୍ତ ନିର୍ଗତ ହୁଏ । ହାଡ଼ ସନ୍ଧି ସବୁ ଫୁଲିଯାଇ ବିନ୍ଧେ । ଏହି ଜୀବସାର ଅଭାବ ହେଲେ ଶରୀରର କୌଣସି ଘା' ଶୀଘ୍ର ଶୁଖେ ନାହିଁ । କାରଣ କୋଲାଜେନ୍ ତିଆରିରେ ବାଧା ଉପୁଜେ ଓ ଟିସୁ ତିଆରିରେ ବ୍ୟାଘାତ ଜନ୍ମେ । ସର୍ଦ୍ଦି ଆରମ୍ଭ ହେବା କ୍ଷଣି ଅଧିକ ପରିମାଣରେ ଏହି ଜୀବସାର ଖାଇଲେ ରୋଗର ପ୍ରକୋପ ବଢ଼େ ନାହିଁ; କିନ୍ତୁ ଅନ୍ୟ ବହୁ ବୈଜ୍ଞାନିକ ଏହାକୁ ସ୍ୱୀକାର କରନ୍ତି ନାହିଁ ।

ଏହି ଜୀବସାର 'ଗ' (Vitamin-C) ଅଁଳା, ପିଜୁଳି, କାଗଜିଲେମ୍ବୁ, କମଳା, ଲେମ୍ବୁ, ସପୁରି, ପଣସ, ପାଚିଲା ଆମ୍ବ, ପାଚିଲା ବିଲାତି ବାଇଗଣ, କଞ୍ଚାଲଙ୍କା, ବନ୍ଧାକୋବି, ସଜନା ଶାଗ, ମୂଳାଶାଗ, ପୋଇଶାଗ - ଧନିଆ ଶାଗ, କଦଳୀ, ଫୁଲକୋବି ଆଦିରେ ଥାଏ । ଏହି ପନିପରିବା ଓ ଫଳ ତାଜା ତାଜା ପ୍ରତ୍ୟେକ ଦିନ ଖାଇଲେ ଜୀବସାର 'ଗ' ବା ଭିଟାମିନ୍ 'ସି'ର ଅଭାବ ଦେଖାଯାଏ ନାହିଁ ଓ ଶରୀର ସୁସ୍ଥ ରହେ ।

◆◆

ଡି.ଏନ୍.ଏ. (D.N.A.)

ପ୍ରତ୍ୟେକ ପ୍ରାଣୀ ଓ ଉଦ୍ଭିଦର ଶରୀର ଜୀବନ୍ତ କୋଷ ଦ୍ୱାରା ନିୟନ୍ତ୍ରିତ ହୁଏ । ସେମାନଙ୍କ ଅଭିବୃଦ୍ଧି ସେମାନଙ୍କ ଶରୀରରେ ଥିବା କୋଷ ଦ୍ୱାରା ହୋଇଥାଏ । ଏହି କୋଷ ଏତେ ଛୋଟ ଯେ ଆମେ ଅଣୁବୀକ୍ଷଣ ଯନ୍ତ୍ର ବିନା ଏହାକୁ ଆଦୌ ଦେଖିପାରିବା ନାହିଁ । ଏହି କୋଷର ଗଠନ ବଡ଼ ବିଚିତ୍ର ଧରଣର । ପ୍ରତ୍ୟେକ କୋଷର କେନ୍ଦ୍ରରେ ଆହୁରି କ୍ଷୁଦ୍ର ଏକ ଅଂଶ ରହିଛି, ଯାହାକୁ ଆମେ ନିଉକ୍ଲିୟସ୍ କହୁ । ନିଉକ୍ଲିୟସ୍ ଚାରି ପାଖରେ ପ୍ରୋଟୋପ୍ଲାଜମ୍ ରହି କୋଷାବରଣ ଦ୍ୱାରା ଘୋଡ଼ାଇ ହୋଇ ଜୀବକୋଷ ସୃଷ୍ଟି କରିଛି । ଏହି ଜୀବକୋଷ ବିଭିନ୍ନ ପ୍ରକାରର ଓ ସେମାନଙ୍କ କାର୍ଯ୍ୟ ମଧ୍ୟ ଅଲଗା ପ୍ରକାରର । ଆମ ଶରୀରରେ ଅସ୍ଥିକୋଷ, ଚର୍ମକୋଷ, ସ୍ନାୟୁକୋଷ ଆଦି ବିଭିନ୍ନ ପ୍ରକାରର କୋଷ ରହିଛି । ଏମାନଙ୍କର ସଂଖ୍ୟା କୋଟି କୋଟି । ଆମ ମସ୍ତିଷ୍କରେ କେବଳ ଶହେ କୋଟି ମସ୍ତିଷ୍କ କୋଷ ରହିଛି । ସେମାନେ ଆମର ମନେରଖିବା ଠାରୁ ଆରମ୍ଭ କରି ଚିନ୍ତା କରିବା, ବୁଦ୍ଧି ପ୍ରୟୋଗ କରି କାର୍ଯ୍ୟ କରିବା ପର୍ଯ୍ୟନ୍ତ ବହୁପ୍ରକାର କାର୍ଯ୍ୟ କରିଥାନ୍ତି । ଏହି କୋଷମାନଙ୍କ ଠାରେ ବିଭିନ୍ନ ପ୍ରକାର ପ୍ରୋଟିନ୍ ସଂଶ୍ଳେଷିତ ହୋଇ ଶରୀରର ବିଭିନ୍ନ ସ୍ଥାନରେ ଅଭିବୃଦ୍ଧି ଘଟାଇଥାଏ । ଏହି ସଂଶ୍ଳେଷଣ ପ୍ରକ୍ରିୟା ଯୋଗୁଁ ଆମ ଶରୀର ବଢ଼େ ଓ ଆମେ ଗୋଟିଏ ଶିଶୁଠାରୁ ବୃଦ୍ଧି ପାଇ ପୂର୍ଣ୍ଣ ବୟସ୍କ ମଣିଷ ହୋଇ ଗଢ଼ିଉଠୁ । ଏହି ଅଭିବୃଦ୍ଧିରେ କୋଷ ଅଭ୍ୟନ୍ତରସ୍ଥ ନିଉକ୍ଲିୟସ୍‌ରେ ଥିବା ଏକ ବୃହଦାକାର ଜୈବିକ ଅଣୁ ଭାରି ନିଏ । ଏହି ଅଣୁର ନାମ ହେଉଛି ନିଉକ୍ଲିକ୍ ଏସିଡ୍ ।

ଏହା ପୁଣି ଦୁଇ ପ୍ରକାରର, ଯଥା - ରାଇବୋ ନିଉକ୍ଲିକ୍ ଏସିଡ୍ ବା ଆର୍.ଏନ୍.ଏ. (RNA) ଏବଂ ଡିଅକ୍ସିରାଇବୋ ନିଉକ୍ଲିକ୍ ଏସିଡ୍ ବା ଡି.ଏନ୍.ଏ.

(DNA) । ଡ଼ି.ଏନ୍.ଏ. ପ୍ରଧାନତଃ ନିଉକ୍ଲିୟସ୍‌ରେ ଥାଏ ଓ ଆର୍‌.ଏନ୍.ଏ. ପ୍ରଧାନତଃ ସାଇଟୋପ୍ଲାଜମ‌‌ରେ ଥାଏ । ଏହି ନିଉକ୍ଲିକ୍ ଅଣୁ ଖୁବ୍ ବିରାଟ ଆକାରର ଓ ଏହି ଅଣୁର ଆଣବିକ ଗୁରୁତ୍ଵ ଲକ୍ଷ ଲକ୍ଷ, କୋଟି କୋଟି ହେବ ।

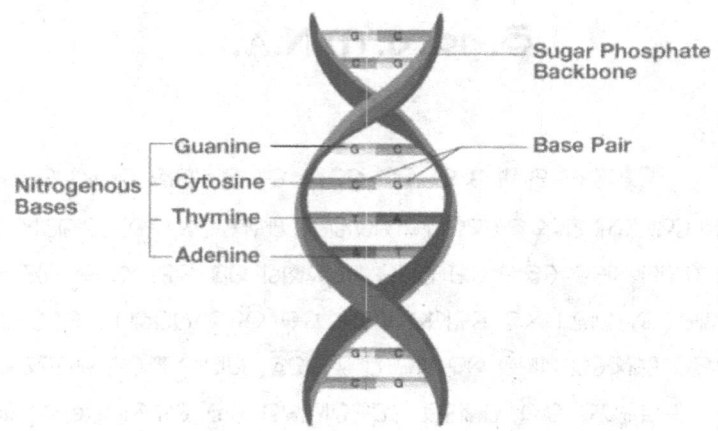

ଡ଼ି.ଏନ୍.ଏ. ଅଣୁ ସାଧାରଣତଃ ହେଲିକାଲ୍ ଆକାରରେ ମୋଡ଼ି ମୋଡ଼ି ହୋଇ ନିଉକ୍ଲିୟସ୍ ଭିତରେ ଥାଏ । ଆର୍‌.ଏନ୍.ଏ. ଅଣୁ ସେହିଭଳି ରୂପରେ ମୋଡ଼ି ମୋଡ଼ି ହୋଇ କୋଷ ଭିତରେ ଥାଏ । ଗୋଟିଏ ଆର୍‌.ଏନ୍.ଏ. ଅଣୁ ହେଲିକାଲ୍ ରୂପରେ ଥିଲାବେଳେ ଦୁଇଟି ଡ଼ି.ଏନ୍.ଏ. ଅଣୁ ସମାନ୍ତରାଲ ଭାବରେ ରହି ପରସ୍ପର ସହିତ ଛନ୍ଦାଛନ୍ଦି ହୋଇ ଡବଲ ହେଲିକାଲ୍ ରୂପରେ ରହିଥାଏ । ଆର୍‌.ଏନ୍.ଏ. ଅଣୁରେ ଗୁଆନିବ୍‌, ଆଡ଼ିନିନ୍‌, ସାଇଟୋସିନ୍ ଓ ଇଉରେସିଲ୍ ଇତ୍ୟାଦି ଋରୋଟି ନାଇଟ୍ରୋଜେନ୍ ବେସ୍ ଥାଏ । ଏଗୁଡ଼ିକ ରାଇବୋଜ୍ ସର୍କରା ସହିତ ସଂଯୁକ୍ତ ହୋଇ ନିଉକ୍ଲିଓସାଇଡ୍ ସୃଷ୍ଟି କରନ୍ତି ଓ ଶେଷୋକ୍ତ ଫସ୍ଫରିକ୍ ଏସିଡ୍ ସହ ସଂଯୁକ୍ତ ହୋଇ ନିଉକ୍ଲିଓଟାଇଡ୍ ସୃଷ୍ଟି କରନ୍ତି । ଏହି ଋରିପ୍ରକାର ନିଉକ୍ଲିଓଟାଇଡ୍ ପରସ୍ପର ସହିତ ସଂଯୁକ୍ତ ହୋଇ ପଲିନିଉକ୍ଲିଓଟାଇଡ୍ ସୃଷ୍ଟି କରନ୍ତି । ଏମାନେ ପରିଶେଷରେ ସଂଯୁକ୍ତ ହୋଇ ଆର୍‌.ଏନ୍.ଏ. ଅଣୁ ସୃଷ୍ଟି କରିଥାନ୍ତି ।

ଆର୍‌.ଏନ୍.ଏ. ଭଳି ଡ଼ି.ଏନ୍.ଏ. ଅଣୁରେ ଋରୋଟି ବେସ୍ ଥାଏ । ସେଗୁଡ଼ିକ ହେଲା ଗୁଆନିନ୍‌, ଆଡ଼ିନିନ୍‌, ସାଇଟୋସିନ୍ ଓ ଥାଏମିନ୍‌ । ଏମାନେ

ରାଇବୋଜ୍ ଜାଗାରେ ଡିଅକ୍ସି ରାଇବୋଜ୍ ସହିତ ସଂଯୁକ୍ତ ହୋଇ ଡିଅକ୍ସି ନିଉକ୍ଲିଓଟାଇଡ୍ ସୃଷ୍ଟି କରନ୍ତି । ଏମାନେ ବିଭିନ୍ନ ସଂଖ୍ୟାରେ ପରସ୍ପର ସହିତ ସଂଯୁକ୍ତ ହୋଇ ଡିଅକ୍ସି ପଲିନିଉକ୍ଲିଓଟାଇଡ୍ ସୃଷ୍ଟି କରନ୍ତି ଓ ଏମାନେ ଲକ୍ଷ ଲକ୍ଷ ସଂଖ୍ୟାରେ ପରସ୍ପର ସହିତ ସଂଯୁକ୍ତ ହୋଇ ଡି.ଏନ୍.ଏ. ଅଣୁ ସୃଷ୍ଟି କରନ୍ତି । ଦୁଇଟି ଡି.ଏନ୍.ଏ. ଅଣୁ ପରସ୍ପର ସହିତ ଯୋଡ଼ି ହୋଇ ଡବଲ ହେଲିକାଲ୍ ରୂପ ନେଇ ନିଉକ୍ଲିୟସ୍ ଭିତରେ ଜାକିଜୁକି ହୋଇ ଅବସ୍ଥାନ କରନ୍ତି ।

ଆମ ଶରୀର ପାଇଁ ଆବଶ୍ୟକ ହେଉଥିବା ପ୍ରୋଟିନ୍ ଡି.ଏନ୍.ଏ. ଓ ଆର୍.ଏନ୍.ଏ. ଅଣୁ ଦ୍ୱାରା ସୃଷ୍ଟି ହୁଏ । ଆମ ଶରୀର ବିଭିନ୍ନ ପ୍ରକାର ପ୍ରୋଟିନ୍ ଆବଶ୍ୟକ କରୁଥିବାରୁ ଡି.ଏନ୍.ଏ. ଅଣୁର ନିର୍ଦ୍ଦେଶରେ ଆର୍.ଏନ୍.ଏ. ଅଣୁ ବିଭିନ୍ନ ପ୍ରକାର ଏମିନୋ ଏସିଡ୍‌ରୁ ଭିନ୍ନ ଭିନ୍ନ ପ୍ରକାର ପ୍ରୋଟିନ୍ ସଂଶ୍ଳେଷଣ କରିଥାଏ । ଏମାନେ ଆମ ଶରୀରର ବିଭିନ୍ନ ସ୍ଥାନକୁ ଯାଇ ଶରୀରର ସମ୍ୟକ୍ ଅଭିବୃଦ୍ଧିରେ ଭାଗ ନିଅନ୍ତି । ଶରୀର ଅଭିବୃଦ୍ଧିର ନକ୍ସା ଡି.ଏନ୍.ଏ. ଅଣୁ ବହନ କରେ ଓ ସେହି ନକ୍ସା ଅନୁଯାୟୀ ଆର୍.ଏନ୍.ଏ. ପ୍ରୋଟିନ୍ ସଂଶ୍ଳେଷଣ କରିଥାଏ । ଏହି ସଂଶ୍ଳେଷଣରେ ଜେନେଟିକ୍ କୋଡ୍ ପ୍ରଧାନ ଭୂମିକା ଗ୍ରହଣ କରିଥାଏ ।

ମଣିଷର ଚରିତ୍ର ଡି.ଏନ୍.ଏ. ଅଣୁ ଭିତରେ ଥିବା ପ୍ରତିଲିପି ଦ୍ୱାରା ନିୟନ୍ତ୍ରିତ ହୁଏ । ଆମେ ଡେଙ୍ଗା ହେବୁ କି ଗେଡ଼ା ହେବୁ, ଗୋରା ହେବୁ କି କାଳିଆ ହେବୁ, ସୁନ୍ଦର ହେବୁ କି ଅସୁନ୍ଦର ହେବୁ, ବଳିଷ୍ଠ ହେବୁ କି ରୋଗା ହେବୁ, ପାଠୁଆ ହେବୁ କି ମୂର୍ଖ ହେବୁ, ବୁଦ୍ଧିଆ ହେବୁ କି ବୋକା ହେବୁ, ଚରିତ୍ରବାନ ହେବୁ କି ଚରିତ୍ରହୀନ ହେବୁ, ଶାନ୍ତ ହେବୁ କି ବଦ୍‌ମାସ୍ ପ୍ରକୃତିର ହେବୁ ଆଦି ଗୁଣ ଏହି ଡି.ଏନ୍.ଏ. ଅଣୁରେ ଲିପିବଦ୍ଧ ହୋଇ ରହିଥାଏ । ଆମ ବାପା-ମା'ଙ୍କ ନିଉକ୍ଲିକ୍ ଅଣୁରୁ ଆମ ନିଜସ୍ୱ ଅଣୁ ହାସଲ କରିଥାଏ । ସେହି ନିଉକ୍ଲିକ୍ ଅଣୁ ଆମକୁ ଲିପି ଅନୁଯାୟୀ ଏକ ମଣିଷରେ ପରିଣତ କରେ । ଏହି ଚରିତ୍ରଗୁଡ଼ିକ ଡି.ଏନ୍.ଏ. ଅଣୁ ଭିତରେ ନାଇଟ୍ରୋଜେନ୍ ବେସ୍‌ର କ୍ରମିକ ଅବସ୍ଥିତି ନେଇ ଲିପିବଦ୍ଧ ହୋଇଥାଏ । ଆମେ ଯେତେବେଳେ ଧିରେ ଧିରେ ବଢୁ, ଏହି ଲିପି ଆମର ଅଭିବୃଦ୍ଧିକୁ ନିୟନ୍ତ୍ରିତ କରେ ଓ ଆମକୁ ଏକ ନିର୍ଦ୍ଦିଷ୍ଟ ଚରିତ୍ରର ମଣିଷ ହେବାରେ ସାହାଯ୍ୟ କରେ । ଆମେ ଭାବୁ

ଭଗବାନ ଆମକୁ ଗଢ଼ିଛନ୍ତି ଯେମିତି ତାଙ୍କର ଇଚ୍ଛା ତା’ ନୁହେଁ ଏହି ନିଉକ୍ଲିକ୍ ଏସିଡ୍ ଦୁଇଟି ସେସବୁ କାମ କରିଥାନ୍ତି । ଏହି ଏସିଡ୍ ଦୁଇଟି ଜୀବନ୍ତ ଅଣୁ ଓ ଏମାନେ ପିତୃମାତୃ ସଙ୍ଗମ ଫଳରେ ସୃଷ୍ଟି ନିଷିକ୍ତ ଡିମ୍ବାଣୁରୁ ମା’ ପେଟ ଭିତରେ ଏକ ନିର୍ଦ୍ଦିଷ୍ଟ ରୂପ ବିଶିଷ୍ଟ ମଣିଷ ଛୁଆରେ ପରିଣତ କରନ୍ତି । ଶିଶୁର ଡି.ଏନ୍.ଏ. ଯେଉଁ ଚାରିତ୍ରିକ ଲିପି ବାପା-ମା’ଙ୍କ ଠାରୁ ହାସଲ କରିଛି, ସେହି ଅନୁସାରେ ନିଷିକ୍ତ ଡିମ୍ବାଣୁଟି ବର୍ଷ ବର୍ଷ ଏକ ନିର୍ଦ୍ଦିଷ୍ଟ ମଣିଷ ଛୁଆରେ ପରିଣତ ହେଉଛି ବାପା-ମା’ଙ୍କର ଅନେକ ଚରିତ୍ରଗତ ଗୁଣ ପିଲାଙ୍କ ଠାରେ ଦେଖିବାକୁ ମିଳିଥାଏ । ବାପା-ମା’ଙ୍କ ଚେହେରା, କଥାବାର୍ତ୍ତା, ଚାଲିଚଳନ ଶରୀରର ରଙ୍ଗ ଆଦି ପିଲା ସାଙ୍ଗରେ ମିଶିଥାଏ । ଏହିସବୁ ଚରିତ୍ରର ଲିପି ଡି.ଏନ୍.ଏ. ଅଣୁରେ ଥିବାରୁ ପିଲାର ଚରିତ୍ର ଠିକ୍ ବାପା-ମା’ଙ୍କ ଚରିତ୍ରରେ ମେଳ ଖାଉଥାଏ ।

ସେଥିପାଇଁ ବାହାନଗା ରେଳ ଦୁର୍ଘଟଣାରେ ଯେତେବେଳେ ଗୋଟିଏ ଶବକୁ ଦୁଇଜଣ ଦାବୀ କରୁଥାନ୍ତି, ସେତିକିବେଳେ ଡି.ଏନ୍.ଏ. ପରୀକ୍ଷା ପ୍ରମାଣ କରେ ଶବଟି ପ୍ରକୃତରେ କାହାର ।

◆◆

ଅସ୍ୱାସ୍ଥ୍ୟକର ହେଲେ ବି
କୃତିମ ବସ୍ତ୍ରର ଆଦର ବଢୁଛି

କୃତ୍ରିମ ବସ୍ତ୍ରର ଉଦ୍ଭାବନ ଏହି କେତେ ବର୍ଷ ତଳର । ବହୁପୁରାକାଳରୁ ଦେଖିବାକୁ ଗଲେ ବସ୍ତ୍ର କ'ଣ ଲୋକେ ବୁଝୁ ନଥିଲେ । କିଛିଦିନ ପରେ ଲୋକେ ଟିକିଏ ସଭ୍ୟ ହେଲେ ଏବଂ ଗଛର ପତ୍ର, ବଲ୍କଳ ଆଦି ଦ୍ୱାରା ଲଜ୍ଜା ନିବାରଣ କଲେ । କିଛିଦିନ ପରେ ତୁଳାର ବ୍ୟବହାର ଆସିଲା । ଗଛରୁ ତୁଳା ସଂଗ୍ରହ କରି ସେହିଥିରୁ ସୂତା, ପରେ ପରେ ରଙ୍ଗ ରଙ୍ଗିଆ ଲୁଗାପଟା ତିଆରି ହେଲା । ଟସର ପୋକରୁ ରେଶମ ଓ ମେଣ୍ଢା ପରି ଅନ୍ୟ କେତେକ ପ୍ରାଣୀର ଲୋମରୁ ମଧ୍ୟ ଶୀତରୁ ରକ୍ଷା ପାଇବା ପାଇଁ ଗରମ ପୋଷାକମାନ ତିଆରି ହୋଇପାରିଲା । ଏହିଗୁଡ଼ିକ ହେଲା ପ୍ରାକୃତିକ ବସ୍ତ୍ର । ଏହିପରି ପ୍ରାକୃତିକ ବସ୍ତ୍ରର ବ୍ୟବହାର କିଛିଦିନ ସୁରୁଖୁରୁରେ ଚାଲିଲା । ବୈଜ୍ଞାନିକଙ୍କର ଚିନ୍ତାଧାରା କୃତ୍ରିମ ବସ୍ତ୍ର ତିଆରିରେ ଲାଗିଲା । ବୈଜ୍ଞାନିକମାନେ ଶେଷରେ ଏହିଥିରେ କୃତକାର୍ଯ୍ୟ ହେଲେ । ନାଇଲନ୍ ନାମରେ ଏକପ୍ରକାର ସାଂଶ୍ଲେଷିକ ତନ୍ତୁର ଉଦ୍ଭାବନ ହେଲା । ନାଇଲନ୍ ଉଦ୍ଭାବନ ଏକ ସମୟରେ ନ୍ୟୁୟର୍କ ଓ ଲଣ୍ଡନ ଦୁଇ ଦେଶରେ ହୋଇଥିବାରୁ ଏହାର ନାମ ନାଇଲନ୍ (Nylon) ରଖାଯାଇଛି । ନାଇଲନ୍ ଏକପ୍ରକାରର ପ୍ଲାଷ୍ଟିକ୍ ଅର୍ଥାତ୍ ପଲିମର୍ । ଏଥିରୁ ଦାନ୍ତଘଷା ବ୍ରସ୍, ବୋତାମ, ପାନିଆ, ମଶାରି, ଜାଲ, କପ୍, ସସର୍ ଇତ୍ୟାଦି ଅନେକ ପ୍ରକାରର ବ୍ୟବହୃତ ଜିନିଷ ତିଆରି ହୋଇପାରେ । ସେହି ନାଇଲନ୍ ସୂତାରୁ ଅତି ସୁନ୍ଦର ସୁନ୍ଦର ନାଇଲନ୍ ପୋଷାକ ମଧ୍ୟ ତିଆରି ହୁଏ ।

ନାଇଲନ୍ ପରେ ପରେ ବ୍ୟାପିଗଲା ସେହିପରି ଆଉ ଗୋଟିଏ କୃତ୍ରିମ ତନ୍ତୁ ଟେରିଲିନ୍ (Terylene) । ଏହି ତନ୍ତୁରୁ ତିଆରି ବସ୍ତ୍ର ସୁନ୍ଦର, ମଜଭୁତ କିନ୍ତୁ

ଖରାଦିନେ ଏହା ସୂତା ପୋଷାକ ଭଳି ଝାଳ ଶୋଷିପାରେ ନାହିଁ, ସେଥିପାଇଁ ଏଥିରେ ତୁଲା ମିଶାଇ ଟେରିକଟନ୍ (Terecotton) ନାମକ ଏକପ୍ରକାର ସୂତା ବାହାର କରାଯାଇଛି ।

ଏହା ଟେରେଲିନ୍ ଭଳି ଟାଣ, ସୁନ୍ଦର, ଧୋଇଲେ ଭାଙ୍ଗ ଖରାପ ହୁଏ ନାହିଁ; ତେଣୁ ଇସ୍ତ୍ରି ଦେବା ଦରକାର ନାହିଁ, ଏହା ମଧ୍ୟ ଅନେକ ଦିନ ପର୍ଯ୍ୟନ୍ତ ନୂଆପରି ଦିଶୁଥାଏ । ଏହାକୁ ପୋକ କୀଟ କାଟନ୍ତି ନାହିଁ । ଆମ ଦେଶରେ ଏହି ପୋଷାକର ଆଦର ବେଶୀ । ଏହାର ଦାମ୍ ମଧ୍ୟ ଅପେକ୍ଷାକୃତ କମ୍ । ଏହି ଟେରିଲିନ୍ ଓ କଟନକୁ ବିଭିନ୍ନ ଅନୁପାତରେ ଓ ବିଭିନ୍ନ ଉପାୟରେ ମିଶାଇ ବିଭିନ୍ନ ପ୍ରକାରର ବସ୍ତ୍ର ତିଆରି ହୋଇପାରେ ।

ବର୍ତ୍ତମାନ ପ୍ରଶ୍ନ ହେଲା ନାଇଲନ୍ ଓ ଟେରିଲିନ୍ ପ୍ରାକୃତିକ ତନ୍ତୁରୁ ତିଆରି ହୁଏ ନାହିଁ । ଏଗୁଡ଼ିକ ଆସେ କୁଆଡୁ ? ଏହିଗୁଡ଼ିକ ଏକପ୍ରକାର ସାଂଶ୍ଳେଷିକ ତନ୍ତୁ । ଆଲକାତରାରୁ ପ୍ରସ୍ତୁତ ହେଉଥିବା ବେଞ୍ଜିନ୍ (Benzene), ଜାଇଲିନ୍ (Xylene) ଆଦିରୁ ହିଁ ଏହା ତିଆରି ହୋଇଥାଏ । ବେଞ୍ଜିନ୍‌ରୁ ପ୍ରସ୍ତୁତ ରାସାୟନିକ ହେକ୍ସାମେଥିଲିନ୍ ଡାଇଆମିନ୍ (Hexamethylene Diamine) ଓ ଆଡ଼ିପିକ୍ ଅମ୍ଲ (Adipic Acid)ରୁ ନାଇଲନ୍ ତିଆରି ହୁଏ ଓ ଡାଇମିଥାଇଲ୍ ଟେରିଥାଲେଟ୍ (Dimethyl Terepthalate) ଏବଂ ଏଥିଲିନ୍ ଗ୍ଲାଇକଲ୍ (Ehylene Glycol) ରୁ ଟେରିଲିନ୍ ତିଆରି କରାହୋଇଥାଏ । ଏହିଥିରୁ ତିଆରି ବସ୍ତ୍ର ବେଶ୍ ଲୋକପ୍ରିୟ ହୋଇପାରିଛି । ଓଡ଼ିଶାର ଢେଙ୍କାନାଳ ସହର ଠାରୁ ଅଳ୍ପ ଦୂରରେ ଟେରେଲିନ୍ କାରଖାନା ଅବସ୍ଥିତ ।

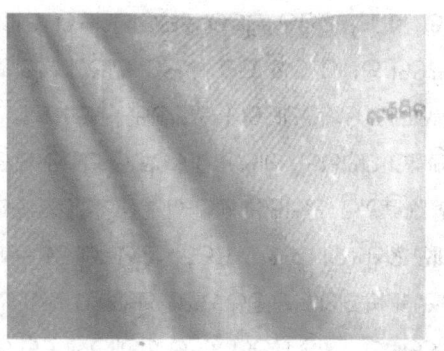

ପୁରାପୁରି କୃତ୍ରିମ ତନ୍ତୁ ପ୍ରସ୍ତୁତ କରିବା ପାଇଁ ବୈଜ୍ଞାନିକମାନେ ବହୁଦିନରୁ ଚେଷ୍ଟାକରି ଆସୁଥିଲେ ହେଁ ଏହି ଦିଗରେ ସର୍ବପ୍ରଥମେ ସେମାନେ କୃତକାର୍ଯ୍ୟ ହେଲେ ଆଜକୁ ମୋଟେ ପଚଶ ବର୍ଷ ତଳେ । ନାଇଲନ୍ ହେଉଛି ପ୍ରଥମ କୃତ୍ରିମ ତନ୍ତୁ, ଯାହା ସର୍ବପ୍ରଥମେ ଆବିଷ୍କୃତ ହୋଇଥିଲା । ଏହାକୁ ଆମେରିକାର ସୁପ୍ରସିଦ୍ଧ ଡ଼ୁପଣ୍ଟ କମ୍ପାନୀର ବୈଜ୍ଞାନିକ କୋରୋଥର୍ସ (Korothresh) ୧ ୯୩୮ ମସିହାରେ ଉଦ୍ଭାବନ କରିଥିଲେ । ନାଇଲନ୍ ସୁତା ଖୁବ୍ ଟାଣ ଓ ଏହା ସହଜରେ ଦୁର୍ବଳ ବା ନଷ୍ଟ ହୁଏ ନାହିଁ । ସେଥିପାଇଁ ଏହି ନାଇଲନ୍ ମଟର ଟାୟାର ତିଆରି ଠାରୁ ଆରମ୍ଭ କରି ମୋଜା, ଗେଞ୍ଜି, ଭିତର ପୋଷାକ ଆଦି ଯାବତୀୟ ପଦାର୍ଥ ତିଆରିରେ ବ୍ୟବହୃତ ହୁଏ ।

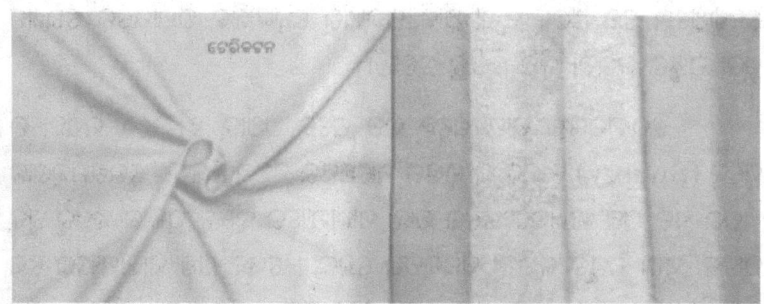

ଆଜିକାଲି ନାଇଲନ୍ ତନ୍ତୁରୁ ତିଆରି ମାଛଧରା ଜାଲ ବେଶ ଲୋକପ୍ରିୟ ହୋଇଛି । କାରଣ ଏହା ଅଧିକ ଦିନ ସ୍ଥାୟୀ ହୁଏ । ଗୋଟିଏ ପାଖରେ ଆଲକାତରା

ଓ ଅନ୍ୟ ପାଖରେ ଏଥିରୁ ପ୍ରସ୍ତୁତ ସୁନ୍ଦର ମନୋମୁଗ୍ଧକର ନାଇଲନ୍ ପୋଷାକକୁ ଲକ୍ଷ୍ୟ କଲେ ମନରେ ବିଶ୍ୱାସ ନାହିଁ ଯେ, ଏତେ କାଳିଆ ଦୁର୍ଗନ୍ଧ ପଦାର୍ଥରୁ ଏତେ ସୁନ୍ଦର ପୋଷାକ ତିଆର ହୋଇପାରେ । ନାଇଲନ୍ ବ୍ୟତୀତ ଭିନିୟନ୍, ଟେରିଲିନ୍ ବା ଡେକ୍ରନ୍, ପଲିଷ୍ଟର ଅରଲନ୍, ସାରନ ଓ ଭେଲନ୍ ପ୍ରଭୃତି ଜାତିର କୃତ୍ରିମ ତନ୍ତୁରୁ ତିଆରି ପୋଷାକ ଆଜିକାଲି ନାଇଲନ୍ ଭଳି ଖୁବ୍ ଲୋକପ୍ରିୟ ହୋଇଛି । ପ୍ରାକୃତିକ ତନ୍ତୁର ଏକ ପ୍ରଧାନ ଅସୁବିଧା ହେଉଛି ଯେ, ଏଥିମଧ୍ୟରୁ କେତେକ ପ୍ରାକୃତିକ ତନ୍ତୁ ସାଧାରଣ ଲୋକଙ୍କ ବ୍ୟବହାର କଲାଭଳି ସହଜ ସୁଲଭ ଓ ଶସ୍ତା ନୁହେଁ । ଉଦାହରଣ ସ୍ୱରୂପ ପଶମ ଓ ରେଶମ । ଏହି ଦୁଇଟି ଏତେ ମୂଲ୍ୟବାନ ଯେ ସାଧାରଣ ଲୋକେ ଏଗୁଡ଼ିକୁ ବ୍ୟବହାର କରିବାକୁ ଏକାନ୍ତ ଇଚ୍ଛୁକ ଥିଲେ ହେଁ, ଏଗୁଡ଼ିକର ବ୍ୟବହାର କରିବା ସମ୍ଭବ ହୋଇପାରେ ନାହିଁ । କିନ୍ତୁ ଆଧୁନିକ ବୈଜ୍ଞାନିକମାନେ ରେଶମ ଓ ପଶମର ମୂଲ୍ୟ କମାଇ ଜନସାଧାରଣଙ୍କ ପାଇଁ ସହଜ, ସୁଲଭ ଓ ଶସ୍ତା କରିବାକୁ ବହୁଦିନରୁ ଚେଷ୍ଟା କରିଆସୁଛନ୍ତି । ପ୍ରାକୃତିକ ରେଶମ ଭଳି ସୁନ୍ଦର ରେଶମ କୃତ୍ରିମ ଉପାୟରେ ତିଆରି କରିବା ପାଇଁ ସର୍ବପ୍ରଥମେ ଚେଷ୍ଟା କରିଥିଲେ ପୃଥିବୀ ବିଖ୍ୟାତ ବୈଜ୍ଞାନିକ ରବର୍ଟ ହକ୍ (Robert Hawk) ୧୬୬୪ ମସିହାରେ । ୧୭୩୪ ମସିହାରେ ବିଖ୍ୟାତ ବୈଜ୍ଞାନିକ ରୋମର୍ (Romer) ପ୍ରକାଶ କଲେ ଯେ ରେଶମ ପୋକ ଯେଉଁ ଉପାୟରେ ରେଶମ ସୂତା ପ୍ରସ୍ତୁତ କରେ, ସେହି ଉପାୟକୁ ଅବଲମ୍ବନ କରି ମଣିଷ ମଧ୍ୟ ରେଶମ ସୂତା ପ୍ରସ୍ତୁତ କରିପାରିବ । ସେ ଆହୁରି ଧାରଣା ଦେଇଥିଲେ ଯେ ଅଠା, ଝୁଣା ଆଦି ପଦାର୍ଥରୁ ବୈଜ୍ଞାନିକ ଉପାୟରେ ରେଶମ ସୂତା ପ୍ରସ୍ତୁତ କରିବା କିଛି ବିଚିତ୍ର ନୁହେଁ ।

ରୋମରଙ୍କର ପ୍ରାୟ ଶହେ ବର୍ଷ ପରେ ଅର୍ଥାତ୍ ୧୮୪୦ ମସିହାରେ ସ୍ୱବେ (Swabey) ନାମକ ଇଂଲଣ୍ଡର ମାଞ୍ଚେଷ୍ଟର ସହରର ଜଣେ ରେଶମବୁଣାଳି ଏପରି ଏକ ଯନ୍ତ୍ର ଉଦ୍ଭାବନ କଲେ ଯାହା ସାହାଯ୍ୟରେ ବିଭିନ୍ନ ପ୍ରକାର ବସ୍ତ୍ରରୁ ଖୁବ୍ ପାତଳା ସୂତା ପ୍ରସ୍ତୁତ କରିବା ସମ୍ଭବପର ହେଲା । ସେହି ଯନ୍ତ୍ର ସାହାଯ୍ୟରେ ସେ ଜିଲାଟିନ୍ (Gelatine) ଅଣ୍ଡାର ଲାଳ ଏବଂ ଅଗର ଅଗର ଆଦିରୁ ସରୁ ସୂତା ତିଆରି କରିବା ପାଇଁ ଚେଷ୍ଟା ଚଳେଇଲେ । ଏହିଥିରୁ ତିଆରି ସୂତା ବିଶେଷ ଉପଯୋଗୀ ହୋଇପାରି ନାହିଁ ।

ଓମେଗା କାପ୍ରୋଲାକ୍ଟାମ୍ ନାମକ ଏକ ଜୈବିକ ରାସାୟନିକ ପଦାର୍ଥରୁ ନାଇଲନ୍ ତିଆରି କରାଯାଇଥାଏ । ଏହି ରାସାୟନିକ ପଦାର୍ଥରେ ୬ଟି କାର୍ବନ କଣିକା ଥିବାରୁ ଏଥିରୁ ପ୍ରସ୍ତୁତ ନାଇଲନ୍‌କୁ 'ନାଇଲନ୍-୬' କୁହାଯାଏ । ସେହିଭଳି 'ନାଇଲନ୍-ଏଡିପିକ୍ ଅମ୍ଳ ଓ ହେକ୍ସାମେଥିଲିନ୍ ଡାଏମିନ୍‌ରୁ (Adipic Acid and Hexamethylene Diamine) ପ୍ରସ୍ତୁତ କରାଯାଏ । ଏହି ଦୁଇଟି ରାସାୟନିକ ପଦାର୍ଥରେ ୬ଟି କରି କାର୍ବନ କଣିକା ଥିବାରୁ ଏହାକୁ 'ନାଇଲନ୍-୬, ୬' କୁହାଯାଏ । ସେହିଭଳି 'ନାଇଲନ୍-୬, ୧୦' 'ଇତ୍ୟାଦି' ମଧ୍ୟ ବିଭିନ୍ନ ରାସାୟନିକ ପଦାର୍ଥରୁ ମିଳିଥାଏ ।

ଟେରିଥାଲିକ୍ ଅମ୍ଳ ଓ ଏଥିଲିନ୍ ଗ୍ଲାଇକଲ୍ ନାମକ ଜୈବକ ରାସାୟନିକ ପଦାର୍ଥରୁ ପଲିଏଷ୍ଟର ପ୍ରସ୍ତୁତ କରାଯାଏ । 'ଅରଲନ୍' (Orlon) ଅନ୍ୟ ଏକ କୃତ୍ରିମ ତନ୍ତୁ । ଏହାର ରାସାୟନିକ ନାମ 'ପଲିଏକ୍ରିଲୋନାଇଟ୍ରାଇଲ୍' । ଏହା ଏକ୍ରିଲୋନାଟ୍ରାଇଲ୍ (Acrylonitrile) ଜୈବିକ ରାସାୟନିକ ପଦାର୍ଥରୁ ପ୍ରସ୍ତୁତ କରାଯାଇଥାଏ ।

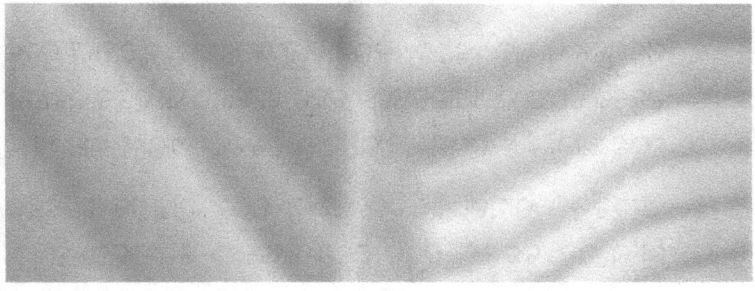

ନାଇଲନ୍, ପଲିଏଷ୍ଟର ଇତ୍ୟାଦି କୃତ୍ରିମ ତନ୍ତୁରେ ତିଆରି ଲୁଗାପଟା ବହୁଳ ବ୍ୟବହାର ଆଜିକାଲି ପରିଲକ୍ଷିତ ହୁଏ । କାରଣ ଏ ପ୍ରକାରର ଲୁଗାପଟା ବ୍ୟବହାର କରିବାରେ ଆମେ ଅନେକ ଉପକାର ପାଇଥାଉ, ଯଥା –

– କୃତ୍ରିମ ତନ୍ତୁ ପ୍ରାକୃତିକ ତନ୍ତୁ ଅପେକ୍ଷା ଅଧିକ ଶକ୍ତ ହୋଇଥିବାରୁ ଏହି ତନ୍ତୁରେ ତିଆରି ଲୁଗାପଟା ବେଶିଦିନ ବ୍ୟବହାର କରାଯାଇପାରେ ।

– ଏହି ଲୁଗାପଟା ଖୁବ୍ କମ୍ ମଇଳା ଧରୁଥିବାରୁ ଏହାକୁ ଅଳ୍ପ ସାବୁନ୍ ବା ଅନ୍ୟାନ୍ୟ ଡିଟରଜେଣ୍ଟରେ ଅଳ୍ପ ଖର୍ଚ୍ଚରେ ଓ ଖୁବ୍ ସହଜରେ ସଫା କରାଯାଇପାରେ । ଏହା ମଧ୍ୟ ଅଳ୍ପ ସମୟରେ ଶୁଖିଯାଏ । ତେଣୁ ବର୍ଷାଦିନେ ବାହାରକୁ ବାହାରିଲେ ସିନ୍ଥେଟିକ୍ ଲୁଗାପଟା ପିନ୍ଧିବାକୁ ସମସ୍ତେ ପସନ୍ଦ କରନ୍ତି ।

– ସିନ୍ଥେଟିକ୍ ଲୁଗାପଟାରେ ଭାଙ୍ଗ ପଡ଼େ ନାହିଁ କି ଏହା କୁଞ୍ଚିତ ହୁଏ ନାହିଁ । ତେଣୁ ବାରମ୍ବାର ଇସ୍ତ୍ରି ନକରି ଏହାକୁ ବହୁତ ଥର ପିନ୍ଧାଯାଇପାରେ ଏବଂ ଏହାକୁ ଅଳ୍ପ ପରିଶ୍ରମରେ ହାଲୁକା ଇସ୍ତ୍ରି କରାଯାଇପାରେ ।

– କୃତ୍ରିମ ତନ୍ତୁର ଅନ୍ୟ ଏକ ବଡ଼ ଲକ୍ଷଣ ହେଉଛି ଏହା ବିଭିନ୍ନ ପ୍ରକାର ରଙ୍ଗକୁ ଖୁବ୍ ସହଜରେ ଭଲଭାବରେ ଧାରଣ କରିପାରେ । କାରଣ ରଙ୍ଗ ସହ ଏହି ତନ୍ତୁଗୁଡ଼ିକର ରାସାୟନିକ ପ୍ରକ୍ରିୟା ଖୁବ୍ ସହଜ ଅଟେ । ତେଣୁ ଆମେ ବିଭିନ୍ନ ରଙ୍ଗ ବେରଙ୍ଗର ସିନ୍ଥେଟିକ୍ ଶାଢ଼ୀ ଦେଖିବାକୁ ପାଉ । ଏହା ବିଭିନ୍ନ ରଙ୍ଗବେରଙ୍ଗର ହୋଇଥିବାରୁ ସମସ୍ତଙ୍କୁ ଆକୃଷ୍ଟ କରେ ଏବଂ ସେମାନଙ୍କର ସୌନ୍ଦର୍ଯ୍ୟ ବଢ଼ାଏ ।

– ମନମୁତାବକ ଶକ୍ତ, କଠିନ, ନରମ ମନ ଉପଯୋଗୀ ଲୁଗାପଟା କୃତ୍ରିମ ତନ୍ତୁରେ ତିଆରି କରାଯାଇପାରେ । ବହୁତ ସମୟରେ ସିନ୍ଥେଟିକ୍ ଲୁଗାପଟା ବେଶ୍ ହାଲୁକା ଓ ନରମ ହୋଇଥିବାରୁ ପିନ୍ଧିବାକୁ ଆରାମ ଲାଗେ ।

– ସିନ୍ଥେଟିକ୍ ଲୁଗାପଟା କିଛିଦିନ ପିନ୍ଧିବା ପରେ ଡ୍ରାଇୱାସରେ ଦେଇ ତା'ର ରଙ୍ଗ ବଦଳାଇ ନୂତନ ରୂପେ ବ୍ୟବହାର କରାଯାଇପାରେ ।

– ସିନ୍ଥେଟିକ୍ ଲୁଗାପଟାରେ ଦାଗ ଲାଗିଲେ କେତେକ ଜୈବିକ ଦ୍ରାବକ ବ୍ୟବହାର କରି ଏହି ଦାଗକୁ ସହଜରେ ଦୂର କରାଯାଇପାରେ ।

– ଏହା ଖୁବ୍ ସହଜରେ ଏବଂ ସୁନ୍ଦର ଭାବରେ ପରିଧାନ କରାଯାଇପାରେ । ଏହା ହାଲୁକା ହୋଇଥିବାରୁ ସାଇତି ରଖିବା ଓ ନେବା ଆଣିବା କରିବା ସହଜ ହୁଏ । ଦୂର ଜାଗାକୁ ଯାତ୍ରା କଲେ ଦୁଇଟା ସୂତା ଲୁଗାପଟା ପରିବର୍ତ୍ତେ ୫-୬ଟି ସିନ୍ଥେଟିକ୍ ଲୁଗାପଟା ନିଆଯାଇପାରେ ।

ସିନ୍ଥେଟିକ୍ ଲୁଗାପଟାର ଅନେକ ଅପକାରିତା ରହିଛି, ଯଥା -

– ସାଧାରଣତଃ ସ୍ତ୍ରୀଲୋକମାନେ ବେଶୀ ସମୟ ରୋଷେଇ ଘରେ କଟାନ୍ତି । ଯଦି ସେମାନେ ଟିକିଏ ଅନ୍ୟମନସ୍କ ବା ଅସାବଧାନ ରହନ୍ତି, ତେବେ ଲୁଗାପଟାରେ ନିଆଁ ଲାଗିଯିବାର ଅନେକ ସମ୍ଭାବନା ଥାଏ । ଯେହେତୁ ସିନ୍ଥେଟିକ୍ ଲୁଗାପଟା ଜୈବିକ ରାସାୟନିକ ପଦାର୍ଥରୁ ତିଆରି ହୋଇଥାଏ, ଏହା ଶୀଘ୍ର ନିଆଁ ଧରେ ଓ ଶୀଘ୍ର ତରଳି ଯାଇ ଦେହରେ ଲାଖିଯାଏ । ତେଣୁ ଅଧା ନିଆଁ ଲାଗିଥିବା ଲୁଗାପଟା ଦେହରୁ କାଢ଼ିବା କଷ୍ଟକର ହୋଇପଡ଼େ । ଏହାଦ୍ୱାରା ଖୁବ୍ ଶୀଘ୍ର ଦେହରେ କ୍ଷତ ହୋଇଯାଏ ଏବଂ ଶେଷରେ ମୃତ୍ୟୁ ହୁଏ । ତେଣୁ ସିନ୍ଥେଟିକ୍ ଲୁଗାପଟା ପରିଧାନ କରି ରୋଷେଘରେ କିମ୍ବା ବିଜ୍ଞାନଗାରରେ କାମ କରିବା ଆଦୌ ଉଚିତ ନୁହେଁ ।

– ଗ୍ରୀଷ୍ମଦିନରେ ସିନ୍ଥେଟିକ୍ ଲୁଗାପଟା ପିନ୍ଧିବା ଉଚିତ୍ ନୁହେଁ । ଏହି ଲୁଗାପଟା ପିନ୍ଧିଲେ ଖୁବ୍ ଅଶ୍ୱସ୍ତି ଲାଗେ ଓ ଗରମ ଅନୁଭୂତ ହୁଏ । କାରଣ କୃତ୍ରିମ ତନ୍ତୁ ମଧ୍ୟରେ ଥିବା ଛିଦ୍ରଗୁଡ଼ିକ ଖୁବ୍ ଛୋଟ ଓ କେତେକ ତନ୍ତୁରେ ଛିଦ୍ର ମଧ୍ୟ ନଥାଏ । ତେଣୁ ଶରୀରରୁ ନିର୍ଗତ ହେଉଥିବା ଝାଳ ବା ଜଳକଣା ଏବଂ ବାୟୁମଣ୍ଡଳରେ ଥିବା ଜଳକଣା ମଧ୍ୟରେ ଭାରସାମ୍ୟ ରହିପାରେ ନାହିଁ । ଫଳରେ, ଆମକୁ ଆଶ୍ୱସ୍ତି ଲାଗେ । ଏତଦ୍‌ବ୍ୟତୀତ ଆମେ ଜାଣୁ ଯେ, ଯେଉଁ ତରଳ ଯେତେ ଶୀଘ୍ର ବାଷ୍ପୀଭୂତ ହୁଏ, ତାହା ସେତେ ଶୀଘ୍ର ଶୀତଳ ହୁଏ । ଯେହେତୁ ସିନ୍ଥେଟିକ୍ ଲୁଗାପଟାରେ ଥିବା ଛିଦ୍ର ଦେଇ

ଝାଳ ଖୁବ୍ ଶୀଘ୍ର ବାଷ୍ପୀଭୂତ ହୋଇପାରେ ନାହିଁ, ତେଣୁ ଆମେ ଗରମ ଅନୁଭବ କରୁ । ଦେହରୁ ନିର୍ଗତ ହେଉଥିବା ଝାଳକୁ ସିନ୍ଥେଟିକ୍ ଲୁଗା ଶୋଷିପାରୁ ନଥିବାରୁ ବହୁତ ସମୟ ଧରି ଝାଳ ଦେହରେ ଲାଗିରହେ । ତେଣୁ ବିଭିନ୍ନ ପ୍ରକାର ଚର୍ମରୋଗ ହେବାର ସମ୍ଭାବନା ଥାଏ । ସୁତରାଂ ସ୍ୱାସ୍ଥ୍ୟରକ୍ଷା ଦୃଷ୍ଟିରୁ ଏହି ସିନ୍ଥେଟିକ୍ ଲୁଗା ପିନ୍ଧିବା ବିଧେୟ ନୁହେଁ ।

ଉପରୋକ୍ତ ଅସୁବିଧାର ସମ୍ମୁଖୀନ ହେବା ପରେ ଆଜିକାଲି କୃତ୍ରିମ ତନ୍ତୁ ଓ ପ୍ରାକୃତିକ ତୁଳାକୁ ବିଭିନ୍ନ ପରିମାଣରେ ମିଶାଇ ଟେରିକଟ୍ ନାମକ ଏକପ୍ରକାର ତନ୍ତୁ ତିଆରି କରାଯାଉଛି । ଏଥିରେ ତିଆରି ଲୁଗାପଟା ଅପେକ୍ଷାକୃତ ଆରାମଦାୟକ ।

ଏହାର କିଛିଦିନ ପରେ ଫ୍ରାନ୍ସ ଦେଶର କାଉଣ୍ଟ ହିଲାରୀ କାର୍ଡେନେଣ୍ଟ (Count Hillary Cardenent) ନାମକ ଜଣେ ବୈଜ୍ଞାନିକ ବିସ୍ଫୋରକ ଭାବରେ ବ୍ୟବହୃତ ହେଉଥିବା ତୁଳାରୁ ତିଆରି ଅଗ୍ନିକାର୍ପାସ ବା ଗନ୍ କଟନ୍ (Gun Cotton) ସହିତ ନାନା ରାସାୟନିକ ପ୍ରକ୍ରିୟା କରି କୃତ୍ରିମ ରେଶମ ପ୍ରସ୍ତୁତ କରିପାରିଲେ ।

ଆଜିକାଲି ବହୁପ୍ରକାରର କୃତ୍ରିମ ରେଶମ ବଜାରରେ ବିକ୍ରୟ ହେଲାଣି । ଏହିସବୁ ତନ୍ତୁକୁ ମଧ୍ୟ ରେୟନ୍ (Rayon) ଓ ଅରଲନ୍ (Orlon) କୁହାଯାଏ । ଏହି ତନ୍ତୁରୁ ବସ୍ତ୍ର ବେଶ୍ ଶସ୍ତା ଓ ଏହାକୁ ସହଜରେ ସମସ୍ତେ ବ୍ୟବହାର କରିପାରୁଛନ୍ତି । ଏହା ହାତକୁ ବେଶ୍ ନରମ ଲାଗେ ।

ଆଧୁନିକ ବସ୍ତ୍ର ଜଗତରେ ଏହି ଯେଉଁ ବୈପ୍ଳବିକ ପରିବର୍ତ୍ତନ ଦେଖାଦେଇଛି, ଆଉ କିଛିବର୍ଷ ପରେ ପ୍ରାକୃତିକ ତନ୍ତୁର ବ୍ୟବହାର ପୁରାପୁରି ଉଠିଯାଇ ସେହି ସ୍ଥାନରେ ଶସ୍ତା-ସୁନ୍ଦର ଓ ମଜବୁତ କୃତ୍ରିମ ତନ୍ତୁର ବ୍ୟବହାର ଯଥେଷ୍ଟ ପରିମାଣରେ ବଢ଼ିଚାଲିବ ବୋଲି ଆଶା କରାଯାଏ ।

◆◆

ଆମେରିକାନ୍ ଡାଏମଣ୍ଡ

ପ୍ରକୃତ ଡାଏମଣ୍ଡ ବା ହୀରାର ଦାମ୍ ଅତ୍ୟଧିକ । ସମସ୍ତଙ୍କ ପାଇଁ ଏହା କିଣିବା ସମ୍ଭବପର ହୁଏ ନାହିଁ । ଡାଏମଣ୍ଡର ଏହି ଝକ୍‌ମକ୍ ପାଇଁ ସମସ୍ତେ ଆକୃଷ୍ଟ ହୋଇଥାନ୍ତି । ବୈଜ୍ଞାନିକମାନେ ସ୍ତ୍ରୀ ଲୋକମାନଙ୍କର ହୀରା ପାଇଁ ଏତେ ଲୋଭ ଜାଣି ବିଭିନ୍ନ ଗବେଷଣା ପରେ କମ୍ ଦାମ୍‌ରେ ଠିକ୍ ହୀରା ପରି ଝକ୍‌ମକ୍ ହେଉଥିବା ପଥର ତିଆରି କଲେ । ଏହା ଆମେରିକାରେ ପ୍ରଥମେ ବାହାରିଥିବାରୁ ଏହାର ନାମ ରଖାଯାଇଛି 'ଆମେରିକାନ୍ ଡାଏମଣ୍ଡ' ବା 'ଏ.ଡ଼ି. ପଥର' ଭାବରେ ଏହା ପରିଚିତ ।

ଏହା ପ୍ରକୃତରେ ହୀରା ନୁହେଁ, ହୀରା ପୂରାପୂରି କଳା ଅଙ୍ଗାରକରୁ ତିଆରି ହୋଇଥିଲା ହେଲେ ଏହି ଆମେରିକାନ୍ ଡାଏମଣ୍ଡ୍ ଆଦୌ ଅଙ୍ଗାରକରୁ ତିଆରି

ନୁହେଁ । ଏହା ଚାରୋଟି ଧାତୁ ଓ ଅଧାତୁର ଏକ ଯୌଗିକ ପଦାର୍ଥ । ଏହା ହୀରା ଭଳି ଝକ୍‌ମକ୍ କରେ । ତାହା ଯେ କେବଳ ଆମେରିକାରେ ତିଆରି ହୁଏ ତାହା ନୁହେଁ, ଆମେରିକାନ୍ ଡାଏମଣ୍ଡ ଆଜିକାଲି ପ୍ରାୟ ସବୁ ଦେଶରେ ତିଆରି ହେଲାଣି ।

ଆମେରିକାନ୍ ଡାଏମଣ୍ଡ ପ୍ରକୃତରେ ଜିର୍‌କୋନିୟମ୍ ଓ ସିଲିକନ୍ ଅକ୍‌ସାଇଡ୍‌ର ଏକ ଯୌଗିକ ପଦାର୍ଥ । ଜିର୍‌କୋନିଆ ଦାନା ସେହିଭଳି ଆଉ ଏକ ପଥର । ଏହି ଦୁଇଟି ଦେଖିବାକୁ ପ୍ରକୃତ ହୀରା ଭଳି, ପାର୍ଥକ୍ୟ ଆଦୌ ଜଣାପଡ଼ିବ ନାହିଁ ।

ଜିର୍‌କୋନିଆରେ ଜିର୍‌କନ୍ ସହିତ ଇଟ୍ରିୟମ୍ ବା ହାଫନିୟମ ଅକ୍‌ସାଇଡ୍ ରାସାୟନିକ ମିଶିଥାଏ । ଜିର୍‌କୋନ୍ ଓ ଜିର୍‌କୋନିଆ ଏହି ଦୁଇଟି ପ୍ରାକୃତିକ ହୀରାର ପାଖାପାଖି । ପ୍ରକୃତ ହୀରାର କଠିନତା ୧୦ ଥିବା ସ୍ଥଲେ ଏହି ଦୁଇଟିର କଠିନତା ୭.୫ । ହୀରାର ପ୍ରତିସରଣାଙ୍କ ୨.୪୨ ଥିବା ସ୍ଥଲେ ଜିର୍‌କୋନିଆର ୨.୧–୨.୨ । ଏହିଗୁଡ଼ିକ ଗହଣା ଗଢ଼ିବାରେ ବ୍ୟବହାର କରାଯାଇଥାଏ ଏବଂ ଏହା ପ୍ରକୃତ ହୀରା ଭଳି ଝକ୍‌ମକ୍ କରେ । ଜିର୍‌କୋନିଆ ବହୁ ଗୁଣରେ ହୀରାର ଖୁବ୍ ପାଖାପାଖି ଥିବାରୁ ହୀରାଭଳି ଏହାର ଆଦର ବେଶୀ । ଏହାର ମୂଲ୍ୟ ପ୍ରାକୃତିକ ହୀରାଠାରୁ ବେଶ୍ କମ୍ ।

ପ୍ରକୃତ ହୀରାର ରାସାୟନିକ ସରଞ୍ଜନା କେବଳ ମୌଳିକ ପଦାର୍ଥ ଅଙ୍ଗାରକ ଦ୍ୱାରା ଗଠିତ । ଏହାର ଆଣବିକ ଗଠନ ହୋମୋପୋଲାର ବା ସମମେରୁଯୁକ୍ତ । ଏହା ଅମୂଳଚୂଳ ରୂପେ କେବଳ ମୌଳିକ ପଦାର୍ଥ କାର୍ବନର ସମଧ୍ୱନୀ ବନ୍ଧନ ଶୈଳୀରେ ସରକ୍ଷିତ । ପ୍ରତ୍ୟେକ କାର୍ବର ଅଣୁର ପାର୍ଶ୍ୱବର୍ତ୍ତୀ ଚାରୋଟି କାର୍ବନ ଅଣୁ ସହ ଚତୁଷ୍ଫଳନୀୟ ସଂଯୋଗ କ୍ରମେ ହୀରା ସମାପନ ପଦ୍ଧତିରେ ସ୍ଫଟିକୀକୃତ ହୋଇଥାଏ ।

ହୀରା ମଧ୍ୟ ଦେଇ ରଞ୍ଜନ ରଶ୍ମି ସହକାରେ ଗତି ନରିପାରେ, ତେଣୁ ଏହାକୁ ଚିହ୍ନିବା ସହଜ ହୁଏ । ହୀରା ଏକ ଉତ୍ତାପ କୁପରିବାହୀ ହୋଇଥିବା ବେଳେ ଅଧିକାଂଶ ହୀରା ବିଦ୍ୟୁତରୋଧକ ହୋଇଥାଏ । ଆଲୋକ ହୀରା ମଧ୍ୟ ଦେଇ ଗତି କଲେ ଇନ୍ଦ୍ରଧନୁର ବର୍ଣ୍ଣାଳୀ ସୃଷ୍ଟି ହୋଇଥାଏ । ଏହାଦ୍ୱାରା ପ୍ରାକୃତିକ ହୀରା ଓ କୃତ୍ରିମ ହୀରା ସ୍ପଷ୍ଟ ଭାବରେ ଜଣାପଡ଼ିଥାଏ ।

ଅଙ୍ଗାର ସୀସକ (Graphite) ଏବଂ ହୀରା (Diamond) ଦୁଇଟି ଯାକ ଏକ ପଦାର୍ଥରୁ ତିଆରି । ଦୁଇଟିକୁ ଦଗ୍ଧ କଲେ ଅଙ୍ଗାରକାମ୍ଲ ଗ୍ୟାସ୍ ମିଳେ । ଦୁଇଟି କିନ୍ତୁ ଦେଖିବାକୁ ଆକାଶ ପାତାର ଫରକ । ଅଙ୍ଗାରସୀସକ ଦେଖିବାକୁ କୃଷ୍ଣବର୍ଣ୍ଣ, ଅସ୍ୱଚ୍ଛ କିନ୍ତୁ ହୀରା ଦେଖିବାକୁ ବର୍ଣ୍ଣହୀନ ଓ କାଚପରି ସ୍ୱଚ୍ଛ ଓ ଅନ୍ଧାର ଘରେ ଉଜ୍ଜଳ ଦେଖାଯାଏ । ଆହୁରି ମଧ୍ୟ ଅଙ୍ଗାରସୀସକ ସାଧାରଣତଃ ନରମ କିନ୍ତୁ ହୀରା ପୃଥିବୀର ସବୁ କଠିନ ପଦାର୍ଥରୁ ଅଧିକ କଠିନତମ । ବୈଜ୍ଞାନିକମାନେ ପ୍ରକୃତ ହୀରା ବିଷୟରେ ମୂଳରୁ ଶେଷ ପର୍ଯ୍ୟନ୍ତ ଗବେଷଣା କଲାପରେ ଏହି ଆମେରିକାନ୍ ଡାଏମଣ୍ଡ ବାହାର କରିପାରିଲେ, ଯେଉଁଟିର ଆଦର ଆଜି ବିଭିନ୍ନ ଦେଶରେ ଦିନକୁ ଦିନ ବଢ଼ି ଚାଲିଛି । ଦେଖିବାକୁ ପ୍ରକୃତ ହୀରା ପରି କିନ୍ତୁ ଦାମ୍ ଯଥେଷ୍ଟ କମ୍ ।

◆◆

ଅନ୍ଧବିଶ୍ୱାସର ଲୋପ କେବେ ?

"**ମା**ମି ମାମୀ, ଖାଇବାକୁ ଦିଅ ଭୀଷଣ ଭୋକ ହେଲାଣି"

"ଆଜି ପରା ଖାଇବା ବନ୍ଦ ଘରେ ଆଜି ରୋଷେଇ ହେବ ନାହିଁ ।"

ସ୍ୱାମୀ କହିଲେ - "କାହିଁକି କଣ ହେଲାକି ଆଜି ଗ୍ୟାସ ସରିଯାଇଛି ନା କ'ଣ ?

"ଆରେ ନାହିଁ ଆଜି ରାତିକୁ ଗ୍ରହଣ ଲାଗିବ ସେଥିପାଇଁ ଆଜି ସକାଳୁ ହାଣ୍ଡି ଛାଡ଼ ରୋଷାଇ ଘରକୁ କିଏ ଯିବେ ନାହିଁ ରନ୍ଧାବଢ଼ା କାହାରି ଘରେ ହେବ ନାହିଁ ।"

"ଆଚ୍ଛା ମାମୀ ଗ୍ରହଣ କଥା ତ ଆକାଶରେ ଘଟେ ଆମର ଖାଇବା ପିଇବା କଥା ତ ତଳେ । ଏଥିରେ କଣ ଏମିତି ଅସୁବିଧା ହୋଇଯିବ ଯେ ରନ୍ଧା ବଢ଼ା ବନ୍ଦ ରଖୁଛ । ଗ୍ରହଣ ଛାଡୁ ଛାଡୁ ରାତି ଏଗାରଟା ମୁଁ ଜାଣିଲି । ଏତେ ସମୟଚ଼ଣ ଓପାସ ରହିବାକୁ ପଡ଼ିବ ?" ପଚାରିଲେ ବିଦେଶରେ ପଢୁଥିବା ପୁଅ ସୁରଜିତ୍ ।

ମାମୀ କହିଲେ "ହଁ ରେ ବାପା ଏହି ସମୟରେ ଓପାସ ରହିବାଟା ଭଲ କାରଣ ଗ୍ରହଣ ବେଳେ ତୁମେ ଯାହା ସବୁ ଖାଇବ ପେଟ ଭିତରେ ସେ ସବୁ ପରା ବିଷ ହୋଇଯିବ ତେଣୁ କେହି ଏହି ସମୟରେ କିଛି ନ ଖାଇବା ଭଲ ଏବଂ ଏହାଦ୍ୱାରା ଦେହ ଭଲ ରହିବ । ନଚେତ ନାନାପ୍ରକାର ରୋଗ ବେମାରୀ ହେବ ।

"ମାମୀ, ମୁଁ କହିବି ଏଗୁଡ଼ା ସବୁ ଅନ୍ଧବିଶ୍ୱାସ । ସେହିଥିରେ ସତ୍ୟତା ବୋଲି ନାହିଁ । ଆଗ ଯୁଗରେ ଯେତେବେଳେ ଲୋକେ ଗ୍ରହଣର କାରଣ ଜାଣିନଥିଲେ ଲୋକେ ଏହି ଭଳି କେତେ କଣ କଳ୍ପନା କରୁଥିଲେ । ରୋଗ

ହେଲେ ଡାକ୍ତର ପାଖକୁ ନ ଯାଇ ଗୁଣି ଗାରେଡ଼ିଙ୍କ ପାଖକୁ ଯାଆନ୍ତି । ସେ ଝାଡ଼ି ଝୁଡ଼ି ଦେଲେ ଭଲ ହୋଇଗଲା ବିଶ୍ୱାସ କରୁଥିଲେ ରୋଗ ଏପଟେ ବଢ଼ି ବଢ଼ି ଚାଲିଥାଏ । ଏହିପରି ଲୋକଙ୍କୁ ବୁଝାଇବ କିଏ । ମାମୀ ତୁମେ ଠିକ୍ ସେହିପରି ଏହି ସବୁ କଥାରେ ବିଶ୍ୱାସ ରଖି ଖାଇବା ପିଇବା ବନ୍ଦ କରିଛ ।"

ଆଜିକାଲି ବିଜ୍ଞାନ ପରା ପ୍ରମାଣ କରି ସାରିଲାଣି ଯେ ଗ୍ରହଣ ଲାଗିବାଟା କିଛି ଗୋଟେ ଖରାପ ଲକ୍ଷଣ ନୁହେଁ ଏବଂ ଏହାର ପ୍ରଭାବରେ ଆମର କିଛି ଖରାପ ହେବାର ନାହିଁ । ଚନ୍ଦ୍ର କି ସୂର୍ଯ୍ୟକୁ ରାହୁ କି କେତୁ ଗ୍ରହ ଗିଳି ପକାନ୍ତି ନାହିଁ । ଏହା ପୁରାପୁରି ମିଛ କଥା । ଚନ୍ଦ୍ର ଉପରେ ପୃଥିବୀର ଛାଇ ପଡ଼ିଲେ ଚନ୍ଦ୍ର ଗ୍ରହଣ ହୁଏ ଓ ପୃଥିବୀ ଉପରେ ଚନ୍ଦ୍ରର ଛାଇ ପଡ଼ି ସୂର୍ଯ୍ୟପରାଗ ହୁଏ । ଇଏସବୁ ଖାଲି ଛାତ୍ର ମାତ୍ର । ଏଥିରେ ଗିଳିବା ନ ଗିଳିବା ପ୍ରଶ୍ନ ଆସୁଛି କେଉଁଠୁ ? "ତୁମେ ଏସବୁ କଣ କହୁଛ ମୁଁ ବୁଝି ପାରୁନାହିଁ । ଯଦି ଏହିଟା ଅନ୍ଧବିଶ୍ୱାସ ହୋଇଥାଏ ଗ୍ରହଣ ଦିନ ସରକାର ଅଫିସ୍ ଦପ୍ତର କାହିଁକି ବନ୍ଦ ରଖନ୍ତେ ।" ମାମୀ କହିଲେ ଅତି ବ୍ୟସ୍ତ ହୋଇ ।

"ଆମ ସରକାର କିଏ ? ଆମରି ଲୋକ ତ ଆମର ମନ୍ତ୍ରୀମାନେ ତ ସରକାରୀ ସେମାନେ ମଧ୍ୟ ତୁମ ଭଳି ଅନ୍ଧ ବିଶ୍ୱାସର ବିଶ୍ୱାସୀ ସେମାନେ ଅଫିସ୍ ଦପ୍ତର ବନ୍ଦ କରିବେ କେମିତି ? ବିଦେଶରେ ମଧ ଏହିପରି ଚନ୍ଦ୍ରଗ୍ରହଣ ଓ ସୂର୍ଯ୍ୟପ୍ରରାଗ ହୁଏ । ସେଠାକାର ଲୋକେ ତ ଏହିପରି ଓପାସ ରୁହନ୍ତି ନାହିଁ କି ତାଙ୍କର ଅଫିସ୍ ଆଦି ବନ୍ଦ ହୁଏ ନାହିଁ । ଅନ୍ୟ ଦେଶ କାହିଁକି ଆମ ଦେଶରେ ମଧ୍ୟ ଖ୍ରୀଷ୍ଟ ଧର୍ମାବଲମ୍ବୀ ଇସ୍‌ଲାମ ଧର୍ମାବଲମ୍ବୀମାନେ ଅଛନ୍ତି ସେମାନଙ୍କର ତ ହାଣ୍ଡିଛାଡ଼ ହୁଏ ନାହିଁ, ସେମାନେ ତ ଗ୍ରହଣ ବେଳେ ଖିଆପିଆ କରନ୍ତି । କିଛି ଅସୁବିଧା ହୁଏ ନାହିଁ । ଆମରି ପେଟରେ କଣ ଖାଲି ବିଷ ହୋଇଯିବ । ଏହାସବୁ ଅତି ଘୃଣ୍ୟ ଅନ୍ଧବିଶ୍ୱାସ ବାହାରେ ଲୋକେ ଶୁଣିଲେ ନିଶ୍ଚୟ ହସୁଥିବେ । ଏଠାକାର ଲୋକେ କଣ ବିଜ୍ଞାନ ପଢ଼ନ୍ତି ନାହିଁ ନା କ'ଣ । ଏମିତି ଏହି ମିଛ କଥାଟାକୁ କିପରି ସତ ବୋଲି ମାନନ୍ତି ?

ଆଜିକାଲି ଯୁଗର ଲୋକେ ଯେତେବେଳେ ଯାଇ ଚନ୍ଦ୍ରଲୋକରୁ ବୁଲି ଫେରିଲେଣି । ବୈଜ୍ଞାନିକମାନେ ଭଲରେ ବୁଝାଇ ସାରିଲେଣି କି ପୃଥିବୀର ଛାଇ

କେମିତି ଚନ୍ଦ୍ର ଉପରେ ପଡ଼େ ଓ ଚନ୍ଦ୍ରଗ୍ରହଣ ତାରିଯୋଗୁଁ ହୋଇଥାଏ । ଏଣୁ ଆମେ ଯଦି ଏହି ଯୁଗରେ କହିବା ଚନ୍ଦ୍ରକୁ ରାହୁ କି କେତୁ ଗ୍ରାସ କଲା । ଏହା ହସ କଥା ଛଡ଼ା ଆଉ କଣ ହେବ । ଏବେ ମାମୀ ବୁଝିଲ ତ ଚନ୍ଦ୍ରଗ୍ରହଣ କଣ ଏବେ ତୁମର ତ ଏହି ଅନ୍ଧବିଶ୍ୱାସଟି ଦୂର ହେବ ଓ ଆମକୁ ଖାଇବାକୁ ମିଳିବ ତ" ବୁଝାଇ କହିଲେ ସୁରଜିତ୍ ।

ଚନ୍ଦ୍ରଗ୍ରହଣ ଓ ସୂର୍ଯ୍ୟପରାଗ ଏକ ପ୍ରାକୃତିକ ଘଟଣା । ଏଥିରେ ଭୟଭୀତ ହେବାର କିଛି ନାହିଁ । ତୁମେ ତ ଜାଣିଛ ସୂର୍ଯ୍ୟ ଚାରିପାଖରେ ପୃଥିବୀ ଘୁରୁଛି କାରଣ ପୃଥିବୀ ଏକ ଗ୍ରହ । ପୁଣି ପୃଥିବୀ ଚାରିପାଖରେ ଚନ୍ଦ୍ର ଘୁରୁଛି କାରଣ ଚନ୍ଦ୍ର ହେଉଛି ଏକ ଉପଗ୍ରହ । ସେମାନେ ଏକ ନିର୍ଦ୍ଦିଷ୍ଟ ଗତିପଥରେ ଘୁରନ୍ତି । ସେହି ଗତିପଥକୁ କକ୍ଷ କୁହାଯାଏ । ପୃଥିବୀ ସୂର୍ଯ୍ୟ ଚାରିପାଖରେ ଓ ଚନ୍ଦ୍ର ପୃଥିବୀ ଚାରିପାଖରେ ଘୁରିଲାବେଳେ ଏମିତି ଏକ ଅବସ୍ଥା ପହଞ୍ଚେ ଯାହା ଫଳରେ ସୂର୍ଯ୍ୟ, ପୃଥିବୀ ଓ ଚନ୍ଦ୍ର ଏକ ସରଳରେଖାରେ ରହନ୍ତି ଓ ସୂର୍ଯ୍ୟ ଏକ ସରଳରେଖାରେ ଅବସ୍ଥାନ କରନ୍ତି । ଏହି ଛେଦବିନ୍ଦୁ ଭିତରୁ ଗୋଟିକର ନାମ ହେଉଛି କେତୁ ବିନ୍ଦୁ । ଅନ୍ୟଟିର ରାହୁ ବିନ୍ଦୁ । ଏହି କେତୁ ବିନ୍ଦୁଠାମରେ ରହିଲେ ଯଦି ଚନ୍ଦ୍ରଗ୍ରହଣ ହୁଏ ତେବେ ତାକୁ କେତୁଗ୍ରାସ ଚନ୍ଦ୍ର ଗ୍ରହଣ ଓ ରାହୁଠାରେ ରହିଲେ ତାକୁ ରାହୁଗ୍ରାସ ଚନ୍ଦ୍ରଗ୍ରହଣ କୁହାଯାଏ ।

ସେହିଭଳି ସୂର୍ଯ୍ୟ ପରାଗ ମଧ୍ୟ ହୋଇଥାଏ । ପୃଥିବୀ ଓ ସୂର୍ଯ୍ୟ ଭିତରେ ଚନ୍ଦ୍ର ଏକ ସରଳରେଖାରେ ଅବସ୍ଥାନ କରେ ଯାହା ଫଳରେ ଚନ୍ଦ୍ରର ଛାଇ ପୃଥିବୀ ଉପରେ ପଡ଼ିବା ସମ୍ଭବପର ହୋଇଥାଏ ।

ପୂର୍ଣ୍ଣିମାରେ କେବଳ ଚନ୍ଦ୍ରଗ୍ରହଣ ହୁଏ କାରଣ ପୂର୍ଣ୍ଣିମାଦିନ ସୂର୍ଯ୍ୟ ଚନ୍ଦ୍ର ଭିତରେ ପୃଥିବୀ ଅବସ୍ଥାନ କରେ । ସୂର୍ଯ୍ୟପରାଗ କେବଳ ଅମାବାସ୍ୟା ଦିନ ହୋଇଥାଏ । କାରଣ ଏହିଦିନ ସୂର୍ଯ୍ୟ ଓ ପୃଥିବୀ ଭିତରେ ଚନ୍ଦ୍ର ଅବସ୍ଥାନ କରେ । ସବୁ ପୂର୍ଣ୍ଣିମାରେ କି ସବୁ ଅମାବାସ୍ୟାରେ ଚନ୍ଦ୍ରଗ୍ରହଣ କି ସୂର୍ଯ୍ୟପରାଗ ହୁଏ ନାହିଁ । କାରଣ ସବୁ ପୂର୍ଣ୍ଣିମା ଓ ସବୁ ଅମାବାସ୍ୟାରେ ସେମାନେ ସରଳରେଖରେ ରୁହନ୍ତି ନାହିଁ । ସରଳରେଖାରେ ନ ରହିଲେ ପୃଥିବୀର ଛାଇ ଚନ୍ଦ୍ର ଉପରେ କି ଚନ୍ଦ୍ରର ଛାଇ ପୃଥିବୀ ଉପରେ ପଡ଼ିପାରେ ନାହିଁ । ଫଳରେ ଚନ୍ଦ୍ରଗ୍ରହଣ କି ସୂର୍ଯ୍ୟପରାଗ

ହୁଏ ନାହିଁ । ଏହା ହେଲା ଚନ୍ଦ୍ରଗ୍ରହଣ ବା ସୂର୍ଯ୍ୟପରାଗର ବୈଜ୍ଞାନିକ କାରଣ । ଏହା ବିଭିନ୍ନ ବୈଜ୍ଞାନିକ ପରୀକ୍ଷା ଦ୍ୱାରା ଏହା ସତ୍ୟ ବୋଲି ପ୍ରତିପାଦିତ ହୋଇସାରିଛି । ଆଜିକାଲି ବିଜ୍ଞାନ ଯୁଗରେ ସମସ୍ତେ ଏହାକୁ ବୁଝିବା ଉଚିତ୍ କି ଚନ୍ଦ୍ରକି ସୂର୍ଯ୍ୟକୁ ପାପଗ୍ରହ ଗ୍ରାସ କରିନାହିଁ । ଆହୁରି କେତେ ଦିନ ଲାଗିବ ଏହି ଭୁଲ ଧାରଣା ଆମ ମନରୁ ଯିବାକୁ କହି ହେବନାହିଁ । ବିଜ୍ଞାନ ଆଗକୁ ଆଗକୁ ବଢ଼ିଚାଲିଛି । କିନ୍ତୁ ଏହିପରି ଅନେକ ଅନ୍ଧବିଶ୍ୱାସ ଲୋପ କରିବାକୁ ଆହୁରି କେତେଦିନ ଲାଗିବ କିଏ କହିପାରିବ । ଡାହାଣୀ ସନ୍ଦେହରେ ସ୍ତ୍ରୀ ଲୋକଙ୍କୁ ଜୀବନରେ ମାରିଦେବ ଚେଙ୍କ ଦେଇ କୁନି କୁନି ଛୁଆଙ୍କୁ ଭଲ କରିବା । ଏହିପରି ଅନେକ ଅନେକ ଅନ୍ଧବିଶ୍ୱାସ ଦୁନିଆରେ ଆଜି ପର୍ଯ୍ୟନ୍ତ ଚାଲିଛି । ଲୋକଙ୍କର ମନବୃତ୍ତି କିପରି ବଦଳିବ ଆଜି ଚିନ୍ତାର ବିଷୟ । ଅନ୍ଧବିଶ୍ୱାସ ଲୋପ ନ ପାଇଲେ ଦେଶ ଆଗେଇ ପାରିବ ନାହିଁ ।

◆◆

ଆପେକ୍ଷିକ ତତ୍ତ୍ୱର ଜନକ
ଆଲବର୍ଟ ଆଇନ୍‌ଷ୍ଟାଇନ୍

ଜର୍ମାନୀର ଉଲମ ସହରରେ ୧୮୭୯ ମସିହା ମାର୍ଚ୍ଚ ମାସ ୧୪ ତରିଖ ସନ୍ଧ୍ୟା ସମୟରେ ଏକ ଇହୁଦୀ ପରିବାରରେ ଜାତ ହେଲେ ଆଇନ୍‌ଷ୍ଟାଇନ୍ । ତାଙ୍କ ବାପାଙ୍କ ନାମ ହାରମେନ୍ ଆଇନ୍‌ଷ୍ଟାଇନ୍ ଓ ମାତାଙ୍କ ନାମ ପଲିନ୍ । ପଲିନ୍ ଯେତେବେଳେ ଏହି ଶିଶୁପୁତ୍ରଟିକୁ ଜନ୍ମଦେଲେ ସେ କେବେ ଭାବିନଥିଲେ ଯେ ସେଇ ପୁତ୍ରଟି ଏତେ ବଡ଼ ବୈଜ୍ଞାନିକ ହେବେ ଓ ତାଙ୍କ ପ୍ରତିଭା ଦିନେ ସାରା ଜଗତକୁ ଚମକାଇ ଦେବ । ବାପା, ମା ଓ ପରିବାରର ସମସ୍ତେ ବାଛି ବାଛି ପୁଅଟିର ନାଁ ରଖିଥିଲେ ଆଲବର୍ଟ ।

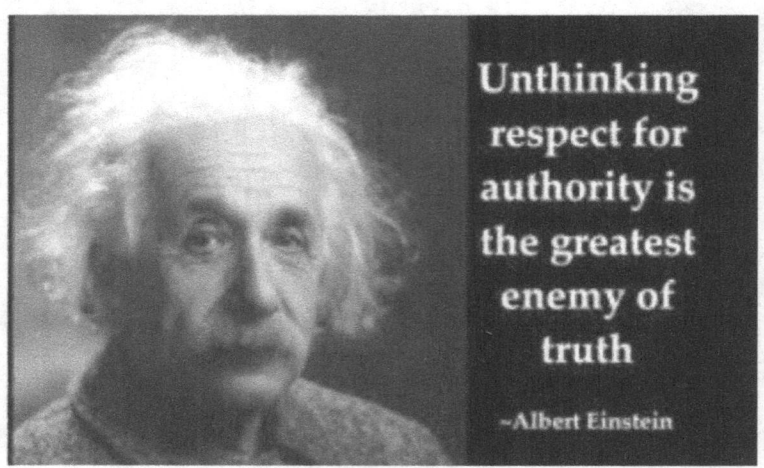

ଯେଉଁ ଘରେ ଏହି ବିଶିଷ୍ଟ ବୈଜ୍ଞାନିକ ଜନ୍ମଗ୍ରହଣ କରିଥିଲେ ସେହି ଘରଟି ଅତି ସାଧାରଣ ବଖରାଟିଏ । ଜର୍ମାନ ସହରର କୁଡ଼ିଆଟିଏ । ସେହି ଘରସବୁ

ଦେଖିଲେ ମନେ ହୁଏ ସତରେ କ'ଣ ପଙ୍କଛଡ଼ା ପଦ୍ମ ଆଉ କେଉଁଠାରେ ଜନ୍ମ ହୁଏ ନାହିଁ ? ସବୁ ମହାପୁରୁଷ କ'ଣ କୁଡ଼ିଆରେ ହିଁ ଜନ୍ମ ନିଅନ୍ତି ?

ଆଲବର୍ଟ ପିଲାଦିନେ ଖେଳିବାକୁ ବିଶେଷ ଭଲ ପାଉନଥିଲେ । ସେ ଏତେ ଲାଜକୁରା ଥିଲେ ଯେ ନିଜର ସାଙ୍ଗସାଥୀମାନଙ୍କ ସହିତ କଥାବାର୍ତ୍ତା କରିବାକୁ ସାହସ କରୁନଥିଲେ । ତାଙ୍କ ଚିନ୍ତା ଶକ୍ତି ଯେ ଖୁବ୍ ପ୍ରଖର ଥିଲା ତାହା ତାଙ୍କ ଅତ୍ମଜୀବନୀର ଏକ ଦୃଷ୍ଟାନ୍ତରୁ ଜଣାପଡ଼େ । ତାଙ୍କୁ ଯେତେବେଳେ ଚାରି ବର୍ଷ ବୟସ ତାଙ୍କ ବାପା ତାଙ୍କୁ ଗୋଟିଏ ଦିଗନିର୍ଣ୍ଣୟ କମ୍ପାସ୍ ଉପହାର ଦେଇଥିଲେ । କମ୍ପାସ୍ ସୂଚୀର ଆଶ୍ଚର୍ଯ୍ୟଜନକ ପ୍ରକୃତି ଓ ସର୍ବଦା ଏହାର ଗୋଟିଏ ମୁଣ୍ଡ ନିର୍ଦ୍ଦିଷ୍ଟ ଦିଗକୁ ରହିବ, ଶିଶୁ ଆଇନଷ୍ଟାଇନଙ୍କୁ ଏହା ବଡ଼ ଆଶ୍ଚର୍ଯ୍ୟ ଓ କୌତୁହଳ ଲାଗିଥିଲା । ସେହି ଛୋଟବେଳର ଏହି ଅପୂର୍ବ ପ୍ରକୃତି ତାଙ୍କ ମନରେ ସୃଷ୍ଟି କରିଥିଲା ଏକ ଅଦ୍ଭୁତ ଆଲୋଡ଼ନ । ସେତିକିବେଳୁ ତାଙ୍କ ମନରେ ଧାରଣା ଜାତ ହୋଇଥିଲା ଯେ ବିଭିନ୍ନ ପ୍ରାକୃତିକ ଘଟଣା ମୂଳରେ ଏହିପରି କେତେ କଅଣ ଗୁଢ଼ ତତ୍ତ୍ୱ ନିହିତ ଅଛି । ସେହି ଦିନଠାରୁ ସେ ନିଜ ସଂସ୍ପର୍ଶରେ ଆସୁଥିବା ଅସଂଖ୍ୟ ବସ୍ତୁର ରହସ୍ୟ ସମ୍ବନ୍ଧରେ କୌତୁହଳୀ ହୋଇ ପଡ଼ିଲେ ।

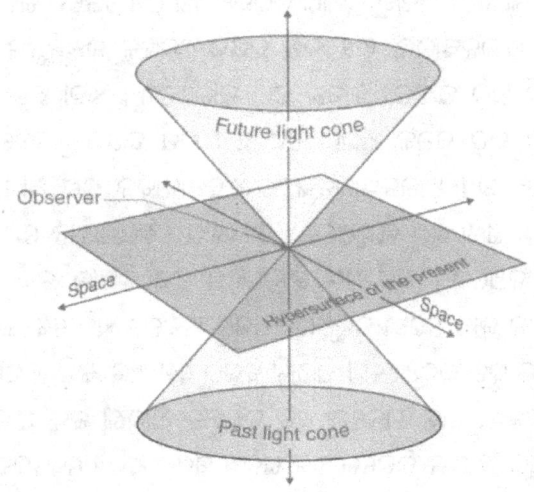

ଆଇନଷ୍ଟାଇନ୍ ପିଲାଦିନେ କିଛି ମନେ ରଖିପାରୁନଥିଲେ । ତାଙ୍କୁ ଟଙ୍କା ପଇସା ହିସାବ କରି ଆସୁନଥିଲା । ସେଥିପାଇଁ ସେ ସାଧାରଣ ଲୋକଙ୍କଠାରୁ ଅପମାନ ପାଇଛନ୍ତି । ତାଙ୍କ ଶିକ୍ଷକମାନେ କହୁଥିଲେ ଯେ ତାଙ୍କଦ୍ୱାରା କିଛି ହେବନାହିଁ, ସେ ଗୋଟାଏ ଗଧ । ଗଣିତ ଓ ପଦାର୍ଥ ବିଜ୍ଞାନରେ ସେ ନିଜେ ନିଜେ ପଢ଼ି ଶିକ୍ଷକମାନଙ୍କଠାରୁ ବେଶ୍ ଅଧିକ ଜାଣିପାରିଥିଲେ ।

ଦିନରାତି ଜ୍ୟାମିତି ପଢ଼ିବା ଓ ଅଙ୍କ କଷିବାରେ ତାଙ୍କର ସମୟ ବିତିଯାଉଥିଲା । ସେ ଅଳ୍ପଦିନ ଭିତରେ ଅଙ୍କ କଷିବାରେ ଏତେ ଧୁରନ୍ଧର ହୋଇ ପଢ଼ିଲେ ଯେ ତାଙ୍କ ଅଦ୍ଭୁତ ଅଙ୍କ କଷିବା ଦେଖି ସ୍କୁଲର ଶିକ୍ଷକମାନେ ମଧ୍ୟ ତାଙ୍କୁ ଭୟ କରିବାକୁ ଲାଗିଲେ । ବାରବର୍ଷ ବୟସରୁ ଷୋହଳ ବର୍ଷ ବୟସ ଭିତରେ ସେ ମୋଟା ମୋଟି ନିଜର ସମୟତଳ ଏହି ଗଣିତ ପଢ଼ିବାରେ କଟାଇ ଦେଉଥିଲେ ।

ଅଙ୍କ କଷିବା ଓ ଜ୍ୟାମିତି ବହି ପଢ଼ିବାକୁ ତାଙ୍କୁ ଭାରୀ ଭଲ ଲାଗୁଥିଲା । ତାଙ୍କୁ ଜ୍ୟାମିତିର ପିଥାଗୋରସ୍ ଉପପାଦ୍ୟ ବହୁତ ଭଲ ଲାଗୁଥିଲା । ଏକ ସମକୋଣୀ ତ୍ରିଭୁଜର ବାହୁଦ୍ୱୟର ବର୍ଗର ସମାହାର, କର୍ଣ୍ଣର ବର୍ଗ ସହିତ ସମାନ, ଏହା ତାଙ୍କୁ ଚମତ୍କାର ଲାଗୁଥିଲା । ଏହାକୁ ପ୍ରମାଣ କରିବା ପାଇଁ ସେ କେତେ ଉପାୟ ବାହାର କରିଥିଲେ । ଆଇନଷ୍ଟାଇନ୍ ୧୨ ବର୍ଷ ବୟସ ବେଳକୁ ଇଉକ୍ଲିଡଙ୍କ ବଡ଼ ବଡ଼ ଜ୍ୟାମିତି ବହି ପଢ଼ି ପାଣ୍ଡିତ୍ୟ ହାସଲ କରି ପାରିଥିଲେ । ଏହା ଛଡ଼ା ବେହେଲା ଶିକ୍ଷା ତାଙ୍କର ବଡ଼ ସଉକ ଥିଲା । ସେ ଛଅ ବର୍ଷ ବୟସରୁ ବେହେଲା ଶିକ୍ଷା ଆରମ୍ଭ କରିଥିଲେ । ଆଇନଷ୍ଟାଇନଙ୍କ ବେହେଲାବାଦନ ଶୁଣି ଆଶ୍ଚର୍ଯ୍ୟ ହୋଇ ଲୋକେ ଘଣ୍ଟା ଘଣ୍ଟା ଶୁଣି ରହୁଥିଲେ । ଜୀବନର ଶେଷପର୍ଯ୍ୟନ୍ତ ସେ ବେହେଲା ବଜା ଛାଡ଼ି ନଥିଲେ । ଭବିଷ୍ୟତ ଜୀବନରେ ସେ ବିଜ୍ଞାନ ଚର୍ଚ୍ଚା କରୁ କରୁ ଯେତେବେଳେ କ୍ଲାନ୍ତ ହୋଇ ପଡ଼ୁଥିଲେ ସେତେବେଳେ ଏହି ବେହେଲା ବଜାଇ ନିଜର କ୍ଲାନ୍ତିକୁ ଦୂର କରୁଥିଲେ । ପିଲାଟି ଦିନରୁ ସେ ଅଙ୍କ କଷିବା ସଙ୍ଗେ ସଙ୍ଗେ ଦେହେଲା ବଜାଇ ତାଙ୍କ ମନରେ ଏକ ବଦ୍ଧିମୂଳ ଧାରଣା ଜନ୍ମି ଯାଇଥିଲା ଯେ ବେହେଲା ସୁର ୬ ଅଙ୍କ ଭିତରେ ଏକ ଘନିଷ୍ଠ ସମ୍ପର୍କ ଅଛି । ବେହେଲାର ବିଭିନ୍ନ ସୁର, ଅଙ୍କର ଏକ ଅପୂର୍ବ ନିୟମରେ ବନ୍ଧା ।

୧୯୦୦ ମସିହାରେ ଆଇନ୍‌ଷ୍ଟାଇନ୍ ଜୁରିଚ୍ ବୈଷୟିକ ବିଶ୍ୱବିଦ୍ୟାଳୟରୁ ଖୁବ୍ କୃତିତ୍ୱର ସହ ପାସ୍ କଲେ । ସେତେବେଳେକୁ ତାଙ୍କୁ ହୋଇଥିଲା ଏକୋଇଶ ବର୍ଷ ବୟସ । ପାସ୍ କଲେ ସତ କିନ୍ତୁ ଚାକିରିଟିଏ ପାଇଁ ଘୂରି ବୁଲିଲେ । ଶେଷରେ ପେଟେଣ୍ଟ ଅଫିସ୍‌ରେ ସରକାରୀ ଚାକିରିଟିଏ ମିଳିଲା । ଦରମା ବେଶ୍ ଭଲ । ଯେଉଁମାନେ ନୂଆ ପ୍ରକାରର ବିଭିନ୍ନ ଯନ୍ତ୍ରପାତି ଉଦ୍ଭାବନ କରି ସେଗୁଡ଼ିକର ସୁରକ୍ଷା ନିମିତ୍ତ ପେଟେଣ୍ଟ ରାଇଟ୍ ନେବାକୁ ଆସନ୍ତି, ସେମାନଙ୍କ ଯନ୍ତ୍ରପାତି ଓ ପେଟେଣ୍ଟ ନେବା ଦରଖାସ୍ତକୁ ଯାଞ୍ଚ କରି ଦେଖିବା ଥିଲା ତାଙ୍କ କାମ । ଆଇନ୍‌ଷ୍ଟାଇନ୍ ତାଙ୍କର ନିଜର ସ୍ୱାଧୀନ ଚିନ୍ତାରେ ଅଧିକ ସମୟ ଦେବାକୁ ମନ କଲେ । ଅଫିସ୍ କାମ ଶେଷ କରି ସେ ଛୁଟିଦିନରେ ନିଜ ପଢ଼ା ଓ ଗବେଷଣାରେ ବ୍ୟସ୍ତ ରହିଲେ । ଏହି ଅଫିସ୍‌ରେ କାମ କଲାବେଳେ ସେ ତାଙ୍କର ସହପାଠିନି ମିଲେଭା ମାରିକ୍‌ଙ୍କୁ ବିବାହ କଲେ । ମିଲେଭା ମାରିକ୍ ହେଉଛନ୍ତି ଜଣେ ବିଚକ୍ଷଣ ଗଣିତଜ୍ଞ । ପ୍ରତିଭାର ମିଳନ ହେଲା, ସ୍ୱାମୀ ଗଣିତଜ୍ଞଙ୍କୁ ସ୍ତ୍ରୀ ଗଣିତଜ୍ଞ । ବର୍ଷକ ପରେ ସେମାନଙ୍କର ଏକ ପୁଅ ହେଲା । ଯେଉଁ ବର୍ଷ ଆଇନ୍‌ଷ୍ଟାଇନ୍‌ଙ୍କର ପୁଅ ହେଲା, ସେହି ବର୍ଷ ଜନ୍ମନେଲା ଆଇନ୍‌ଷ୍ଟାଇନ୍‌ଙ୍କର ପୃଥିବୀ ବିଖ୍ୟାତ ତତ୍ତ୍ୱ - 'ଆପେକ୍ଷିକ ତତ୍ତ୍ୱ' (Theory of Relativity) । ଏହି ତତ୍ତ୍ୱଟି ତାଙ୍କୁ ପୃଥିବୀର ସର୍ବଶ୍ରେଷ୍ଠ ବୈଜ୍ଞାନିକ ଭାବରେ ପରିଚିତ କରାଇପାରିଲା ।

ଆଇନ୍‌ଷ୍ଟାଇନ୍ ତାଙ୍କର ସର୍ବପ୍ରଥମ ଗବେଷଣାର ଫଳ ପ୍ରକାଶ କଲେ ୧୯୦୧ ମସିହାରେ ଛାତ୍ର ଜୀବନରୁ ବିଦାୟ ନେବାର ଠିକ୍ ଅବ୍ୟବହିତ ପରେ । ସେତେବେଳକୁ ତାଙ୍କୁ ହୋଇଥାଏ ମୋଟେ ୨୨ ବର୍ଷ ବୟସ । ଏହି ସମୟରେ ସାର୍ ଆଇଜାକ୍ ନିଉଟନ୍‌ଙ୍କ ଗତି ସୂତ୍ର ଓ ମାଧ୍ୟାକର୍ଷଣ ବଳର ଆବିଷ୍କାର ପରେ ବୈଜ୍ଞାନିକମାନଙ୍କର ଧାରଣା ଜନ୍ମିଥାଏ । ଯେ ସେମାନେ ବିଶ୍ୱ ସମ୍ବନ୍ଧରେ ଯାହା ଜାଣିବା କଥା ସବୁ ଜାଣିପାରିଛନ୍ତି । ସମଗ୍ର ବିଶ୍ୱ ନିଉଟନ୍‌ଙ୍କ ଏହି ସୂତ୍ରଦ୍ୱାରା ପରିଚାଳିତ ବୋଲି ସେମାନଙ୍କର ଧାରଣା ଜାତ ହୋଇଥାଏ । ଗୋଟିଏ ପଦାର୍ଥ ଯଥେଷ୍ଟ ଦୂରରେ ରହି ଅନ୍ୟ ପଦାର୍ଥ ଉପରେ ବଳ ପ୍ରୟୋଗ କରିବା କଥାଟି ଅସମ୍ଭବ ଜଣା ପଡ଼ିଲେ ମଧ୍ୟ ବୈଜ୍ଞାନିକମାନେ ଏହାକୁ ଏକ ବୈଜ୍ଞାନିକ ସତ୍ୟ ବୋଲି ଧରି ନେଇଥାନ୍ତି ।

୧୯୫୩ ମସିହାରେ ଫରାସୀ ଐତିହାସିକ କଲସ୍ ଆଇଜାକ୍ ଜାପାନର ପରମାଣୁ ବୋମାର ଧ୍ୱଂସଲୀଳା ପାଇଁ ଆଇନ୍‌ଷ୍ଟାଇନ୍‌ଙ୍କୁ ଆକ୍ଷେପ କରି ପତ୍ର ଲେଖିଲେ । ସମସ୍ତଙ୍କ ଯୁକ୍ତି ଯେ ଆଇନ୍‌ଷ୍ଟାଇନ୍ ଯଦି ଆପେକ୍ଷିକ ତତ୍ତ୍ୱକୁ ପ୍ରଚାର କରି ନଥାନ୍ତେ, ତେବେ ଭଲ ହୋଇଥାନ୍ତା । ବସ୍ତୁ ଶକ୍ତିରେ ପରିଣତ ହୋଇପାରେ ବୋଲି ପ୍ରଚାର ନ କରିଥିଲେ ହୁଏତ ପରମାଣୁ ବୋମା ଉଦ୍ଭାବିତ ହୋଇପାରିନଥାନ୍ତା । କିନ୍ତୁ ଜାଣିବା କଥା ଯେ ଆପେକ୍ଷିକ ତତ୍ତ୍ୱ ବିଭିନ୍ନ ଦିଗରେ ନାନା ସତ୍ୟ ଉଦ୍‌ଘାଟନରେ ସାହାଯ୍ୟ କରିଛି ଓ ପଦାର୍ଥବିଜ୍ଞାନକୁ ଏକ ନୂତନ ପଥରେ ଆଗେଇ ନେଇଛି । ଏହାର ଗୋଟିଏ ସ୍ୱୀକୃତି ବସ୍ତୁ ଶକ୍ତିକୁ ରୂପାନ୍ତରିତ ହେବା ସୂଚାଇଛି । ତଥ୍ୟରେ ସୂଚାଇବା ଓ କାର୍ଯ୍ୟରେ କରି ଦେଖାଇବା ଅଲଗା ଜିନିଷ । ଯେଉଁମାନେ ଚେନ୍ ପ୍ରକ୍ରିୟା କରାଇ ପରମାଣୁ ବୋମା ତିଆରିର ପ୍ରକୃତ ରୂପରେଖ ଦେଲେ ସେମାନେ ହିଁ ପ୍ରକୃତରେ ପରମାଣୁ ବୋମା ତିଆରି ପାଇଁ ଦାୟୀ, ଆଇନ୍‌ଷ୍ଟାଇନ୍‌ଙ୍କ ନିରୀହ ଆପେକ୍ଷିକ ତତ୍ତ୍ୱ ନୁହେଁ । ଆଇନ୍‌ଷ୍ଟାଇନ୍ କୁଲସ୍ ଆଇଜାକ୍‌ଙ୍କୁ ୧୯୫୫ ମସିହାରେ ଏହି ବିଷୟରେ ଏକ ଚିଠି ଲେଖି ନିଜ ମୃତ୍ୟୁର ଅଳ୍ପ କେଇଦିନ ପୂର୍ବରୁ ପଠାଇ ଦେଇଥିଲେ । ଆଇନ୍‌ଷ୍ଟାଇନ୍ ଜଣେ ଶାନ୍ତିର ପ୍ରତୀକ । ସେ ସର୍ବଦା ଶାନ୍ତି ପାଇଁ ଲଢ଼େଇ କରି ଆସିଛନ୍ତି । ଏପରିକି ଦ୍ୱିତୀୟ ମହାସମର ସମୟରେ ସେ ମିସେସ୍ କେମ୍ବଡିସମଙ୍କ ସଙ୍ଗେ ନିଜେ ବେହେଲା ବଜାଇ ଶ୍ରୋତାମାନଙ୍କଠାରୁ ପଇସା ଉଠାଇ ପିଆନୋ ବାଦନ ପାଣ୍ଠିକୁ ସାହାଯ୍ୟ କରୁଥିଲେ ।

୧୯୫୨ ମସିହାରେ ଇସ୍ରାଏ୍ ରାଷ୍ଟ୍ରର ରାଷ୍ଟ୍ରପତି ଡାକ୍ତର ୱେଇଜ୍‌ମ୍ୟାନଙ୍କ ମୃତ୍ୟୁ ପରେ ସେହି ରାଷ୍ଟ୍ରର ରାଷ୍ଟ୍ରପତି ହେବାପାଇଁ ଆଇନ୍‌ଷ୍ଟାଇନ୍‌ଙ୍କୁ ନିମନ୍ତ୍ରଣ କରାହୋଇଥିଲା । ରାଜନୀତିଠାରୁ ଦୂରରେ ଥିବାରୁ ସେ ରାଷ୍ଟ୍ର ସରକାରଙ୍କୁ ସେଥିପାଇଁ ଧନ୍ୟବାଦ ଜଣାଇ ତାଙ୍କର ଅନିଚ୍ଛା ପ୍ରକାଶ କରିଥିଲେ । କେରଳର ତ୍ରିଭେନ୍ଦ୍ରମ୍ ବିଶ୍ୱବିଦ୍ୟାଳୟର କୁଳପତି ପଦ ପାଇଁ ମଧ୍ୟ ସେ ମନା କରିଦେଇଥିଲେ । ଆମେରିକାର ମାସାଚ୍ୟୁସେଟ୍‌ସ ରାଜ୍ୟରେ ଆଇନ୍‌ଷ୍ଟାଇନ୍‌ଙ୍କ ନାମାନୁସାରେ ଏକ ଇହୁଦୀ ବିଶ୍ୱବିଦ୍ୟାଳୟର ପ୍ରତିଷ୍ଠା କରିବା ପାଇଁ ସ୍ଥିର ହୋଇଥିଲା । ଆଇନ୍‌ଷ୍ଟାଇନ୍ ଶେଷରେ ରାଜି ନ ହେବାରୁ ଏହାର ନାମ ଯୁକ୍ତରାଷ୍ଟ୍ର ସୁପ୍ରିମକୋର୍ଟର ବିଚାରପତି ବ୍ରେଣ୍ଡାଲମଙ୍କ ନାମାନୁସାରେ ନାମିତ ହେଲା ।

ଆଇନଷ୍ଟାଇନ୍ ୧୯୫୫ ମସିହା, ଏପ୍ରିଲ୍ ମାସ ୧୮ ତାରିଖ ଦିନ ତାଙ୍କ ପିନ୍‌ସଟନ୍‌ସ୍ଥିତ ନିଜ ବାସଭବନରେ ଦେହତ୍ୟାଗ କଲେ । ମୃତ୍ୟୁବେଳକୁ ତାଙ୍କୁ ୭୬ ବର୍ଷ ହୋଇଥିଲା । ଆଇନଷ୍ଟାଇନଙ୍କ ମୃତ୍ୟୁରେ ସାରା ପୃଥିବୀ ଯେ କେବଳ ତାଙ୍କୁ ଜଣେ ଶ୍ରେଷ୍ଠ ବୈଜ୍ଞାନିକଙ୍କୁ ହରାଇଲେ ତାହା ନୁହେଁ, ଜଣେ ପ୍ରଧାନ ଶାନ୍ତିକାମୀଙ୍କୁ ମଧ୍ୟ ହରାଇଲା ।

ପ୍ରିନ୍‌ସଟନ୍ ସହରରେ ପ୍ରତିଷ୍ଠିତ ପ୍ରସିଦ୍ଧ ଇନ୍‌ଷ୍ଟିଚ୍ୟୁଟ୍ ଅଫ୍ ଆଡ୍‌ଭାନ୍‌ସଡ୍ ଷ୍ଟଡିଜ୍‌ରେ ଆଇନଷ୍ଟାଇନ୍ ମୃତ୍ୟୁ ପର୍ଯ୍ୟନ୍ତ କାର୍ଯ୍ୟରତ ଥିଲେ । ଇନ୍‌ଷ୍ଟିଚ୍ୟୁଟ୍‌ର ଡିରେକ୍‌ଟର ଥିଲେ ପରମାଣୁ ବୋମାର ଜନକ ଓପେନ୍‌ହିମର୍ । ଆଇନଷ୍ଟାଇନ୍ ଯେଉଁ କୋଠରିରେ ଗବେଷଣା କରୁଥିଲେ ସେଠାରେ ତାଙ୍କ ସ୍ୱହସ୍ତ ଲିଖିତ କାଗଜପତ୍ର ସଂରକ୍ଷିତ ହୋଇ ରହିଛି । ଆଇନଷ୍ଟାଇନ୍ ସେ ଇନ୍‌ଷ୍ଟିଚ୍ୟୁଟ୍‌ଠାରୁ ପ୍ରାୟ ଗୋଟିଏ କିଲୋମିଟର ଦୂର ମାର୍ସର ଷ୍ଟ୍ରିଟ୍‌ରେ ଥିବା ତାଙ୍କ ବାସଭବନରେ ରହୁଥିଲେ । ସେ ପ୍ରତିଦିନ ଘରୁ ଇନ୍‌ଷ୍ଟିଚ୍ୟୁଟ୍‌କୁ ଚାଲି ଚାଲି ଯାଆନ୍ତି ଓ ଆସନ୍ତି । ସେଠାକାର ଲୋକେ କହନ୍ତି ସେ ଯେଉଁ ରାସ୍ତା ଦେଇ ଯାଇଥାନ୍ତି ଠିକ୍ ସେହି ରାସ୍ତା ଦେଇ ଫେରି ଆସନ୍ତି । ଥରଟିଏ ବି ସୁଦ୍ଧା ଏପାଖ ସେପାଖ ହୁଅନି । ମାର୍ସର ଷ୍ଟ୍ରିଟ୍‌ରେ ତାଙ୍କର ଛୋଟିଆ ଦୁଇମହଲା କୋଠା ଘରଟିଏ ରହିଛି । ଏବେ ସେ ଘରଟି ଆଇନଷ୍ଟାଇନଙ୍କ ସ୍ମୃତିକୁ ଝୁରି ହେଉଥିବ ।

◆◆

ଭିଟାମିନ୍ ଓ ହରମୋନ୍

ମଣିଷ ଓ ପ୍ରାଣୀମାନଙ୍କ ଶରୀରକୁ ଭିଟାମିନ୍ ଓ ହରମୋନ୍ ଯଥେଷ୍ଟ ପରିମାଣରେ ଦରକାର ହୋଇଥାଏ । ବର୍ତ୍ତମାନ କରୋନା ସମୟରେ ତ ନିହାତି ଦରକାର । ଶରୀରର ଅଭିବୃଦ୍ଧି, ମାନସିକ ବିକାଶ ତଥା ରୋଗ ପ୍ରତିରୋଧ କ୍ଷମତା ଆଦିରେ ଉଭୟଙ୍କର ବହୁଳ ଭାବରେ ଦରକାର ପଡ଼ିଥାଏ । ସେଥିପାଇଁ କୁହାଯାଏ କି ଏହି କରୋନା ସମୟରେ ଯଥେଷ୍ଟ ତାଜା ଫଳ ଓ ପନିପରିବା ଖାଇବା ଉଚିତ । ଭିଟାମିନ୍ ଏହିସବୁ ଖାଦ୍ୟପଦାର୍ଥରୁ ମିଳିଥାଏ । ହରମୋନ୍ ଆମ ଶରୀର ଭିତରେ ଥିବା କେତେକ ଗ୍ରନ୍ଥିରୁ କ୍ଷରିତ ହୋଇଥାଏ । ଭିଟାମିନ୍ ଅଭାବରୁ ଯେପରି ନାନା ପ୍ରକାରର ରୋଗ ଦେଖାଯାଇଥାଏ ସେହିପରି ହରମୋନ୍ ଅଭାବରୁ ମଧ୍ୟ ଅନେକ ପ୍ରକାରର ରୋଗ ଦେଖାଯାଏ ।

ବହୁତ ଦିନ ତଳର କଥା ବୁଦ୍ଧଦେବ ସେତେବେଳକୁ ଆମ ଦେଶରେ ଜନ୍ମ ହୋଇନଥାନ୍ତି । ସେତେବେଳେ ଆମ ଦେଶରେ ଦ୍ୱାପର ଯୁଗ ଚାଲିଥାଏ । ମହାଭାରତ ଯୁଦ୍ଧ ଆରମ୍ଭ ହୋଇ ନଥାଏ । ସେହି ସମୟରେ ପୁଣି ସେହି ଦେଶ ଚୀନ୍‌ରେ ଏକ ପ୍ରକାର ରୋଗ ଦେଖାଦେଲା ଯେପରି ଆଜିକାଲିର ରୋଗ କୋଭିଡ୍ ଚୀନ୍‌ରୁ ହିଁ ଆରମ୍ଭ ହୋଇଛି । ସେହି ରୋଗରେ ହାତ ଗୋଡ଼ ଅତି ଦୁର୍ବଳ ହୋଇଯାଏ, କାମ ଦାମ କରିବା ବଡ଼ କଷ୍ଟ ହୁଏ, ମୁହଁ ହାତ ଗୋଡ଼ ସବୁ ଫୁଲିଯାଏ । ସେ କୌଣସି କାମ ଧନ୍ଦା କରିପାରେ ନାହିଁ । ସବୁକୁ ସେ ନାହିଁ ନାହିଁ କରେ । ଆଜିର କରୋନା ଭଳି ସେହି ଚୀନ୍ ଦେଶରେ ବହୁଲୋକ ମରିଯାଉଥିଲେ । ଏଥିପାଇଁ କିଛି ଔଷଧ ଜଣା ନଥିଲା । ପରିସ୍ଥିତି ଥିଲା ଠିକ୍ ଆଜିର କରୋନା ଭଳି । ଅବଶ୍ୟ ଏହି ରୋଗ କେବଳ ଚୀନ୍ ଦେଶରେ ହିଁ ଦେଖାଯାଇଥିଲା ପୁରା ପୃଥିବୀରେ ବ୍ୟାପିନଥିଲା କରୋନା ଭଳି । ଏହି ରୋଗ ଲୋକଙ୍କୁ ଅତି କଷ୍ଟ ହେଉଥିଲା । ଲୋକେ ରୋଗାକ୍ରାନ୍ତ ହୋଇ କହୁଥିଲେ, "ରାତିଯାକ ମୋ ହାଡ଼, ମାଂସ ସବୁ ଜଳି

ପୋଡ଼ିଯାଉଛି ମୋ ଚମ କଳା ପଡ଼ିଲାଣି" ଏହି ରୋଗ ବିଷୟ ମଧ୍ୟ ଖ୍ରୀଷ୍ଟିୟାନ୍ ମାନଙ୍କର ଧର୍ମ ପୁସ୍ତକ ବାଇବେଲ୍‍ରେ ମଧ୍ୟ ଲେଖା ଅଛି । ପରେ ପରେ ଜଣାପଡ଼ିଲା କି ଏହି ରୋଗ କେତେ ପ୍ରକାର ଖାଦ୍ୟ ପଦାର୍ଥର ଅଭାବରୁ ହିଁ ହୋଇଥାଏ ।

Types of Vitamins

Vitamins	Functions
Vitamin A 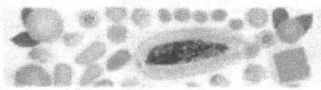	Essential for healthy vision, growth, immune response and reproduction.
B Vitamins 	Promotes overall health & well-being. Essential for energy and cell metabolism.
Vitamin C 	High antioxidant properties, helps make collagen and promote immune system.
Vitamin D 	Maintain normal levels of calcium and phosphorus, strengthen teeth and bones.
Vitamin E 	Powerful antioxidant that promote skin, eye, liver, heart and brain health.
Vitamin K 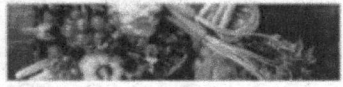	Activate proteins and calcium essential to blood clotting and bone health.

vitaminsonly

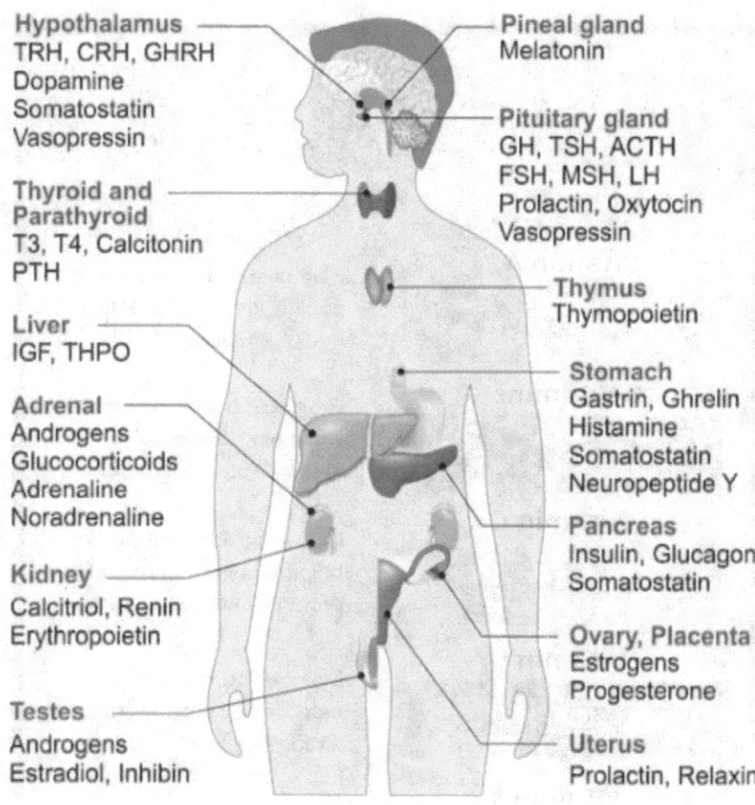

HORMONES
Hypothalamus
TRH, CRH, GHRH
Dopamine
Somatostatin
Vasopressin
Thyroid and
Parathyroid
T3, T4, Calcitonin
PTH
Liver
IGF, THPO
Adrenal
Androgens
Glucocorticoids
Adrenaline
Noradrenaline
Kidney
Calcitriol, Renin
Erythropoietin
Testes
Androgens
Estradiol, Inhibin
Pineal gland
Melatonin
Pituitary gland
GH, TSH, ACTH
FSH, MSH, LH
Prolactin, Oxytocin
Vasopressin
Thymus
Thymopoietin
Stomach
Gastrin, Ghrelin
Histamine
Somatostatin
Neuropeptide Y
Pancreas
Insulin, Glucagon
Somatostatin
Ovary, Placenta
Estrogens
Progesterone
Uterus
Prolactin, Relaxin

ଏକ ପ୍ରକାର ଅଦ୍ଭୁତ ରୋଗ ସେହି ସମୟରେ ଦେଖା ଯାଉଥିଲା କି ଦାନ୍ତ ମାଢ଼ି ଘା ହୋଇ ପଚିସଢ଼ି ହୋଇ ଯାଉଥିଲା । ରୋଗୀ ଏତେ କଷ୍ଟ ପାଉଥିଲେ ଯେ ସେ କିଛି ଖାଇପାରୁ ନଥିଲେ । ସେତେବେଳେ ଅପରେସନ୍ କଲାବାଲା ଡାକ୍ତର ନଥିଲେ ଏହି ଛୋଟ ଛୋଟ ଅପରେସନ୍ ସବୁ ଭଣ୍ଡାରୀମାନେ କରୁଥିଲେ । ସେମାନେ ଦାନ୍ତ ମାଢ଼ିର ପଚାସଢ଼ା ଅଂଶ ସବୁକୁ କାଟି ଫୋପାଡ଼ି ଦେଇ ପରିଷ୍କାର କରିଦେଉଥିଲେ ପରେ ଜଣା ପଡ଼ିଲା କି ଖାଦ୍ୟ ଅଭାବରୁ ଏହି ରୋଗ ହେଉଛି ।

ଆଉ ଏକ ଉଦାହରଣ କଲମ୍ବସ୍ ଓ ଭାସ୍କୋଡ଼ାଗାମା ଯେତେବେଳେ ଜଳ ଜାହାଜରେ ମାସ ମାସ ଧରି ସମୁଦ୍ର ଭିତରେ ଯାଇ ଆମେରିକା ଓ ଭାରତବର୍ଷ ଆବିଷ୍କାର କଲେ ସେମାନଙ୍କ ଜାହାଜର ନାବିମାନେ ଏହି ଭଳି ରୋଗରୁ କଷ୍ଟ ପାଉଥିଲେ ଏବଂ ମରି ମଧ୍ୟ ଯାଉଥିଲେ । ପରେ ଜଣାପଡ଼ିଲା କିଛି ପ୍ରକାର ଖାଦ୍ୟର ଅଭାବରୁ ଏହି ରୋଗ ହୋଇଥାଏ । ଏହି ରୋଗର ନା ସ୍କର୍ଭି ରୋଗ କୁହାଯାଏ ।

ଇଟାଲୀରେ ମଧ୍ୟ ଏହି ପ୍ରକାର ରୋଗ ଦେଖାଯାଇଥିଲା । ଏହାର ନାମ 'ପେଲାଗ୍ରା' କୁହାଯାଉଥିଲା । ପରେ ପରେ ଜଣାପଡ଼ିଲା କିଛି ଖାଦ୍ୟର ଅଭାବରୁ ଏହି ରୋଗ ହୁଏ ।

ଖ୍ରୀଷ୍ଟାବ୍ଦ ଷୋଡ଼ଶ ଶତାବ୍ଦୀ ପର୍ଯ୍ୟନ୍ତ ଏହିଭଳି ସେହି ଗୋଟିଏ ରୋଗର ଲକ୍ଷଣ ବିଭିନ୍ନ ଦେଶରେ ଦେଖାଯାଉଥିଲା । ଏହି ରୋଗ ସବୁ କ'ଣ ଓ ଏହି ରୋଗ କ'ଣ ପାଇଁ ହୁଏ । ତେବେ କେତେକ କ୍ଷେତ୍ରରେ ଜଣାପଡ଼ିଥିଲା, ଆମ ଖାଦ୍ୟରେ କେତେ ଜାତିର ଖାଦ୍ୟର ଅଭାବ ଘଟିଲେ, ଏହି ପ୍ରକାର ରୋଗ ହୁଏ । କିଛିଦିନ ପରେ ଜଣାପଡ଼ିଲା କି ତାଜା କାଗେଜିଲେମ୍ବୁ ଖାଇଲେ ସ୍କର୍ଭି ରୋଗ ଭଲ ହୋଇଯାଉଛି । ଜଣାପଡ଼ିଗଲା କି ଜାହାଜରେ ନାବିକମାନେ ଶୁଖିଲା ଫଳମୂଳ ବେଶିଦିନ ସାଇତା ହୋଇଥିବା ଖାଦ୍ୟ ପଦାର୍ଥ ବା ଫଳ ଖାଇଲେ ଏହି ସ୍କର୍ଭି ରୋଗ ହୁଏ ଓ ରୋଗୀମାନଙ୍କୁ ଟଟକା ଫଳମୂଳ, ସଜ ପନିପରିବା ଖାଇବାକୁ ଦେଲେ ଏହି ରୋଗ ଆପେ ଆପେ ଭଲ ହୋଇଯାଏ ।

ବିଂଶ ଶତାବ୍ଦୀର ଆରମ୍ଭ ବେଳକୁ ଖାଦ୍ୟ ପଦାର୍ଥରେ ଗୁରୁତ୍ୱ ସ୍ପଷ୍ଟ ଭାବରେ ପ୍ରତିପାଦିତ ହୋଇଯାଇଥିଲା । ଏହା ଯଦିଓ ସୁଷମା ଖାଦ୍ୟର ଅକ ଅଙ୍ଗ । ଏହା ଅନ୍ୟ ଖାଦ୍ୟଭଳି ଅଧିକ ପରିମାଣରେ ଆମ ଶରୀର ପାଇଁ ଦରକାର ହୁଏ ନାହିଁ ।

ଭିଟାମିନ୍ ଅଭାବରୁ ଯେଉଁ ସବୁ ରୋଗ ହୁଏ ସେ ସବୁ ରୋଗର ସଂଖ୍ୟା ଦିନକୁ ଦିନ ବଢ଼ିବାରେ ଲାଗିଛି । ବୈଜ୍ଞାନିକମାନେ ଭିଟାମିନ୍‌ର ଶ୍ରେଣୀ କରଣ କରିଛନ୍ତି । ସେଗୁଡ଼ିକ ହେଲା ଭିଟାମିନ୍ କ, ଖ, ଗ, ଘ, ଚ ଇତ୍ୟାଦି । ଇଂରାଜୀରେ Vitamin A, B, C, D, E ଇତ୍ୟାଦି । ଏହି ଭିଟାମିନ୍ ଭିତରୁ କେତେକ ଜଳରେ ଦ୍ରବଣୀୟ ଓ କେତେକ ଚର୍ବିରେ ଦ୍ରବଣୀୟ ।

ଜଳରେ ଦ୍ରବଣୀୟ ଭିଟାମିନ୍ ଭିତରେ ଭିଟାମିନ୍ - ବି କଂପ୍ଲେକ୍ସ ଭିଟାମିନ୍ - ଗ, ଭିଟାମିନ୍ ବି ଆଦି ପ୍ରଧାନ । ଚର୍ବିରେ ଦ୍ରବଣୀୟ ଭିତରେ ଭିଟାମିନ୍ - କ, ଭିଟାମିନ୍ - ଘ, ଭିଟାମିନ୍ - ଚ, ଭିଟାମିନ୍ - କେ ଆଦି ରହିଛି । ବର୍ତ୍ତମାନ ପର୍ଯ୍ୟନ୍ତ ଭିଟାମିନ୍ ଆବିଷ୍କାର ବଢ଼ି ବଢ଼ି ଚାଲିଛି ।

ଭିଟାମିନ୍ ଅଭାବରୁ ଯେଉଁ ସବୁ ରୋଗ ହୁଏ ସେ ସବୁ ରୋଗର ସଂଖ୍ୟା ଦିନକୁ ଦିନ ବଢ଼ିବାରେ ଲାଗିଛି । ଏହି କରୋଣା ସମୟରେ ଭିଟାମିନ୍ ଆମ ଶରୀର ପାଇଁ ନିହାତି ଦରକାର ଭିଟାମିନ୍ ସି ଅର୍ଥାତ୍ ଭିଟାମିନ୍ ଗ ଆମପାଇଁ ଅତି ଦରକାର । ପ୍ରତ୍ୟେକ ଦିନ ଲେମ୍ବୁ ପାଣି କରି ଖାଇବା ଉଚିତ କମଳା ଆଦି ଖଟା ଫଳ ଖାଇଲେ ମଧ୍ୟ ଭଲ । ଭିଟାମିନ୍ କ ଅଭାବରୁ ଅନ୍ଧାରକଣା ରୋଗ ହୁଏ । ଭିଟାମିନ୍ - ଗ ଅଭାବରୁ ଅସ୍ଥିକୋମଳ ରୋଗ ହୁଏ । ଭିଟାମିନ୍ - ଖ ଅଭାବରୁ ବେରିବେରି ରୋଗ ହୁଏ, ଆଉ ଏକ ଭିଟାମିନ୍ - ଖ ଅଭାବରୁ ପେଲାଗ୍ରା ରୋଗ ହୁଏ । ଏହି ପରି ଅନେକ ରୋଗର କାରଣ ନାନା ପ୍ରକାର ଭିଟାମିନର ଅଭାବ ବୋଲି ଜଣା ପଡ଼ିଲାଣି । ମୁଁ ଆସନ୍ତା ଥରଠାରୁ ଜୀବସାର କ, ଖ ସମୂହ, ଗ, ଘ, ଚ, କେ, ପି ଉପରେ ବିସ୍ତୃତ ବର୍ଣ୍ଣନା ହରମୋନ୍ ଉପରେ ମଧ୍ୟ ବର୍ଣ୍ଣନା କରିବା ।

◆◆

ଅତର (Perfume)

ଅତର ବା ପରଫ୍ୟୁମ୍ ସମସ୍ତଙ୍କର ଅତି ପ୍ରିୟ । ବେଶ ପୋଷାକ ହେଲା ପରେ ଅତର ଟିକିଏ ଛିଞ୍ଚ ଦେଲେ ମନ ଖୁସି ହୋଇଯାଏ । ହଜାର ହଜାର ଟଙ୍କା ଖର୍ଚ୍ଚ କରି ଆଜିର ଲୋକେ ଏହି ଅତର କିଣିଥାନ୍ତି । ପ୍ୟାରିସର ଅତର ପୃଥିବୀ ପ୍ରସିଦ୍ଧ ନା ତାର ('Evening in Panis') 'ଇଭିନିଙ୍ ଇନ୍ ପ୍ୟାରିସ୍' । ଯେତେ ଦାମ ହେଲେ ମଧ୍ୟ ଲୋକେ କିଣିବାକୁ ପଛାନ୍ତି ନାହିଁ ।

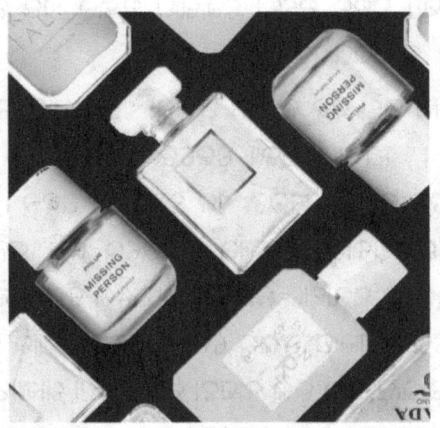

ପୁରୁଣା ଯୁଗରେ ଲୋକେ ବାସନା ତେଲ ବାଳରେ ଲଗାଉଥିଲେ ଆଜିକାଲି ବାଳରେ ତେଲ ଲଗାହେଉନାହିଁ ତେଣୁ କରି ଦେହରେ ଅତର ପକାଇବା ଶୌକ ବଢ଼ିଯାଇଛି ।

ଅତର ପ୍ରକୃତରେ କ'ଣ ଆସନ୍ତୁ ଜାଣିବା । ବିଭିନ୍ନ ସୁଗନ୍ଧି ଫୁଲ ଯଥା – ଗୋଲାପ, ମଲ୍ଲୀ, ଚମ୍ପକ, ଲ୍ୟାଭେଣ୍ଡର ଆଦି ଫୁଲରୁ ନାନା ଉପାୟରେ

ଆହରଣ କରାଯାଇଥିବା ସୁଗନ୍ଧି ତରଳକୁ ଅତର କୁହାଯାଇଥାଏ । ଫୁଲରୁ ଅତର ତିଆରି ବହୁ ଦେଶରେ ଏକ ବଡ଼ ଶିଳ୍ପ । ହଜାର ହଜାର ଫୁଲରୁ ମାତ୍ର ଟୋପାଏ ଦୁଇଟୋପା ଅତର ସଂଗୃହୀତ ହୋଇଥାଏ ।

ଅତର ପ୍ରଧାନତଃ ଦୁଇ ପ୍ରକାରର ଯଥା - କୃତ୍ରିମ ଓ ପ୍ରାକୃତିକ । ପ୍ରାକୃତିକ ଅତର ପ୍ରାକୃତିକ ଫୁଲ ଆଦରୁ ଆହରଣ କରାଯାଏ ଓ କୃତ୍ରିମ ଅତର ରାସାୟନିକ ପ୍ରକ୍ରିୟା ବଳରେ ତୁଚ୍ଛା ପଦାର୍ଥରୁ ତିଆରି ହୋଇଥାଏ ।

ପ୍ରାକୃତିକ ଅତର - ଗୋଲାପ, ମଲ୍ଲୀ ଆଦି ଫୁଲରୁ କେତେକ ଦ୍ରାବକ ଯଥା - ନିର୍ଜଳ ସୁରାସାର ଆଦିରେ ସ୍ତର ସ୍ତର କରି କିଛି ଦିନ ବୁଡ଼ାଇ ରଖିଲେ ଫୁଲର ବାସନା ଦ୍ରବୀଭୂତ ହୋଇ ସୁରାସାର ଭିତରକୁ ଚାଲିଯାଏ । ପରେ ନିମ୍ନତାପ ପାତନ ଦ୍ୱାରା ସୁରାସାରକୁ ବାହାର କରିନେବା ଫଳରେ ଫୁଲର ବାସନା ଏକ ତୈଳ ଭାବରେ ରହିଯାଏ । ଏହା ହେଲା ପ୍ରାକୃତିକ ଅତର । ଏହା ଠିକ୍ ଗୋଲାପ ଫୁଲ ଭଳି ବାସେ । ପନ୍ଦର କିଲୋ ଗୋଲାପ ଫୁଲରୁ ଏକ ଘନ ସେଣ୍ଟିମିଟର ଗୋଲାପ ଅତର ବାହାରିପାରେ ।

ଗୋଲାପ ଭଳି ସବୁ ବାସନା ଫୁଲରୁ ଏହି ଉପାୟରେ ଅତର ବାହାର କରାଯାଇପାରେ । ଏଥିପାଇଁ ଅନ୍ୟ କେତେ ପଦ୍ଧତି ମଧ୍ୟ ଅଛି । ଯଥା - ଜଳୀୟବାଷ୍ପ ପାତନ ବା ସକ୍‌ସଲେଟ ଏକ ଷ୍ଟ୍ରେକଟର ପଦ୍ଧତି । ଏଥିରେ ଉତ୍ତାପ ବ୍ୟବହାର କରାଯାଉଥିବାରୁ ବାସନାର ପ୍ରକୃତିରେ କିଛି କ୍ଷତି ହୁଏ । ତେଣୁ ସାଧାରଣ ତାପକ୍ରମରେ ସୁରାସାର ସାହାଯ୍ୟରେ ଅତର ତିଆରି କରିନେବା ଭଲ । ବାଷ୍ପୀୟ ପାତନରେ ଗୋଲାପ ଫୁଲରୁ ଗୋଲାପ ଜଳ ତିଆରି କରାଯାଏ । ଏହି ଗୋଲାପଜଳ ଗୋଲାପ ଫୁଲ ଭଳି ବାସନା ଦିଏ । ଏହା ଖାଦ୍ୟପଦାର୍ଥକୁ ସୁଗନ୍ଧିକ କରିବା ବ୍ୟତୀତ କେତେ ଔଷଧ ପତ୍ରରେ ମଧ୍ୟ ବ୍ୟବହୃତ ହୋଇଥାଏ ।

କୃତ୍ରିମ ଅତର

ଆଜିକାଲି ବିଜ୍ଞାନ ଯୁଗରେ ଅନେକ କିଛି କୃତ୍ରିମ ଉପାୟରେ ତିଆରି ହୋଇପାରୁଛି ସେହିପରି ଅତର ମଧ୍ୟ କୃତ୍ରିମ ଉପାୟରେ ତିଆରି ହେଉଅଛି । ଆଧୁନିକ ବୈଜ୍ଞାନିକମାନେ ବିଭିନ୍ନ ପ୍ରାକୃତିକ ଅତରକୁ ପରୀକ୍ଷା କରି ଦେଖିଛନ୍ତି

ଯେ ସେ ସବୁ ଗୋଟିଏ ଜାତିର ପଦାର୍ଥ ନୁହେଁ । ଏଥିରେ ନାନା ଜାତିର ପଦାର୍ଥ ବିଭିନ୍ନ ଅନୁପାତରେ ମିଶିଥାଏ । ଉଦାହରଣ ସ୍ୱରୂପ ଗୋଲ ଅତର, ଏହାର ସୁଗନ୍ଧିକ ପ୍ରଧାନ ଅଂଶ ହେଉଛି ବିଟାଫିନାଇଲ୍ ଇଥାଇଲ ଆଲକୋହଲ । ତାଛଡ଼ା ଏଥିରେ ଜିରାନିଆଲ୍, ରୋଡ଼ିନଲ୍ ଆଦି ଅଳ୍ପ ମାତ୍ରାରେ ମିଶିଛି । ସେହିପରି ମଲ୍ଲୀ ଅତରର ଶତକଡ଼ା ୬୫ ଭାଗ ହେଉଛି ବେନଜାଇଲ ଆସିଟେଟ, ଯାହାକି ସାଂଶ୍ଲେଷିକ ଭାବରେ ଖୁବ୍ ଶସ୍ତାରେ ପ୍ରସ୍ତୁତ କରାହେଉଛି । ତାହାଛଡ଼ା ଏଥିରେ କ୍ରେସିଲ୍ ଫିନାଇଲ୍ ଆସିଟେଟ୍ ଭିନାଇଲ ଆନ୍ଥ୍ରାନିଲେଟ୍ ଆଦି ମିଶିଥାଏ । ଏଗୁଡ଼ିକୁ ଖୁବ୍ ଶସ୍ତାରେ ଓ ସହଜରେ ସାଂଶ୍ଲେଷିକ ଭାବରେ ପ୍ରସ୍ତୁତ କରାଯାଇପାରେ । ସାବୁନ, ଶସ୍ତା ବାସନା ତେଲ ଆଦିରେ ଯେଉଁ ମଲ୍ଲୀ ବାସନା ଦିଆଯାଏ, ତାହା କେବଳ ସାଂଶ୍ଲେଷିକ ସିଟେଟ୍‌ରୁ ହିଁ ଆସିଥାଏ । ଏହା ସାଂଶ୍ଲେଷିକ ଭାବରେ ଶସ୍ତାରେ ଆଲକାତରାରୁ ଜାତ ପଦାର୍ଥରୁ ତିଆରି କରାଯାଏ । ଏହା ବଡ଼ ଭୟାନକ ।

ତେଣୁ କରି ଅତର ବ୍ୟବହାର କରୁଥିଲେ ଜାଣି ରଖିବାକୁ ହେବ କି ଏହା ପ୍ରାକୃତିକ ଅତର କିମ୍ୱା କୃତ୍ରିମ ଅତର । କୃତ୍ରିମ ଅତର ରାସାୟନିକ ପଦାର୍ଥରୁ ତିଆରି ହୋଇଥାଏ ପ୍ରତିଦିନ ବ୍ୟବହାର କରୁଥିଲେ ଏହା ଶରୀର ପାଇଁ କ୍ଷତିକାରକ । କିଛି ବାସନା ପାଇଁ ନିଜ ଦେହକୁ କାହିଁକି ନଷ୍ଟ କରିବା । ରାସାୟନିକ ପଦାର୍ଥଠାରୁ ଯେତେ ସମ୍ଭବ ଦୂରେଇ ରହିଲେ ଭଲ ।

◆◆

ସାମୁଦ୍ରିକ ଝଡ଼ ଫନି

ଅଜଥା ଜଳ, ବିଜୁଳିର ବ୍ୟବହାରରେ ଲଗାମ ଲଗାଇବାକୁ ଶିଖାଇଲା ବାତ୍ୟା 'ଫନି' ।

ଫ୍ଲୋରିଡ଼ାର ଡିଜନିଲ୍ୟାଣ୍ଡ (Disney Land) ରେ ମିଛିମିଛିକା ବାତ୍ୟା (artificial tornado) କଥା ମନେ ପଡ଼ିଯାଉଛି ସାମୁଦ୍ରିକ ଝଡ଼ 'ଫନି' ଦେଖିଲା ପରେ । ଏହି ମିଛିମିଛିକା ବାତ୍ୟା ଥାଏ ଏକ ପ୍ରକାର ଆକ୍ଟିଭିଟି ବା ଦୃଶ୍ୟ ଡିଜନିଲ୍ୟାଣ୍ଡରେ । ବୈଜ୍ଞାନିକ କୌଶଳରେ ତିଆରି ଏହି ମିଛିମିଛିକା ବାତ୍ୟାର ଆୟୋଜନ ହୋଇଥାଏ । ଥରକରେ ୫୦ ଜଣ ଦର୍ଶକ ଟିକେଟ୍ କରି ଭିତରେ ପଶନ୍ତି । ଶୋ ଆରମ୍ଭରେ କୃତ୍ରିମ ବର୍ଷା ଚାଲିବ ଘଡ଼ଘଡ଼ି ତୋଫାନ ଆସିବ ଯେପରିକି ନିଜକୁ ଉଡ଼ାଇ ନେବ । ଭୟରେ ଲୋକେ କାନ୍ଥ ଧରି ଛିଡ଼ା ହେବେ କାରଣ ପବନର କୃତ୍ରିମ ବେଗ ଯଥେଷ୍ଟ ଅଧିକ ଥିବ । ଆଲୋକ ଚାଲିଯିବ ସାମ୍ନାରେ ଥିବା ଗଛଗୁଡ଼ିକ ଦୁଲ୍‌ଦାଲ୍ ହୋଇ ଭାଙ୍ଗିପଡ଼ିବ ।

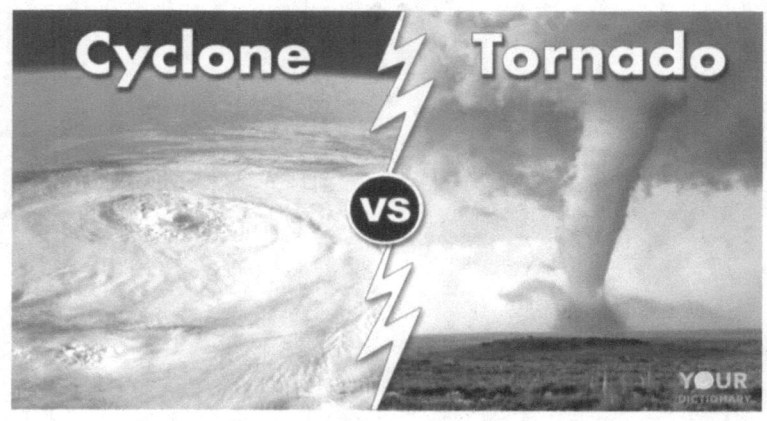

ସାମ୍ନାରେ ଥିବା ଏକ ପେଟ୍ରୋଲ୍ ପଡ଼ି ନିଆଁ ହୁ ହୁ ହୋଇ ଜଳି ଉଠିବ, ଏକ ଭୟଙ୍କର ବାତ୍ୟା ପରିବେଶ ସୃଷ୍ଟି ହୋଇଯିବ ସତ ବାତ୍ୟା ଭଳି । ଦର୍ଶକମାନେ ଭୟରେ ପାଟି ଚିଲାଉଥାନ୍ତି ବିଦେଶୀ ଲୋକ ବାତ୍ୟା କ'ଣ କେବେ ଅନୁଭବ କରିନାହାନ୍ତି ସେମାନଙ୍କୁ ଏହିସବୁ ବଡ଼ କୌତୁହଳପୂର୍ଣ୍ଣ ଲାଗେ । ଶୋ' ଚାଲେ ଏହିପରି ୧୫/୨୦ ମିନିଟ୍ ପାଇଁ । ଏହା ପରେ ପୁଣି ସବୁ ଶାନ୍ତି ପୁଣି ଆଉ ଦଳେ ଲୋକ ପଶନ୍ତି ଏବଂ ସେ ସବୁର ପୁନରାବୃତ୍ତି ହୁଏ । ବିଜ୍ଞାନର କୌଶଳ ଦ୍ୱାରା ଏହା ସମ୍ଭବପର ହୋଇଥାନ୍ତା । ସାମୁଦ୍ରିକ ଝଡ଼ ଫନି ନଥିଲା ଆମ ପାଇଁ ମିଛିମିଛିକା, ଥିଲା ସତ ଓ ଅତି ଭୟଙ୍କର । ପବନର ବେଗ ୨୦୦ କିଲୋମିଟରରୁ ଅଧିକ ସମସ୍ତଙ୍କୁ କେଇ ଘଣ୍ଟା ଭିତରେ ଦୋହଲାଇ ଦେଲା, ଆମେ ଅଙ୍ଗେ ଲିଭାଇଲେ ।

ଯେଉଁ ବିଭୀଷିକା ଓ ଧ୍ୱଂସର ତାଣ୍ଡବ ରଚିଗଲା ଜନତାଙ୍କୁ ଦେଇଚାଲିଛି ଦାରୁଣ ଯନ୍ତ୍ରଣା ଦିନ ଦିନ ପାଇଁ । ୧୪୪ ଘଣ୍ଟା ପରେ ବି ପାଣି, ବିଜୁଳି, ପେଟ୍ରୋଲ୍, ଟେଲିଫୋନ୍ ଇଣ୍ଟରନେଟ୍ ଏଟିଏମ୍ ସବୁକିଛି ଅକାମୀ । ଦୁଃଖ ଯନ୍ତ୍ରଣା ବର୍ଣ୍ଣନାତୀତ । ଦିନବେଳା ପାଣି ଓ ରିଲିଫ୍ ହଲ୍ଲା ଓ କୋଳାହଳ ମାତ୍ର ସନ୍ଧ୍ୟା ନଇଁଲେ ସହର ଓ ଗାଁ ସେହି ଘନ ଅନ୍ଧକାର । ପରିସ୍ଥିତି ସାଧାରଣ ହେବାକୁ କେତେ ଦିନ । ଫନି ଚାଲିଗଲା କେତେ ଘଣ୍ଟା ତାଣ୍ଡବ କିନ୍ତୁ ପର ପରିସ୍ଥିତି ଅତି ହାହାକାର । ସମସ୍ତଙ୍କର ଏହି କେବେ ଆସିବ ବିଜୁଳି, କେବେ ମିଳିବ ପାଣି, ଆଉ କେବେ ହେବ

ଯୋଗାଯୋଗ ବ୍ୟବସ୍ଥା ବା ଇଣ୍ଟରନେଟ୍ ସେବା । 'ଜଳ ବିହୁନେ ସୃଷ୍ଟି ନାଶ, ଜଳ ବହୁଳେ ସୃଷ୍ଟି ନାଶ' ଏହି କଥା କରିଛି ବାତ୍ୟା ଫନି । ସହଚରମାନଙ୍କୁ ଧ୍ୱସ୍ତବିଧ୍ୱସ୍ତ କରିଦେଇଛି ସାମୁଦ୍ରିକ ଝଡ଼ ଫନି । ବିଜ୍ଞାନର ଗତିପଥ ଯେତେ ହେଲେ ମଧ୍ୟ ଏହି ବାଧାପ୍ରାପ୍ତ ସହରଗୁଡ଼ିକୁ ଠିକ୍ କରିବା ସହଜ ସରଳ ନୁହେଁ ।

ପ୍ରାୟ ସପ୍ତାହ କାଳ ୫ଟି ଭାରତୀୟ ସାଟେଲାଇଟ୍ ଫନିର ବିଧି ଉପରେ ନଜର ରଖି ଆସିଥିଲେ । ଏଥିରୁ ମିଳିଥିବା ତଥ୍ୟଅନୁସାରେ ବାତ୍ୟାର କେନ୍ଦ୍ର, ଗତି ଦିଗରେ ସଠିକ୍ ପୂର୍ବାନୁମାନ କରାଯାଇ ପାରିଥିଲା ଏବଂ ସୁରକ୍ଷା କାର୍ଯ୍ୟରେ ସଫଳତା ମିଳିପାରିଲା । ଭାରତୀୟ ମହାକାଶ ଗବେଷଣା ସଂସ୍ଥା ଇସ୍ରୋ ପଠାଇଥିବା ୫ଟି ସାଟେଲାଇଟ୍ ଇନ୍‌ସାଟ୍ ୩ଡ଼ି ଇନ୍‌ସାଟ୍ ୩ଡ଼ି ଆର୍, ସ୍କାଟସାଟ-୧, ସ୍କାଟସାଟ-୨ ଓ ମେଘା ଟ୍ରପିକ୍ସ ପ୍ରତି ୧୫ ମିନିଟ୍‌ରେ ଗ୍ରାଉଣ୍ଡ ଷ୍ଟେସନକୁ ଫନି ସମ୍ପର୍କରେ ସୂଚନା ପଠାଉଥିଲେ ସ୍କାଟସାଟ ୧ ରୁ ପଠାଯାଇଥିବା ତଥ୍ୟକୁ ବାତ୍ୟାର କେନ୍ଦ୍ର ଓ ସ୍କାଟସାଟ ୧ ରୁ ପଠାଯାଇଥିବା ତଥ୍ୟକୁ ବାତ୍ୟାର କେନ୍ଦ୍ର ଓ ସ୍କାଟସାଟ ୨ରୁ ସମୁଦ୍ର ପୃଷ୍ଠରେ ପବନର ଗତି ଓ ଦିଗ ସମ୍ପର୍କରେ ଜଣା ପଡୁଥିଲା । ଏହିସବୁ ନିଶ୍ଚିୟ ଥିଲା ଆଧୁନିକ ବିଜ୍ଞାନର ଦାନ ।

୨୯ ଅକ୍ଟୋବର ସୁପର ସାଇକ୍ଲୋନ୍‌ର ବେଗ ଥିଲା ୨୬୦ କିଲୋମିଟର ଘଣ୍ଟାପ୍ରତି । ୧୪ ଅକ୍ଟୋବର ୨୦୧୩ ଫାଇଲିନ୍ ଆସିଲା ୨୧୫ କି.ମି. ବେଗରେ, ପୁଣି ୧୨ ଅକ୍ଟୋବର ୨୦୧୪ରେ ହୁଡ୍‌ହୁଡ୍ ୧୮୫ କି.ମି. ବେଗରେ, ତାପରେ ୧୧ ଅକ୍ଟୋବର ୨୦୧୮ ତିତ୍‌ଲି ୧୬୫ କି.ମି. ବେଗରେ, ଶେଷରେ ହୁ ହୁ ଖରା ତାତିରେ ଆସିଲା ମେ ୩ ତାରିଖରେ ଫନି ୨୦୦ କି.ମି ବେଗରେ, ସୁପର ସାଇକ୍ଲୋନ୍ ପରେ ଆଉ କୌଣସି ବାତ୍ୟା ଏତେ ଭୟଙ୍କର ହୋଇନଥିଲା ଫନି ଭଳି ।

ବାତ୍ୟା କ୍ଷତିଗ୍ରସ୍ଥ ଅଞ୍ଚଳରେ ଏବେ ଅନ୍ଧକାରର ରାଜୁତି । ଘର କୋଣରେ କେବେଠାରୁ ଅଲୋଡ଼ା ହୋଇ ପଡ଼ିଥିବା ଲଣ୍ଠନ ପୁଣି ଥରେ ଅଳନ୍ଧୁ ଝଡ଼ାଯାଇ କାର୍ଯ୍ୟରେ ଲାଗୁଛି । ବିଞ୍ଚଣା ଖଣ୍ଡେ ହାତରେ ଧରି ପବନ କରାହେଉଛି, ପିଲାଙ୍କୁ ମଜା ଲାଗୁଛି । ସାମୁଦ୍ରିକ ଝଡ଼ ଫନିର ଫୁତ୍‌କାର ବିଜ୍ଞାନର ଜୟଯାତ୍ରା ଗତିପଥକୁ କିଛି ମୁହୂର୍ତ୍ତ ଲାଗି ରୋକି ଦେଇଛି । ଲୋକଙ୍କୁ ଚେତେଇ ଦେଇଛି ଏହି ସବୁ

ଇଲେକ୍ଟ୍ରୋନିକ୍ ସେବା ବିନା ମଧ୍ୟ ଜୀବନ ସମ୍ଭବ ହୋଇପାରେ । ଯେଉଁ ମାନବ ଘଣ୍ଟାଏ ବିନା ବିଜୁଳି ନଥିଲେ ରହିପାରୁ ନ ଥିଲେ, ଏବେ ଦିନ ରାତି ବିଜୁଳି ବିନା କିପରି ଦିନ ଦିନ କଟାଇ ପାରୁଛନ୍ତି ? ଅକାମି ହୋଇ ପଡ଼ିଥିବା ଡିବିର ପୁଣିଥରେ ଗାଁ କ'ଣ ସହରରେ ମଧ୍ୟ ଆତ୍ମ ପ୍ରକାଶ କରିଛି । ଆଜିର ନାରୀ ଗୋଧୂଳି ବେଳାରେ ଡିବି ଓ ଲଣ୍ଠନ ପୋଛି ସଳିତା ସଜାଡ଼ି ସେଥିରେ କିରୋସିନି ତେଲ ଭରୁଥିବା ଦେଖିଲେ ମନେ ହେଉଛି ଏହା ୨୦୧୯ର ଦୃଶ୍ୟ ନୁହେଁ, କେଉଁ ପୁରୁଣା ଦିନର ଓଡ଼ିଆ ଚଳଚିତ୍ରର ଦୃଶ୍ୟ । ସମସ୍ତଙ୍କର ଅବସ୍ଥା ଆଜି ପ୍ରାଗ୍-ଐତିହାସିକ ମଣିଷ ଭଳି ହୋଇଯାଇଛି । ଲାଗୁଛି ଏହା ବାତ୍ୟା ତ ନୁହେଁ କେଉଁ ମାନବୀୟ ତାଡ଼ନାରେ ଶିକାର ହୋଇଛି ଏହି ଗ୍ରାମ, ଭାଙ୍ଗିଛି ବାସ, ଉଜୁଡ଼ିଛି ବେଉସା ।

ପ୍ରକୃତିର ସୁନ୍ଦରତା ପ୍ରତିବଦଳରେ ପ୍ରାକୃତିକ ବିପର୍ଯ୍ୟୟ ଆଙ୍କିଦେଇଛି ବିପର୍ଯ୍ୟୟର ପ୍ରତିଛବି । ବଡ଼ ବଡ଼ ବୃକ୍ଷ ଆଜି ମୁହଁ ମାଡ଼ି ପଡ଼ିଛନ୍ତି । ପଣସ ଗଛଗୁଡ଼ିକରେ ଭର୍ତ୍ତି ହୋଇଛି ପଣସ କିନ୍ତୁ ପତ୍ର ଓ ଡାଳଶୂନ୍ୟ ଯୋଗୁଁ କୃତ୍ରିମ ଗଛ ସଦୃଶ ପ୍ରତୀୟମାନ ହେଉଛି । ଯେପରି ପଣସଗୁଡ଼ିକ କୃତ୍ରିମ ଉପାୟରେ ଥୁଣ୍ଟା ଗଛରେ ଲଗା ହୋଇଯାଇଛି । ପୂର୍ବରୁ ଗହଳିଆ ଡାଳ ଭିତରୁ କୋଇଲିର କୁହୁ କୁହୁ ଶବ୍ଦ ଆଉ ଶୁଭୁନାହିଁ । ଡାଳକୁ ଡାଳ ଆଉ ହଳଦୀବସନ୍ତ ଡେଇଁ ବୁଲୁନାହିଁ । ପ୍ରାକୃତିକ ପରିବେଶକୁ ଛାରଖାର କରି ପକାଇଛି । ବାଟୋଇଙ୍କ ପାଇଁ ଆଉ ଛାଇ ନାହିଁ । ସ୍ମାର୍ଟସିଟିର ସବୁଜ ବିବିଧତା ବାତ୍ୟାର ଗ୍ରାସରେ, ଶହ ଶହ ବୃକ୍ଷ ଭୂଲୁଣ୍ଠିତ ହୋଇଥିବା ବେଳେ ଆଉ ଯାହାକିଛି ବାକି ରହିଛି ତାହା ଡାଳପତ୍ର ଶୂନ୍ୟ ଥୁଣ୍ଟାଗଛ ମାତ୍ର ।

ଫନି ଅନେକ କିଛି ନଷ୍ଟଭ୍ରଷ୍ଟ କରିଗଲା ସତ କିନ୍ତୁ ଆମକୁ କିଛି ଜ୍ଞାନ ଦେଇଗଲା । ପାଣି ଲୋକେ ମନ ଇଚ୍ଛା ଖର୍ଚ୍ଚ କରି ଟ୍ୟାପ୍ ଖୋଲାଥିବ ଲୋକେ ଦାନ୍ତ ବ୍ରସ୍ କରୁଥିଲେ । ପାଣି ବାଲ୍‌ଟି ଭରିହୋଇ ବୋହି ଯାଉଥିବ, ଅଳସୁଆମିରେ ବନ୍ଦ କରିବାକୁ ଆସି ନାହିଁ । ଏବେ ପାଣି ଠୋପାଏ ବି ନିହାତି ଦରକାର ଲୋକେ ବୁଝିପାରୁଛନ୍ତି । ଇଲେକ୍ଟ୍ରିକ୍‌ର ପ୍ରୟୋଜନ ନଥିଲେ ମଧ୍ୟ ଚାଲୁ ରହିଛି ଏସି ବିନା ରହିପାରୁଥିଲେ ମଧ୍ୟ ଏହି ଘରେ ଘରେ ଅଦରକାରି ସମୟରେ ମଧ୍ୟ ଚାଲିଥାଏ ।

ଏଟିଏମ୍ କାଉଣ୍ଟରର ବା ପେଟ୍ରୋଲ ପମ୍ପ ବା ଅନ୍ୟ କିଛି ଅପେକ୍ଷା କରିବା ସ୍ଥାନରେ ଲୋକେ ଖାଲି ହାତରେ ଅପେକ୍ଷା କରିବାର ଦେଖାଯାଏ ନାହିଁ ପ୍ରତ୍ୟେକ ଲୋକଙ୍କ ହାତରେ ଥାଏ ସେହି ମୋବାଇଲ୍ ଫୋନ୍‌ର ହ୍ୱାଟସ୍‌ଆପ ବା ଫେସ୍‌ବୁକ୍ ସେହିଥିରେ ମଜ୍ଜି ସମୟ କଟିଯାଏ ଛିଡ଼ା ହେବାରେ, ଅପେକ୍ଷା କରିବାର କଷ୍ଟ ଆଦୌ ଜଣା ପଡ଼େ ନାହିଁ । ଫନି ଶିଖାଇଦେଲା ଗଲା କି ମୋବାଇଲ୍ ବିନା ମଧ୍ୟ ଜୀବନ ଅଛି । ଆଜିର ପିଲା ଶିଖିଲେ କି ଅନ୍ଧାରରେ କିପରି ରହିବାକୁ ହୁଏ । ରହୁଥିବା ପ୍ରାକୃତିକ ପବନରେ କିପରି ଆକାଶର ତାରା ଗଣି ଗଣି ଶୋଇବାକୁ ହୁଏ । ସାମୁଦ୍ରିକ ଝଡ଼ ଫନି ଆଜିର ପିଲାଙ୍କୁ ଅନେକ କିଛି ଶିଖାଇ ଦେଇଗଲା । ପିଲାମାନଙ୍କ ମନରେ ସବୁବେଳେ ପ୍ରଶ୍ନ ଥିଲା ଆମେ ତ ଘଣ୍ଟାଏ ବିଜୁଳି ଚାଲିଗଲେ କେତେ କଷ୍ଟ ଲାଗୁଛି ଆଗରୁ ଲୋକମାନେ ଦିନ ଦିନ ଚଳୁଥିଲେ କିପରି ? ମୋବାଇଲ୍ ଟିକିଏ ଖରାପ ହୋଇଗଲେ ଆମ ମୁଣ୍ଡ ଖରାପ ହୋଇଯାଉଛି ଆଗରୁ ତ ମୋବାଇଲ୍ ବିନା ଲୋକେ ଚଳୁଥିଲେ । ଏବେ ଆଜିର ପିଲାମାନେ ହୃଦୟଙ୍ଗମ କଲେ ସୃଷ୍ଟିରେ କିଛି ଅସମ୍ଭବ ନୁହେଁ । ଖାଲି ଆମକୁ ସୁବିଧାଗୁଡ଼ିକ ମିଳିଯାଉଛି ବୋଲି ସେହି ସୁବିଧାକୁ ଝୁରିହୋଇ ଆମକୁ କଷ୍ଟ ଲାଗେ ।

ସେଥିପାଇଁ ଆମେ ଆଜି ବିଜ୍ଞାନର ବିଭିନ୍ନ ଉନ୍ନତିକୁ ଧନ୍ୟବାଦ ନ ଦେଇ ରହିପାରିବା ନାହିଁ, କାରଣ ଏହା ଆଜି ଆମ୍ଭମାନଙ୍କ ଜୀବନକୁ ସରସ ସୁନ୍ଦର କରିପାରିଛି । ବିଜୁଳି ବିନା ସବୁ କିଛି ଠପ୍ । ତେଣୁ ଫନି ଅନେକ କିଛି ଶିଖାଇ ଦେଇଗଲା ଆମ ସମସ୍ତଙ୍କୁ ଅଯଥା ଆମେ ବିଜୁଳି, ପାଣି ନଷ୍ଟ କରୁଛେ, ସେଥିପ୍ରତି ଏଣିକି ସଚେତନ ହେବା ଜରୁରୀ ।

◆◆

ପନିପରିବା ଖାଇବା କ'ଣ ନିହାତି ଦରକାର ?

ଆମ୍ଭେମାନେ ବିଭିନ୍ନ ପ୍ରକାରର ଖାଦ୍ୟ ଖାଉ । ପ୍ରୋଟିନ୍ ବା ପୁଷ୍ଟାସାର ଜାତୀୟ ଖାଦ୍ୟ ପାଇଁ ଦୁଧ, ଦହି, ଛେନା, ମାଛ, ମାଂସ, ଡାଲିଜାତୀୟ ଖାଦ୍ୟ ଓ ଖଣିଜ ଲବଣ ଓ ଜୀବସାର ପାଇଁ ସତେଜ ପନିପରିବା ଓ ଫଳ ଖିଆଯାଏ । ଏଥି ସହିତ ଆମେ ଶର୍କରା ଜାତୀୟ ଖାଦ୍ୟ ମଧ୍ୟ ଖାଉ, ଯଥା - ଚାଉଳ, ଗହମ, ମକା ଇତ୍ୟାଦି । ଏ ସବୁରୁ କିଛି ଅଭାବ ହେଲେ ନାନା ପ୍ରକାର ରୋଗ ଦେଖା ଦେଇଥାଏ । ଆଜିକାଲି ଶର୍କରା ଓ ପ୍ରୋଟିନ୍ ଜାତୀୟ ଖାଦ୍ୟ ସମସ୍ତଙ୍କର ବେଶୀ ପସନ୍ଦ ।

ମଣିଷ ସୁସ୍ଥ ରହିବା ପାଇଁ କେବଳ ଯେ ଶର୍କରା ଓ ପ୍ରୋଟିନ୍‌ଜାତୀୟ ଖାଦ୍ୟ ଦରକାର ତାହା ନୁହେଁ । ଉତ୍ତମ ସ୍ୱାସ୍ଥ୍ୟ ପାଇଁ ସବୁଜ, ତାଜା ପନିପରିବା,

ଶାଗ ଓ ନାନା ରକମର ଫଳ ନିହାତି ଆବଶ୍ୟକ । ପନିପରିବା ଶରୀରକୁ ସୁସ୍ଥ ରଖିବା ସଙ୍ଗେ ସଙ୍ଗେ ଶରୀରର ରୋଗ ନିରୋଧ ଶକ୍ତି ବଢ଼ାଏ । ଶରୀର ବୃଦ୍ଧିରେ ସାହାଯ୍ୟ କରିବା ସହିତ ମାଂସପେଶୀୟ କ୍ଷୟ ମଧ୍ୟ ଅନେକାଂଶରେ ନିରୋଧ କରେ । ପନିପରିବା ଯଥେଷ୍ଟ ପରିମାଣରେ ଖାଇଲେ ଶରୀର ଜୀବସାର – କ, ଖ ଓ ଗ ପ୍ରଚୁର ପରିମାଣରେ ପାଏ । ଶରୀରକୁ ସୁସ୍ଥ ରଖିବା ପାଇଁ ଜୀବସାର ନିହାତି ଜରୁରୀ ।

ପନିପରିବା ଠିକ୍ ମାତ୍ରାରେ ଖାଇଲେ ଏହା ଶରୀରକୁ ଜୀବସାର ଓ ଖଣିଜ ପଦାର୍ଥମାନ ଯୋଗାଇଥାଏ । ଫଳରେ ଜୀବସାର ଅଭାବଜନିକ ରୋଗ ଆଦୌ ଦେଖାଯାଏ ନାହିଁ । କିନ୍ତୁ ସମସ୍ତେ ମନେ ରଖିବା ଉଚିତ କି ରୋଷେଇ କଲାବେଳେ ଅସାବଧାନତା ବଶତଃ ବହୁତ ସିଝାଇଦେଲେ କିମ୍ବା ବହୁତ ଦିନ ସାଇତି ରଖିଦେଲେ ପନିପରିବାରେ ଥିବା ଜୀବସାର ନଷ୍ଟ ହୋଇଯାଏ । ସେଗୁଡ଼ିକ ଖାଇବା ନ ଖାଇବା ସହ ସମାନ । ଫଳରେ ଶରୀର କେତେଗୁଡ଼ିଏ ମୂଲ୍ୟବାନ୍ ପଦାର୍ଥ ପାଇପାରେ ନାହିଁ । ତେଣୁ ପରିବା ତରକାରୀ କରିବା ବେଳେ ପରିବା ଅତ୍ୟଧିକ ନ ସିଝାଇଲେ ଭଲ ଓ ବେଶୀ ଦିନ ସଞ୍ଚୟ କରି ରଖିଥିଲେ ସେଗୁଡ଼ିକୁ ବ୍ୟବହାର ନ କରି ଫୋପାଡ଼ି ଦେବା ଉଚିତ । ଫ୍ରିଜରେ ମଧ୍ୟ ପରିବାପତ୍ର ବେଶୀଦିନ ରଖିବା ଉଚିତ ନୁହେଁ । ସତେଜ ଦିଶୁଥିଲେ ମଧ୍ୟ ସେଗୁଡ଼ିକରେ ଜୀବସାର ହ୍ରାସ ପାଇଥାଏ । ଆମେମାନେ ନାନା ପ୍ରକାରର ପରିବା ଖାଇଥାଉ । କାହାର ଚେର, କାହାର କାଣ୍ଡ, କାହାର ପତ୍ର, କାହାର ଫୁଲ ଓ ଫଳ । ଆଳୁ ମାଟିତଳେ ଥିବା କାଣ୍ଡ, ପିଆଜ ମାଟିତଳେ ଥିବା ଶୁଷ୍କ ପତ୍ର ଓ ଗାଜର ମୂଳା ଇତ୍ୟାଦି ମାଂସକ ଚେରମାନଙ୍କୁ ଆମେ ପରିବା ଭାବରେ ଖାଉ । ସେଗୁଡ଼ିକରୁ ଭିଟାମିନ୍ – ଖ ଓ ଗ ମିଳେ ଓ ଏହି ଭିଟାମିନ୍ ବା ଜୀବସାର ଆମର ନିହାତି ଦରକାର । ଗହମ, ଧାନ, ମକା ପ୍ରଭୃତିରେ ବହୁ ପରିମାଣରେ ଶର୍କରା ଓ ପୁଷ୍ଟିସାର ନ ଥାଏ । ଆଜିକାଲି ଯୁଗରେ ଛୁଆପିଲା ସମସ୍ତେ ପୁଷ୍ଟିସାରଜାତୀୟ ଖାଦ୍ୟ ଖାଇବାକୁ ବେଶୀ ପସନ୍ଦ କରନ୍ତି । ଯଥା – ମାଂସ, କୁକୁଡ଼ା, କଲିଜା ଇତ୍ୟାଦି । ଏହି ପୁଷ୍ଟିସାରଜାତୀୟ ଖାଦ୍ୟରୁ ଖଣିଜ ପଦାର୍ଥ, ଭିଟାମିନ୍, ଜଳ ଓ ତନ୍ତୁଜାତୀୟ ପଦାର୍ଥ ବିଶେଷ ପରିମାଣରେ ମିଳେ ନାହିଁ । ଏଗୁଡ଼ିକ ପାଇବା

ପାଇଁ ଆମେ ସବୁଜ ପନିପରିବା ସହିତ ମାଟି ତଳେ ଉଠୁଥିବା କାଣ୍ଡ, ଚେର ଯଥା - ସାରୁ, ଦେଶୀଆଳୁ, କନ୍ଦମୂଳ, ମୂଳା, ବିଟ୍ ଗାଜର ଆଦି ଖାଇବା ଉଚିତ । ହାଟ ବା ବଜାରରୁ ଗଲାବେଳେ ସବୁବେଳେ ଦୁଇଟି ଭିନ୍ନ ଭିନ୍ନ ବ୍ୟାଗ୍ ନେଇକରି ଯିବା କଥା । ଗୋଟିଏ ବ୍ୟାଗ୍‌ରେ ସବୁଜ ପନିପରିବା ଓ ଆର ବ୍ୟାଗ୍‌ରେ ମାଟିଇତଳେ ଉଠୁଥିବା କାଣ୍ଡ ଓ ଚେର । କଞ୍ଚା ପନିପରିବାରେ ଜୀବସାରଗୁଡ଼ିକ ଭରପୂର । ସେଇଥିପାଇଁ ପ୍ରତ୍ୟେକ ଦିନ ବିଭିନ୍ନ ପ୍ରକାରର ସାଲାଡ୍ ଖାଇବା ଉଚିତ । ପରିବାଗୁଡ଼ିକ ଅତି ସିଝାଇବା ଉଚିତ ନୁହେଁ । ସିଝାଇବା ବେଳେ ଘୋଡ଼ାଇ ସିଝାଇବା ଦରକାର । ପ୍ରେସର୍ କୁକ୍‌ରରେ ରାନ୍ଧିବା ସବୁଠାରୁ ଭଲ । ପରିବାକୁ କାଟିବା ପୂର୍ବରୁ ପରିଷ୍କାର କରି ଧୋଇନେବ । ଧୋଇସାରି କାଟିବ ଓ ଅଳ୍ପ ଲୁଣ ଦେଇ ଫୁଟିଲା ପାଣିରେ ସିଝାଇବ । ଏହାଦ୍ୱାରା ଭିଟାମିନ୍ ବି-କମ୍ପ୍ଲେକ୍ସ ଓ ଭିଟାମିନ୍-ସି ନଷ୍ଟ ହୁଏନାହିଁ ।

ପାଣି ଅଳ୍ପ ଦେଇ ଓ ଘୋଡ଼ାଇ କରି ରାନ୍ଧିବା ଉଚିତ ଓ ଗରମ ଥିବା ଅବସ୍ଥାରେ ଖାଇଲେ ଭଲ । ବାରମ୍ବାର ଗରମ କରିବା ମଧ୍ୟ ଉଚିତ ନୁହେଁ । ଏହାଦ୍ୱାରା ପରିବାର ପୌଷ୍ଟିକ ଗୁଣ ଓ ଔଷଧ ଗୁଣ ନଷ୍ଟ ହୁଏ । ପରିବା ତରକାରି କଲାବେଳେ ଯେତେ ସମ୍ଭବ ଚୋପା ନ ଛଡ଼ାଇଲେ ଭଲ । କାରଣ କେତେଗୁଡ଼ିଏ ପରିବାର ଠିକ୍ ଚୋପା ତଳେ କେତେ ଦରକାରୀ ଖଣିଜ ପଦାର୍ଥ ରହିଥାଏ । ପରିବା କାଟି ମଧ୍ୟ ରନ୍ଧା ପୂର୍ବରୁ ପରିବା ଅଧିକ ସମୟ ପାଣିରେ ଭିଜେଇ ରଖିବା ଉଚିତ ନୁହେଁ । ତରକାରିରେ ଅତ୍ୟଧିକ ମସଲା ପକାଇବା ଉଚିତ ନୁହେଁ । ପରିବା ଆଲୁମିନିୟମ୍ ବା ରସପାତ୍ରରେ ରାନ୍ଧିବା ଉଚିତ ନୁହେଁ । କାରଣ ଏହା ପରିବାରୁ ବାହାରୁଥିବା ଅମ୍ଳ ବା କ୍ଷାରସହିତ ରାସାୟନିକ ପ୍ରକ୍ରିୟା କରି ପାକସ୍ଥଳୀରେ ଥିବା ସଂବେଦୀ ଆଚରଣରେ କ୍ଷତି କରାଏ । ପାକକ୍ରିୟାରେ ମଧ୍ୟ ଗୋଳମାଳ ହୁଏ ।

ପ୍ରତ୍ୟେକ ବ୍ୟକ୍ତି ପ୍ରତିଦିନ ଅତି କମ୍‌ରେ ୨୫୦ ଗ୍ରାମ୍ ପରିବା ଖାଇବା ଉଚିତ । ଏଥିରେ ନିହାତି ୫୦ ଭାଗ ଶାଗଜାତୀୟ ଓ ଶତକଡ଼ା ୪୦ ଭାଗ ଚେରମୂଳ ଜାତୀୟ ପରିବା ରହିବା ଦରକାର । ଆଉ ବାକିତକ ପାଇଁ କଖାରୁ, ପାଣି କଖାରୁ, ବାଇଗଣ, ବିନ୍, କୋବି, ଛୁଇଁ ଇତ୍ୟାଦି ପରିବା ଖାଇଲେ ଚଳିବ । ଯେତେ ତନ୍ତୁଲଗା ପରିବା ଖାଇବା ଦେହ ସେତେ ସୁସ୍ଥ ଓ ନୀରୋଗ ରହିବ ।

ଶରୀର ପାଇଁ ଜୀବସାର - କ, ଖ ଓ ଗ ନିହାତି ଦରକାର । ସେଗୁଡ଼ିକ ତାଜା ପରିବା ଓ ଫଳରୁ ମିଳିଥାଏ । ଶରୀର ଜୀବସାର ଛଡ଼ା ଖଣିଜ ପଦାର୍ଥ ମଧ୍ୟ ଦରକାର କରିଥାଏ । ସେଗୁଡ଼ିକ ମଧ୍ୟରେ ଲୌହ (Iron), କାଲ୍‌ସିୟମ୍ (Calcium), ଫସ୍‌ଫରସ୍ (Phosphorus), ମ୍ୟାଗ୍ନେସିଅମ୍ (Magnesium), କପର୍ (Copper) ବା ତମ୍ବା ଏବଂ ପଟାସିୟମ୍ (Potassium) ପ୍ରଧାନ ।

ପରିବା ସିଝାଇ ଖାଇବା ଅପେକ୍ଷା ତଟକା କଞ୍ଚା ପରିବା ରସ ପିଇପାରିଲେ ଦେହ ଖୁବ୍ ସୁସ୍ଥ ରହେ । ପନିପରିବା ରସ ମଧ୍ୟରେ ଟମୋଟୋ କାକୁଡ଼ିରୁ ବାହାରୁଥିବା ରସ ଓ ବନ୍ଧାକୋବି, ପାଳଙ୍ଗ, ପୋଦିନା, ମେଥିଶାଗ ଆଦିର ରସ ଏବଂ ମାଟିତଳୁ ବାହାରୁଥିବା ଗାଜର, ମୂଳା, ପିଆଜ ଓ ଶାଲଗମ୍ ପ୍ରଭୃତିର ରସ ବାହାର କରାଯାଇ ପିଇଲେ ଦେହକୁ ଭଲ କାମଦିଏ ଓ ଦେହକୁ ନୀରୋଗ ରଖେ । ନିୟମିତ ଏହିସବୁ ରସକୁ ପିଇପାରିଲେ ସ୍ନାୟୁଗତ ରୋଗ ଭଲ ହୁଏ । ଶରୀରରେ ଥିବା ବିଷାକ୍ତ ପଦାର୍ଥ ଓ ବର୍ଜ୍ୟବସ୍ତୁମାନ ଅତି ସହଜରେ ବାହାରିଯାଇ ଦେହ ସୁସ୍ଥ ରହେ ଓ ଦେହ ସୁସ୍ଥ ରହିଲେ ମନ ମଧ୍ୟ ବେଶ୍ ପ୍ରଫୁଲ୍ଲ ରହେ ।

ଏହାକୁ ମନେରଖି ଆମେ ନିଜ ଘରେ କିଛି ପନିପରିବା ଲଗାଇବା ଉଚିତ ହେବ । ଶରୀର ପାଇଁ ଯେତେ ତାଜା ସବୁଜ ପନିପରିବା ଖାଇବା ସେତେ ଭଲ ।

ପରିବା ଭିତରେ କଲରାର ଅନେକ କିଛି ଔଷଧୀୟ ଗୁଣ ଅଛି । ଡାଇବେଟିସ୍ ରୋଗୀଙ୍କ ପାଇଁ ଏହା ନିହାତି ଦରକାର । କଲରାର ପତ୍ର ଓ ଫୁଲରେ ଔଷଧୀୟ ଗୁଣ ଥିବାର ଦେଖାଯାଏ । କଲରାକୁ ଶୁଖାଇ ଗୁଣ୍ଡ କରି ବୋତଲରେ ରଖି ପ୍ରତିଦିନ ଗୋଟେ ଚାମଚ ଲେଖାଏଁ ଖାଇଲେ ଡାଇବେଟିସ୍ ରୋଗୀଙ୍କୁ ବେଶ୍ ଆରାମ ମିଳିଥାଏ ।

ଆଉ ଗୋଟିଏ ଭଲ ଫଳ ବା ପରିବା ହେଲା ଅମୃତଭଣ୍ଡା । ଏହି ପରିବାର ଫଳଟିକୁ ଲୋକେ ନ୍ୟୁଡ ସ୍ତରରେ ଦେଖନ୍ତି । କିନ୍ତୁ ଏହାର ଚେରଠାରୁ ଆରମ୍ଭ କରି କ୍ଷୀର, ପତ୍ର, ଫୁଲ, କଞ୍ଚା ଓ ପାଚିଲା ଫଳ ଆମ ଶରୀର ପାଇଁ

ନିହାତି ଦରକାର । ପ୍ରତ୍ୟେକ ଦିନ କିଛି କିଛି ଅମୃତଭଣ୍ଡା ପରିବା ବା ଫଳ ଆକାରରେ ଖାଇବା ଉଚିତ । ଏହି ଫଳରେ ଥିବା ବିଟା-କାରୋଟିନ୍ ଓ ଜୀବସାର କର୍କଟ ରୋଗ ନିବାରଣ କରିଥାଏ ।

କଞ୍ଚା ଅମୃତଭଣ୍ଡାରେ ପାପେନ୍ (Papain) ବୋଲି ଗୋଟିଏ ଏନ୍‌ଜାଇମ୍ ଅଛି, ଯାହା ପାକସ୍ଥଳୀରେ ଥିବା ପେପସିନ୍ (Pepsin) ଭଳି । ଏହା ହଜମ କ୍ରିୟାରେ ବିଶେଷ ସାହାଯ୍ୟ କରେ, କଞ୍ଚା ଅମୃତଭଣ୍ଡା ଖାଦ୍ୟ ହଜମ କରେ ଓ କୋଷ୍ଠକାଠିନ୍ୟ ଦୂର କରିଥାଏ । ପାଚିଲା ଅମୃତଭଣ୍ଡା ଦେହ ପାଇଁ ବହୁତ ଭଲ । ସମସ୍ତେ ପ୍ରତ୍ୟେକ ଦିନ କିଛି କିଛି ସବୁଜ ପରିବା ଖାଇବା ଦରକାର ।

❖❖

ଆଧୁନିକ ନାରୀର ପସନ୍ଦ ମୁକ୍ତା ବା ପର୍ଲ

ଆଧୁନିକ ନାରୀମାନଙ୍କର ମୁକ୍ତା ବା ପର୍ଲ (Pearl) ପିନ୍ଧିବାରେ ବଡ଼ ସଉକ । ହାଲ୍‌କା ଗୋଲାପି ରଙ୍ଗର ବା ବାଦାମି ରଙ୍ଗର ଶାଢ଼ି ବ୍ଲାଉସ୍ ସହିତ ମୁକ୍ତାର ସେଟ୍ ପିନ୍ଧିବାକୁ ସେମାନେ ବେଶ୍ ପସନ୍ଦ କରନ୍ତି । ଅଧିକାଂଶ ମହିଳାଙ୍କର ଧାରଣା କି ସୁନା ସେଟ୍ ଅପେକ୍ଷା ପର୍ଲ ସେଟ୍ ନିଶ୍ଚିତ ଭାବରେ ସୌନ୍ଦର୍ଯ୍ୟ ବୃଦ୍ଧି କରିଥାଏ । ବିଦେଶୀ ମହିଳାମାନଙ୍କର ମଧ୍ୟ ଗହଣା କହିଲେ ଏହି ପର୍ଲ ସେଟ୍‌କୁ ହିଁ ବୁଝାଇ ଥାଏ ।

ପର୍ଲ ବିଭିନ୍ନ ପ୍ରକାରର ଦେଖିବାକୁ ମିଳେ । ଅତି ଛୋଟରୁ ବଡ଼, ଲମ୍ବାଳିଆ, ଅଣ୍ଡାକୃତି ଓ ରାଇସ୍ ପର୍ଲ ଇତ୍ୟାଦି ଇତ୍ୟାଦି ।

ଏହି ପର୍ଲ ଯେ କିପରି ସୃଷ୍ଟି ହୁଏ ତାହା ଜାଣିଲେ ସମସ୍ତଙ୍କୁ ବେଶ୍ ଖୁସି ଲାଗିବ । ସୁନା ବା ଡାଇମଣ୍ଡ ପରି ଏହା ଖଣିରୁ ବାହାର କରାଯାଏ ନାହିଁ, କିନ୍ତୁ

ପ୍ରାକୃତିକ ଉପାୟରେ ସମୁଦ୍ରରେ ଥିବା ଶାମୁକାମାନଙ୍କ ପେଟ ଭିତରେ ସୃଷ୍ଟି ହୋଇଥାଏ । ମୁକ୍ତା ଆବିଷ୍କାର ପରେ ଚୀନ୍ ଦେଶର ଏକ କାହାଣୀ ଅଛି । ଏଥି ଅନୁଯାୟୀ ପ୍ରାୟ ପାଞ୍ଚହଜାର ବର୍ଷ ପୂର୍ବେ ଚୀନ୍‌ରୁ ଜଣେ ଲୋକ ଭୋକରେ ଆଉଟୁ ପାଉଟୁ ହୋଇ ସମୁଦ୍ର କୂଳରେ ବୁଲୁଥିଲା । କ୍ଷୁଧା ମେଣ୍ଟାଇବା ପାଇଁ ସେ ଚାରିଆଡ଼କୁ ଅସହାୟ ହୋଇ ଚାହିଁଥାଏ । ଦୁର୍ଭାଗ୍ୟକୁ ତାକୁ କୌଣସି ଫଳ ବା ଅନ୍ୟ କୌଣସି ଖାଇବା ଜିନିଷ ମିଳିଲା ନାହିଁ । ଏଣୁ ସେ ସମୁଦ୍ରକୂଳରେ ପଡ଼ିଥିବା କେତେ ଶାମୁକାକୁ ପଥରରେ ଛେଚି ଖାଇବାକୁ ଆମ୍ଭ କଲା ।

ଏହିପରି ସେ ଗୋଟିଏ ଗୋଟିଏ ଶାମୁକାକୁ ଛେଚି ଚାଲିଥାଏ । ତହିଁରୁ ଗୋଟିଏ ଭିତରେ ଏକ ଉଜ୍ଜ୍ୱଳ ବସ୍ତୁ ଉପରେ ତା'ର ନଜରରେ ପଡ଼ିଲା । ସେଥିରୁ ଖାଲି ଜ୍ୟୋତି ବାହାରୁଥାଏ । ଶାମୁକାର ପେଟ ଭିତରେ ମାଂସକୁ ଲାଗି ଗୋଲାକାର ଦାନା ଚିକ୍‌ଚିକ୍ ହେଉଥିବା ଦେଖି ସେ ଖାଇବେ କ'ଣ ବରଂ ଡରିଗଲା । ଅତି ସାବଧାନରେ ସେ ସେହି ଅଦ୍ଭୁତ ଚିକ୍‌ମିକ୍ ବସ୍ତୁଟିକୁ ତହିଁରୁ ବାହାର କରି ସମୁଦ୍ର କୂଳେ କୂଳେ ଦୌଡ଼ିଲା । ବହୁବାଟ ଦୌଡ଼ିବା ପରେ ସେ କେତେଗୁଡ଼ିଏ ଲୋକଙ୍କୁ ଭେଟିଲା । ସେମାନଙ୍କୁ ଏକଥା କହିଲା, ଅନ୍ୟମାନେ ମଧ୍ୟ ତାହା ଦେଖି ଆଶ୍ଚର୍ଯ୍ୟ ହେଲେ ଓ ସେଥିରୁ ଏତେ ସୁନ୍ଦର ଜ୍ୟୋତି ବାହାରୁ ଥିବାରୁ ତାର ନାମ 'ପର୍ଲ' ବୋଲି ରଖିଲେ । ଏହାପରେ ଏହି ଅମୂଲ୍ୟରତ୍ନର ଖବର ଚାରିଆଡ଼େ ବ୍ୟାପିଗଲା ଓ ଏହା ଗହଣା ଅକାରରେ ସ୍ତ୍ରୀଲୋକମାନଙ୍କର ପ୍ରିୟ ହୋଇପାରିଲା ।

ଏହି ପ୍ରାକୃତିକ ଚିକ୍‌ମିକ୍ ଜିନିଷଟି କିପରି ଶାମୁକା ପେଟଭିତରେ ସୃଷ୍ଟି ହେଉଛି ଜାଣିବା ପାଇଁ ବୈଜ୍ଞାନିକମାନେ ଗବେଷଣାରେ ଲାଗି ପଡ଼ିଲେ । ଫଳରେ ଜଣା ପଡ଼ିଲା ଯେ ଶାମୁକା ସମୁଦ୍ରର ପାଣି ଭିତରେ ଥିବା ଶୈବାଳ ଜାତୀୟ ଉଦ୍ଭିଦ ଓ ଅତି ଛୋଟ ପୋକଜୋକମାନଙ୍କୁ ପାଣି ସହିତ ନିଜ ପେଟ ଭିତରକୁ ନେଇ ଖାଦ୍ୟ ଭାବରେ ଖାଇଥାଏ । ଗୋଟିଏ ଶାମୁକା ପ୍ରାୟ ଦଶ ଲିଟର ପାଣିକୁ ଅନବରତ ତା ଶରୀର ଭିତରେ ନେବା ଆଣିବା କରେ । ଏଥି ସହିତ କେତେକ ଛୋଟ ବାଲିଗରଡ଼ା, ନିଜ ଖୋଳପାର ଅଂଶ ବା ଅନ୍ୟାନ୍ୟ କଠିନ ବସ୍ତୁ ତା' ଦେହ ଭିତରକୁ ଚାଲିଯାଏ । ଆମେ ଯେପରି ଖାଦ୍ୟର ସାର ଅଂଶଗୁଡ଼ିକୁ ରଖି ଅଖାଦ୍ୟ ଝାଡ଼ା ଆକାରରେ ବାହାର କରିଦେଉ ଶାମୁକା ମଧ୍ୟ ସେହିପରି ପରବର୍ତ୍ତୀ ଅବସ୍ଥାରେ ଏହି ବାହ୍ୟ ଉପାଦାନଗୁଡ଼ିକୁ ବହିଷ୍କାର କରିବା ପାଇଁ ଚେଷ୍ଟା କରେ । ବେଳେ ବେଳେ ଏହା ତା' ପକ୍ଷରେ ସମ୍ଭବ ହୁଏନାହିଁ । ଫଳରେ ଏହି ବସ୍ତୁର ସ୍ପର୍ଶ ତାର କୋମଳ ମାଂସପେଶୀକୁ ଅସ୍ତବ୍ୟସ୍ତ କରି ପକାଏ । ପେଟ ଭିତରର ନରମ ମାଂସ ପେଶରୀରେ ଏପରି ବାଲିଗରଡ଼ାର ଘର୍ଷଣ ଶାମୁକାକୁ ବଡ଼ କଷ୍ଟ ଦିଏ । କ୍ରମେ ଏହି ବାଲିଗରଡ଼ା ଉପରେ ଏକ ଆସ୍ତରଣ ସୃଷ୍ଟି ହୁଏ, ଯାହାକି ମୁଖ୍ୟତଃ କାଲ୍‌ସିୟମ୍ କାର୍ବୋନେଟ୍ ($CaCo_3$) ଦ୍ୱାରା ହୋଇଥାଏ । ଏମିତି କେତେଦିନ ଏହି ଆସ୍ତରଣରେ ରହିଲାପରେ ଛୋଟ ବାଲିଗରଗଡ଼ାଟି ଗୋଟିଏ ଚିକ୍‌ଚିକ୍ ପଦାର୍ଥରେ ରୂପାନ୍ତରିତ ହୋଇଯାଏ । ଶେଷରେ ତାହା ପରିଣତ ହୁଏ ଆମ ସମସ୍ତଙ୍କର ପସନ୍ଦ ମୁକ୍ତା ବା ପର୍ଲରେ ।

ଶାମୁକା ପେଟ ଭିତରୁ ଏହିପରି ଭାବରେ ବାହାରୁଥିବା ମୁକ୍ତା ହିଁ ହେଉଛି ଅସଲି ମୁକ୍ତା, ଯାହାର ଚିକ୍ ଚିକ୍ କଦାପି କମେନାହିଁ କି କେବେ ଖରାପ ହୁଏନାହିଁ । ଶାମୁକାରୁ ବାହାରୁଥିବା ମୁକ୍ତା ସାଧାରଣତଃ ଧଳା ଓ ବର୍ତ୍ତୁଳାକାର ହୋଇଥାଏ । ତେବେ କେତେକ ମୁକ୍ତା ପାଉଁଶିଆ ଫିକା, ଗୋଲାପି, ଫିକାନୀଳ, ଫିକା ହଳଦିଆ ଓ ସବୁଜ ଇତ୍ୟାଦି ରଙ୍ଗରେ ମଧ୍ୟ ମିଳିଥାଏ । ଏହି ଅସଲି ମୁକ୍ତାର ଦାମ୍ କାହିଁରେ କ'ଣ ।

ବୈଜ୍ଞାନିକମାନଙ୍କର ନଜର ମୁକ୍ତା ଉପରେ ପଡ଼ିଲା ପରେ ଆଜିକାଲି ବିଭିନ୍ନ ଉପାୟରେ ଶାମୁକାମାନଙ୍କୁ ନେଇ ସମୁଦ୍ରଜଳ ଓ ମଧୁରଜଳରେ ମୁକ୍ତାଚାଷ ଆରମ୍ଭ କରାହେଲାଣି । ଏଥିରେ ପ୍ରଥମେ ଶାମୁକାମାନଙ୍କୁ ଧରି ସେମାନଙ୍କ ପେଟ ଅପରେସନ କରି ବାଲୁକା ଗୁଣ୍ଡମାନ ପ୍ରବେଶ କରାଯାଉଛି । ତତ୍ପରେ ସେଗୁଡ଼ିକୁ ଆବଶ୍ୟକ ଚିକିତ୍ସା କରି ଜଳାଶୟ ମଧ୍ୟରେ ନିୟନ୍ତ୍ରିତ ଭାବେ ଛାଡ଼ି ଦିଆଯାଉଛି । ଫଳରେ ବର୍ଷେ ଦୁଇବର୍ଷ ମଧ୍ୟରେ ଏହା ମୁକ୍ତା ପାଲଟିଯାଉଛି । ଏହି ପଦ୍ଧତିରେ ତିଆରି ହେଉଥିବା ମୁକ୍ତାକୁ "କଲଚରଡ଼୍ ମୁକ୍ତା" (Cultured Pearl) କୁହାଯାଏ । ମୁକ୍ତାର ଦାମ ହଜାରରୁ ଆରମ୍ଭ ହୋଇ କୋଟି ପର୍ଯ୍ୟନ୍ତ ଅନ୍ତର୍ଜାତୀୟ ବଜାରରେ ବିକ୍ରି ହୋଇଥାଏ ।

ମୁକ୍ତାର ବ୍ୟବହାର ସବୁ ଦେଶରେ ଊଣା ଅଧିକ ସମାନ । ଏହାର ଉତ୍ପାଦନରେ ଚୀନ ଓ ଜାପାନ ପ୍ରଥମ ଓ ଦ୍ୱିତୀୟ ସ୍ଥାନରେ ଅଛନ୍ତି । ସବୁଠାରୁ ଆଶ୍ଚର୍ଯ୍ୟ ହେଲା ୧୯୩୪ ମସିହାରେ ଫିଲିପାଇନ୍‌ସରେ ଏକ ବିରାଟ ମୁକ୍ତାର ଆବିଷ୍କାର କରାଯାଇଥିଲା । ଏହାର ଓଜନ ପ୍ରାୟ ୬ କିଲୋଗ୍ରାମ୍‌ରୁ ଅଧିକ ଏବଂ ବ୍ୟାସ ପ୍ରାୟ ୧୩ ସେ.ମି ଥିଲା ।

ମୁକ୍ତାକୁ ପୁରାପୁରି କୃତ୍ରିମ ଉପାୟରେ ପ୍ରସ୍ତୁତ କରିବା ପାଇଁ ବୈଜ୍ଞାନିକମାନେ ଅନେକ ଦିନରୁ ଉଦ୍ୟମ ଜାରି ରଖିଛନ୍ତି । ତେବେ ପ୍ରାକୃତିକ ମୁକ୍ତାରେ ଥିବା ଜ୍ୟୋତି ବା ଉଜ୍ଜ୍ୱଳତା କୃତ୍ରିମ ମୁକ୍ତାରେ ସୃଷ୍ଟି କରାହୋଇ ପାରୁନାହିଁ । ଯଦି ବା କିଛିଟା ଉଜ୍ଜ୍ୱଳତା ଆସୁଛି ତାହା ବେଶୀଦିନ ରହୁନାହିଁ ଏବଂ ଝାଳ ଓ ପାଣି ଲାଗିଲେ ଖରାପ ହୋଇଯାଉଛି । ଏଣୁ ଏହି କୃତ୍ରିମ ମୁକ୍ତା ଉପରେ ଆହୁରି ଅଧିକ ଗବେଷଣା ବିଭିନ୍ନ ଦେଶମାନଙ୍କରେ ଏବେ ମଧ୍ୟ ଚାଲିଛି ।

◆◆

ପ୍ଲାଷ୍ଟର୍ ଅଫ୍ ପ୍ୟାରିସ୍ (Plaster of Paries)

ମୂର୍ତ୍ତି ତିଆରି କରିବା ପାଇଁ ଘଣ୍ଟା ଘଣ୍ଟା, ଦିନ ଦିନ ବର୍ଷ ବର୍ଷ ଲାଗୁଥିଲାବେଳେ ଆଜିକାଲି ପାଞ୍ଚମିନିଟ୍‌ରେ ସୁନ୍ଦର କାରୁକାର୍ଯ୍ୟ ପୂର୍ଣ୍ଣ ମୂର୍ତ୍ତି ତିଆରି ହୋଇପାରୁଛି । ଶୁଣିଲେ ଆଶ୍ଚର୍ଯ୍ୟ ଲାଗେ ଏହି ମୂର୍ତ୍ତିଗୁଡ଼ିକ ଏକ ପ୍ରକାର କେମିକାଲ ପ୍ଲାଷ୍ଟର୍ ଅଫ୍ ପ୍ୟାରିସ୍ ଯୋଗୁଁ ସମ୍ଭବପର ହୋଇ ପାରୁଛି । ଆଜିକାଲି ବଜାରରେ ଧଳା ଧଳା କିମ୍ବା ରଙ୍ଗୀନ ବଡ଼ ବଡ଼ ମୂର୍ତ୍ତି ଦେଖିବାକୁ ମିଳେ ସେହିଗୁଡ଼ିକ ଏହି ପ୍ଲାଷ୍ଟର୍ ଅଫ୍ ପ୍ୟାରିସ୍‌ରୁ ହିଁ ତିଆରି ହୋଇଥାଏ । ଏହିଥିରେ ମୂର୍ତ୍ତି ଗଢ଼ିବାକୁ ବିଶେଷ ସମୟ ଲାଗେନାହିଁ କି ପରିଶ୍ରମ ପଡ଼େନାହିଁ । ଏହା ଅତି ସୁବିଧାରେ ଓ ଅତି ଶୀଘ୍ର ତିଆରି ହୋଇଯାଇପାରେ, ଠିକ୍ ଏକ ଯାଦୁକର ଯେମିତି ତା ଯାଦୁକର ଛୁଇଁ ଜିନିଷ ବାହାର କରିଦିଏ ଠିକ୍ ସେହିପରି ସୁନ୍ଦର ମୂର୍ତ୍ତିମନ୍ତ ଗଢ଼ା ଯାଇଥାଏ ।

ଏହି ପ୍ଲାଷ୍ଟର ଅଫ୍ ପ୍ୟାରିସ୍‌କୁ ଯେକୌଣସି ଛାଞ୍ଚରେ ପକାଇଦେଲେ ପାଞ୍ଚମିନିଟ୍ ମଧ୍ୟରେ ସୁନ୍ଦର ମୂର୍ତ୍ତି ତିଆରି ହୋଇଯାଏ । ମୂର୍ତ୍ତି ଛଡ଼ା ସୁନ୍ଦର ଫଟୋ ଫ୍ରେମ୍ ଏବଂ ଘର ସଜାଇବା ପାଇଁ ଅନେକ ଜିନିଷ ଏହି ପ୍ଲାଷ୍ଟର ଅଫ୍ ପ୍ୟାରିସ୍‌ରୁ ହିଁ ଆଜିକାଲି ସହଜ ଉପାୟରେ ତିଆରି ହୋଇପାରୁଛି । ଏହିଗୁଡ଼ିକ ମୂର୍ତ୍ତି ବଜାରରେ ବେଶ୍ ଶସ୍ତାରେ ମଧ୍ୟ ବିକ୍ରି ହୁଏ, ତେଣୁ ଏହାର ଚାହିଦା ଅଧିକ । ବିଭିନ୍ନ ଭଙ୍ଗୀର ପ୍ରସିଦ୍ଧ ଖଜୁରାହୋ ମୂର୍ତ୍ତିଗୁଡ଼ିକ ଏହି ପ୍ଲାଷ୍ଟର ଅଫ୍ ପ୍ୟାରିସ୍‌ରେ ତିଆରି ହୋଇ ଅତି ଶସ୍ତାରେ ବିକ୍ରି ହୋଇ ଦେଶ ବିଦେଶରେ ବେଶ୍ ନାମ କରିଛି । ଏହି ମୂର୍ତ୍ତିଗୁଡ଼ିକର ଗୋଟିଏ ଖରାପ ଗୁଣ କି ଏହା ଶୀଘ୍ର ଭାଙ୍ଗିଯାଏ । ତେଣୁ ବହୁତ ସାବଧାନରେ ଏହାକୁ ରଖିବାକୁ ପଡ଼େ । ବିଭିନ୍ନ ପ୍ରକାରର ରଙ୍ଗ ଦେଇ ପ୍ଲାଷ୍ଟର ଅଫ୍ ପ୍ୟାରିସ୍‌ରେ ଅତି ସୁନ୍ଦର ମୂର୍ତ୍ତି ତିଆରି କରାଯାଇ ପାରୁଛି । ଦୂରରୁ ଏହି ମୂର୍ତ୍ତିଗୁଡ଼ିକ ଦିଶନ୍ତି ଯେପରି ମୁଗୁନିପଥର ବା ଖଣ୍ଡାଲାଇଟ୍ ପଥରରୁ ତିଆରି ହେଲାଭଳି ।

ପ୍ଲାଷ୍ଟର ଅଫ୍ ପ୍ୟାରିସ୍‌ର ଗୁଣ୍ଡ

ପ୍ଲାଷ୍ଟର ଅଫ୍ ପ୍ୟାରିସ୍‌ର ବିଭିନ୍ନ ମୂର୍ତ୍ତି

ଘରକରଣା ଜିନିଷରେ ପ୍ଲାଷ୍ଟର୍ ଅଫ୍ ପ୍ୟାରିସ୍

ଏହି ରାସାୟନିକ ପଦାର୍ଥ ପ୍ଲାଷ୍ଟର୍ ଅଫ୍ ପ୍ୟାରିସ୍ ଖାଲି ଯେ ମୂର୍ତ୍ତି ଗଢ଼ିବାରେ ସାହାଯ୍ୟ କରେ ତା ନୁହେଁ ଏହା ହସ୍ପିଟାଲ୍‌ରେ ମଧ୍ୟ ବହୁତ ଦରକାର ହୋଇଥାଏ । ଶରୀରର ଯେ କୌଣସି ହାଡ଼ ଭାଙ୍ଗିଗଲେ ଏହା ସାହାଯ୍ୟରେ ଯୋଡ଼ା ହୋଇଥାଏ । ଭଙ୍ଗାହାଡ଼କୁ ଟାଣିକରି ଠିକ୍ ସ୍ଥାନରେ ରଖି ପୁଣି ପ୍ଲାଷ୍ଟର୍ ଅଫ୍ ପ୍ୟାରିସ୍‌କୁ ଗୋଳାଇ ତା ଉପରେ ଦେଇ କଠିନ ବ୍ୟାଣ୍ଡେଜ୍ କରାଯାଇଥାଏ । ଏହିପରି କିଛିଦିନ ରହିଲେ ଭଙ୍ଗାହାଡ଼ ମନକୁ ମନ ଯୋଡ଼ି ହୋଇଯାଏ । ଯାହାକୁ ଆମେ ପ୍ଲାଷ୍ଟର୍ ହୋଇଛି ବୋଲି କହିଥାଉ । ବର୍ତ୍ତମାନ ଜାଣିବା ଏହା କେଉଁଥିରୁ ତିଆରି ହୁଏ । ଏହା ପ୍ଲାଷ୍ଟର୍ ଅଫ୍ ପ୍ୟାରିସ୍ ଜିପ୍‌ସମ୍ (Gypsum) ନାମକ ଏକ ରାସାୟନିକ ପଦାର୍ଥରୁ ମିଳିଥାଏ । ଜିପ୍‌ସମ୍ ହେଉଛି $CaSO_4$ ଏବଂ ୨ ପରମାଣୁ ଦଳ କଣିକାର ଏକ ଦ୍ରବଣ $CaSO_42H_2O$ । ଏହାକୁ ୧୦୦-୨୦୦^{0}C ରେ ଗରମ କଲେ ଏକ ଚତୁର୍ଥାଂଶ ଜଳ ବାଷ୍ପ ଆକାରରେ ବାହାରିଯାଏ ଏବଂ କ୍ୟାଲ୍‌ସିୟମ୍ ସଲ୍‌ଫଟ୍ ଓ ଗୋଟିଏ ପରମାଣୁ ଜଳ ସହିତ ମିଶି ପ୍ଲାଷ୍ଟର୍ ଅଫ୍ ପ୍ୟାରିସ୍ ତିଆରି ହୋଇଥାଏ ।

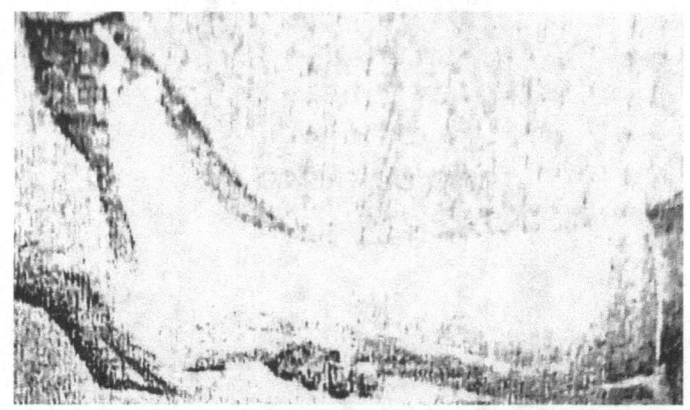

ଭଙ୍ଗା ହାଡ଼କୁ ଯୋଡ଼ିବାରେ ପ୍ଲାଷ୍ଟର୍ ଅଫ୍ ପ୍ୟାରିସ୍

ଏହାର କଠିନତାକୁ କିଛି ପରିମାଣରେ ହ୍ରାସ କରିବାକୁ ହେଲେ ଏଥିରେ ଗୋଟିଏ ପ୍ରକାରର ଅଠା ମିଶାଯାଇଥାଏ । ଏଥିରେ ପାଣି ମିଶାଇ ଏକ ପେଷ୍ଟ ତିଆରି ହୁଏ

ଯାହାକୁ ଅଳ୍ପ ସମୟରେ ପୁଣି ଜିପ୍‌ସମ୍‌କୁ କଠିନ ହୋଇଯାଏ । ଏହି ପ୍ରଣାଳୀରେ ମୂର୍ତ୍ତିସବୁ ବିଭିନ୍ନ ଛାଞ୍ଚରେ ତିଆରି ହୋଇଥାଏ । ଏହା ଅତି ଶୀଘ୍ର କଠିନ ହୋଇଯାଏ । ଏହାର ଆୟତନ କମେନାହିଁ କି ବଢ଼େନାହିଁ । କିଛି ପରିଶ୍ରମ ଦରକାରୀ ପଡ଼େନାହିଁ । ମୂର୍ତ୍ତିଟି ଖୁବ୍ କମ୍ ସମୟରେ ତିଆରି ହୋଇଯାଏ ।

ଜିପ୍‌ସମ୍‌କୁ ବଡ଼ବଡ଼ ଲୁହାପାତ୍ରରେ ନେଇ ୧୨୦-୧୩୦^{0}C ତାପ ଦେଇ ଏକ ମେକାନିକାଲ୍ ଷ୍ଟାରର୍ (Stirrer) ସାହାଯ୍ୟରେ ଭଲକରି ଗୋଳାଇ ପ୍ଲାଷ୍ଟର୍ ଅଫ୍ ପ୍ୟାରିସ୍ ତିଆରି ହୋଇଥାଏ । ଏହି ପଦ୍ଧତିରେ ତାପମାନ ଠିକ୍ ରଖିବାକୁ ପଡ଼େ କାରଣ ଅତି ବେଶୀ ତାପ ହୋଇଗଲେ ଏହା ଅତି କଠିନ ହୋଇଯାଇ କିଛି କାମରେ ଆସେନାହିଁ । ତେଣୁ ଅତି ସାବଧାନତା ସହକାରେ ଏହି ଜିପ୍‌ସମ୍‌କୁ ପ୍ଲାଷ୍ଟର୍ ଅଫ୍ ପ୍ୟାରିସ୍‌ରେ ପରିଣକ କରାଯାଇଥାଏ । ଏହା ସର୍ବପ୍ରଥମେ ପ୍ୟାରିସ୍ ସହରରେ ଜିପ୍‌ସମ୍‌ରୁ ହିଁ ତିଆରି ହୋଇଥିବାରୁ ଏହାର ନାମ ପ୍ଲାଷ୍ଟର୍ ଅଫ୍ ପ୍ୟାରିସ୍ ରଖାଯାଇଛି ଏହା ଭଙ୍ଗାହାଡ଼୍ ଯୋଡ଼ିବାରେ ସାହାଯ୍ୟ କରୁଥିବାରୁ ଏହାର ବ୍ୟବହାର ହସ୍ପିଟାଲ୍‌ରେ ମଧ୍ୟ ଦେଖିବାକୁ ମିଳେ ।

ଆଜିକାଲିର ବିଜ୍ଞାନ ଜଗତ ପାଇଁ ପ୍ଲାଷ୍ଟର ଅଫ୍ ପ୍ୟାରିସ୍ ବିଶେଷ ସାହାଯ୍ୟକାରୀ ଅଟେ । ଦିନକୁ ଦିନ ବିଜ୍ଞାନର ଅଗ୍ରଗତି ହେବା ସଙ୍ଗକୁ ଦୁର୍ଘଟଣାମାନ ମଧ୍ୟ ଘଟିଚାଲିଛି । ଏହି ପ୍ଲାଷ୍ଟର ଅଫ୍ ପ୍ୟାରିସ୍ ଦ୍ୱାରା ହିଁ ଭଙ୍ଗାହାଡ଼୍ ଅଳ୍ପଦିନରେ ଠିକ୍ ହୋଇପାରୁଛି । ଏହା କେତେକାଂଶରେ ଗ୍ୟାସ୍ ଓ ପେଣ୍ଟ୍ ଇଣ୍ଡଷ୍ଟ୍ରିରେ ମଧ୍ୟ ବ୍ୟବହାର କରାଯାଇଥାଏ । ଘରଗୁଡ଼ିକରେ ମଧ୍ୟ ପ୍ଲାଷ୍ଟର୍ ଅଫ୍ ପ୍ୟାରିସ୍ ପ୍ରଲେପ ଦେବାକୁ ସମସ୍ତେ ଭଲପାଆନ୍ତି । ଏହାଦ୍ୱାରା ଘରର ସୌନ୍ଦର୍ଯ୍ୟ ବଢ଼େ ।

◆◆

କର୍ପୂର (Camphor)

କର୍ପୂରର ବ୍ୟବହାର କିଏ ନ ଜାଣିଛି । କିନ୍ତୁ ଏହା କେଉଁଠାରୁ ମିଳିଥାଏ, ସେ ବିଷୟରେ ଅନେକ ଲୋକଙ୍କର ଠିକ୍ ଭାବରେ ଧାରଣା ନାହିଁ । କିଏ କିଏ ଭାବନ୍ତି ଏହା କେଉଁ ଖଣିରୁ ବାହାରେ ବା ଲାବୋରେଟେରୀରେ ତିଆରି ହୁଏ । ତେବେ ପ୍ରକୃତରେ କର୍ପୂର ଏକ ପ୍ରକାର ଗଛରୁ ଆହରଣ କରାଯାଏ । ଏହି ଗଛର ନାମ ସିନାମୋନମ କ୍ୟାରୋରା । ଏହା ଏକ ବିରାଟ ଗଛ । ଅନେକ ଗୁଡ଼ିଏ ଶାଖାପ୍ରଶାଖା ଏଥିରେ ଥାଏ ଏବଂ ଏହା ଉଚ୍ଚରେ ୬୦ ଫୁଟଠାରୁ ୧୦୦ ଫୁଟ ପର୍ଯ୍ୟନ୍ତ ବଢ଼ିଥାଏ । ଏହାର ଗଣ୍ଡିର ଗୋଲେଇ ୨ ରୁ ୪ ଫୁଟ ପର୍ଯ୍ୟନ୍ତ । ଏହା ଏକ ଚିରହରିତ ବୃକ୍ଷ । ଏହି ଗଛର ପତ୍ର ବହଳ, ଉପରିଭାଗ ଚିକ୍କଣ ଓ ତଳଭାଗ ଲୋମଯୁକ୍ତ । ଏହାର ଫୁଲ ସାଧାରଣତଃ ଧଳା । ଏଥିରେ ହେଉଥିବା ଫଳ ରସାଳ ଓ ଏକବୀଜ ବିଶିଷ୍ଟ ।

କର୍ପୂର ଗଛ ଚୀନ, ଜାପାନ ଆଦି ଦେଶରେ ଅଧିକ ସଂଖ୍ୟାରେ ଦେଖିବାକୁ ମିଳେ । ଏବେ ଏହା ଆମେରିକା ସମେତ ବହୁ ଦେଶରେ ଚାଷ କରାଗଲାଣି ।

ଏ ଗଛର କାଠ ଓ ପତ୍ରରୁ କର୍ପୂର ପ୍ରସ୍ତୁତ କରାଯାଇଥାଏ । ଏଥିରୁ କର୍ପୂରତେଲ ମଧ ଆମଦାନୀ କରାଯାଏ ଏବଂ ଏହାର କାଠରୁ ଖଟ, ପଲଙ୍କ, ଟେବୁଲ ଆଲମିରା ଆଦି ତିଆରି କରାଯାଏ ।

କର୍ପୂର ମନମତାଣିଆ ଗନ୍ଧଯୁକ୍ତ ଏ ଉଦ୍‌ବାୟୀ କଠିନ ପଦାର୍ଥ । ଏହା ଉଦରାମୟ, ଧ୍ଵଜଭଙ୍ଗ, ସର୍ଜି ରୋଗରେ ଭଲ କାମ ଦିଏ । କବିରାଜୀ ଔଷଧ କର୍ପୂରାରିଷ୍ଟ ତିଆରିରେ ଏହା ବ୍ୟବହୃତ ହୁଏ । ତା'ଛଡ଼ା କର୍ପୂର ଅନ୍ୟାନ୍ୟ ବହୁ କବିରାଜୀ ଔଷଧରେ ମଧ ଲାଗେ । ପୁନଶ୍ଚ ପୂଜା ଅର୍ଚ୍ଚନା କର୍ପୂରର ନିହାତି ଦରକାର ପଡ଼େ ।

ବର୍ତ୍ତମାନ ଦେଖିବା ଯେ ଏହି କର୍ପୂର ଜିନିଷଟି କ'ଣ । ଏହାର ରାସାୟନିକ ସଂକେତ ହେଉଛି $C_{10}H_{16}O$, ଅର୍ଥାତ୍ ଏହା ଦଶଟି ଅଙ୍ଗାରକ, ଷୋଳଟି ଉଦ୍‌ଜାନ ଓ ଗୋଟିଏ ଅମ୍ଳଜାନ ପରମାଣୁ ଥିବା ଏକ ରାସାୟନିକ ପଦାର୍ଥ । ତେବେ, ଆଜିକାଲି କୃତ୍ରିମ ଉପାୟରେ ପ୍ରସ୍ତୁତ କର୍ପୂର ମଧ ବଜାରରେ ମିଳୁଛି । ରାସାୟନିକ ଗଠନରେ ସେଗୁଡ଼ିକ ପ୍ରାକୃତିକ କର୍ପୂରଠାରୁ ଅଲଗା । ତହିଁରୁ ଗୋଟିଏ ହେଲା ହେକ୍‌ସାକ୍ଲୋରୋଇଥେନ୍, ହାଇଡ୍ରୋକାର୍ବନ୍‌ଇଥେନ୍ ସହିତ କ୍ଲୋରିନ୍‌କୁ ପ୍ରତିକ୍ରିୟା କରାଇ ଏହା ପ୍ରସ୍ତୁତ କରାଯାଏ ($C_2H_4 + 6Cl_2 =$ $C_2Cl_6 + 6HCl$) । ଏହାର ବର୍ଣ୍ଣ ଧଳା । ଏହା ପ୍ରାକୃତିକ କର୍ପୂର ଭଳି ଉଦ୍‌ବାୟୀ । ଏହାର ଗନ୍ଧ ମଧ୍ୟ କର୍ପୂରର ଗନ୍ଧ ଭଳି । ମୋଟ ଉପରେ ଏହାର ସବୁଥିକ ଗୁଣ ପ୍ରାକୃତିକ କର୍ପୂର ପରି ହୋଇଥାଏ ।

ଆଉ ଏକ ପ୍ରକାର କୃତ୍ରିମ କର୍ପୂର ହେଲା ସାଂଶ୍ଳେଷିତ କର୍ପୂର (Synthetic camphor) । ଏହାକୁ ଆଲ୍‌ଫା ପାଇନିନ୍‌ରୁ ସଂଶ୍ଳେଷଣ କରାଯାଇଛି । ଏହି ସାଂଶ୍ଳେଷିତ କର୍ପୂର ଏବେ ବିବିଧ କ୍ଷେତ୍ରରେ ବହୁଳ ବ୍ୟବହୃତ ହେଉଛି । କାରଣ ଏହାର କଞ୍ଚାମାଲ ଆଲ୍‌ଫା ପାଇନିନ୍‌ର ଦାମ ଖୁବ କମ ଏବଂ ଏହି ସଂଶ୍ଳେଷିତ କର୍ପୂର ପ୍ରାକୃତିକ କର୍ପୂର ଠାରୁ କୌଣସି ଗୁଣରେ କମ୍ ନୁହେଁ । ପୁନଶ୍ଚ ଏହାର ସୁଗନ୍ଧି ଯୋଗୁଁ ଏହା ପାନ ମସଲାଠାରୁ ଆରମ୍ଭ କରି ନାନାଦି ଖାଦ୍ୟ ପାନୀୟକୁ ସୁଗନ୍ଧିତ କରିବାରେ ବ୍ୟବହୃତ ହୋଇଥାଏ । ଚନ୍ଦନ ଅଗୁରୁ ସହିତ ମିଶାଯାଇ ଏହାକୁ ଶରୀରର ଅଙ୍ଗରାଗ ପ୍ରସ୍ତୁତିରେ ଲଗାଯାଏ । ଏଥିରୁ ନାନା ପ୍ରକାର ଔଷଧ ମଧ୍ୟ ପ୍ରସ୍ତୁତ ହୁଏ ।

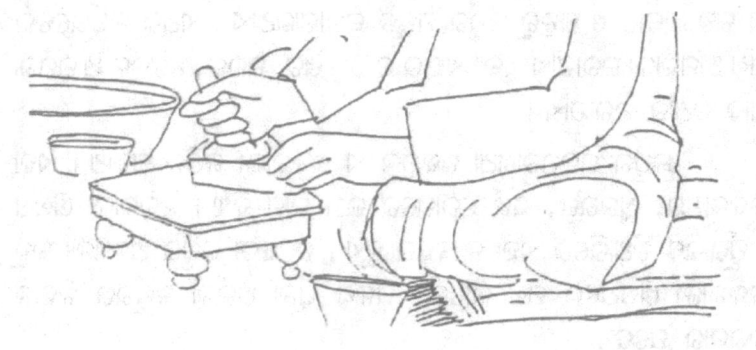

ଛତୁ

ଆଜିକାଲି ଛତୁ ଏକ ପ୍ରିୟ ଖାଦ୍ୟ ଭାବରେ ସମସ୍ତଙ୍କ ନିକଟରେ ବେଶ୍ ଆଦୃତ । ଏହା କେବଳ ଯେ ପାଟିକୁ ସୁଆଦ ଲାଗେ ତା ନୁହେଁ ଏହାର ପୌଷ୍ଟିକ ମାନ ମଧ୍ୟ ବେଶ୍ ଉନ୍ନତ ।

ପ୍ରଥମେ ଫ୍ରାନ୍ସ ଦେଶରେ ଛତୁ ଚାଷ ଆରମ୍ଭ ହୋଇଥିଲା । ତେବେ ଖାଦ୍ୟ ଆକାରରେ ଏହା ବହୁଦିନରୁ ଲୋକମାନଙ୍କ ପାଖରେ ପରିଚିତ । ଆଜିକାଲି ନିରାମିଷ ଖାଦ୍ୟ ଭିତରେ ରାଜା ହେଉଛି ଏହି ଛତୁ । ମାଂସ, ମାଛ ତଳକୁ ତାର ସ୍ଥାନ । କି ବୁଢ଼ା କି ପିଲା ସମସ୍ତେ ଛତୁରୁ ତିଆରି ବିଭିନ୍ନ ପ୍ରକାର ଖାଦ୍ୟ ଖାଇବାକୁ ଭଲ ପାଆନ୍ତି । ପ୍ରତ୍ୟେକ ଗଛପତ୍ରରେ କ୍ଲୋରୋଫିଲ୍ ଅଛି । ତେଣୁ ସେହିଗୁଡ଼ିକ ସବୁଜ ଦିଶେ । ତାହାରି ସାହାଯ୍ୟରେ ସେମାନେ ନିଜର ଖାଦ୍ୟ ପ୍ରସ୍ତୁତ କରନ୍ତି । ଛତୁରେ ଆଦୌ କ୍ଲୋରୋଫିଲ୍ ନାହିଁ ତେଣୁ ଏହା ନିଜେ ଖାଦ୍ୟ ତିଆରି କରି

ପାରେ ନାହିଁ, ଅନ୍ୟପକ୍ଷରେ ଉଠିଥିବା ମାଧ୍ୟମରୁ ତାହା ଗ୍ରହଣ କରିଥାଏ । ଛତୁ ପ୍ରାୟ ବର୍ଷା ଋତୁରେ ଚାରିଆଡ଼େ ଫୁଟିଥିବାରୁ ଦେଖାଯାଏ । କିନ୍ତୁ ଅନେକ ଛତୁ ଠିକ୍ ତାପମାତ୍ରା, ଆର୍ଦ୍ରତା ଓ ଜୈବିକ ପଦାର୍ଥ ପାଇଲେ ବର୍ଷର ଅନ୍ୟ ସମୟରେ ଫୁଟିବାର ଦେଖାଯାଏ । କେତେକ ଛତୁ ଗୋଟି ଗୋଟି ଉଠିଥାନ୍ତି ଓ ଆଉ କେତେକ ପେନ୍ଥା ପେନ୍ଥା । ଆଜିକାଲି ଛତୁର ଆଦର ବହୁତ ବେଶୀ ହୋଇଥିବାରୁ ଛତୁ ଚାଷ ମଧ୍ୟ ଆଗେଇ ଚାଲିଛି । ଏହା ବେଶ୍ ଲାଭଜନକ ଅଟେ ।

ଏହାର ବଂଶବିସ୍ତାର କରିବା ପାଇଁ ମଞ୍ଜି ନ ଥାଏ । ଏହା ବଦଳରେ ଏଥିରେ ଏକ ପ୍ରକାରର ରେଣୁ ବା ସ୍ପୋର୍ ଥାଏ । ଏହି ରେଣୁଗୁଡ଼ିକ ଏତେ ଛୋଟ ଯେ ତାହା ଖାଲି ଆଖିରେ ଦିଶନ୍ତି ନାହିଁ । ଗୋଟିଏ ଛତୁରେ ଅସଂଖ୍ୟ ରେଣୁ ଥାଏ । ଅନୁକୂଳ ବାତାବରଣ ମିଳିଲେ ଏହିଗୁଡ଼ିକ ବଢ଼ି ଛତୁ ଆକାରରେ ଫୁଟି ଉଠନ୍ତି ।

ମନକୁ ମନ ଉଠୁଥିବା ଅନେକ ଛତୁ ବିଷାକ୍ତ ହୋଇଥାଏ । ତେଣୁ ଛତୁ ଖାଇବା ପୂର୍ବରୁ ସେଗୁଡ଼ିକୁ ଭଲଭାବରେ ଚିହ୍ନିବା ଦରକାର । ପଚାସଢ଼ା ମୃତ ପ୍ରାଣୀ ଓ ଗଛପତ୍ର, ଝାଡ଼ା ଆଦି ଉପରେ ଛତୁ ଫୁଟିବାର ଦେଖାଯାଏ । ସେଗୁଡ଼ିକ ଆମେ ନ ଚିହ୍ନି ଖାଇଲେ ବାନ୍ତି ଓ ପତଳା ଝାଡ଼ା ହେବା, ମୁଣ୍ଡ ବୁଲାଇବା, ଅସ୍ୱସ୍ତି ଲାଗିବା ଠାରୁ ଆରମ୍ଭ କରି ମୃତ୍ୟୁ ମଧ୍ୟ ହୋଇଥାଏ । ଏହା ଯୁକୃତ୍, ବୃକକ୍ ଆଦିକୁ ନଷ୍ଟ କରିଦିଏ । ଏଣୁ ଛତୁ ବିଷୟରେ ସଠିକ୍ ଜାଣି ତାହା ଖାଇବା ଉଚିତ୍ ।

ପ୍ରାୟ ୨୦୦୦ ପ୍ରକାର ଛତୁ ଦେଖିବାକୁ ମିଳିଥାଏ । ଏହା ଭିତରୁ କେବଳ ୮ଟି ଆମ ଖାଇବା ଉପଯୋଗୀ । ଉତ୍ତମ ଖାଇବା ଛତୁରେ ଶ୍ୱେତସାର, ସ୍ନେହସାର, ପୁଷ୍ଟିସାର ଏବଂ ଜୀବସାର ଓ ଯଥେଷ୍ଟ ପରିମାଣରେ ଖଣିଜଲବଣ

ଥାଏ । ଅନ୍ୟ ପରିବା ତୁଳନାରେ ଛତୁରେ ଖଣିଜଲବଣର ମାତ୍ରା ଅଧିକ । ଏଥିରେ 'ସ୍'ରସ୍ ଏବଂ ପଟାସିୟମ୍ ମୁଖ୍ୟ । ଏହାଛଡ଼ା ତମ୍ବା, ଲୁହା, ସୋଡ଼ିଅମ୍, କ୍ୟାଲସିୟମ୍, ମ୍ୟାଗ୍‌ନେସିଅମ୍ ଓ ଅନେକ ଜୀବସାର ଛତୁରୁ ହିଁ ମିଳିଥାଏ । ଶୁଣିଲେ ଆଶ୍ଚର୍ଯ୍ୟ ଲାଗେ ଯେ କି ଛତୁରେ ଥିବା ଜୀବସାର ରାନ୍ଧିଲେ ତାହା କେବେ ନଷ୍ଟ ହୁଏନାହିଁ । ପୁନଶ୍ଚ ଏଥିରେ ହଜମ ନହେବା ଶ୍ୱେତସାର୍ କମ୍ ଥାଏ ଏବଂ ମେଦାମ୍ଳ ଓ କଲେଷ୍ଟିରଲ୍ ବିଲ୍‌କୁଲ୍ ନଥାଏ । ତେଣୁ ଛତୁ ହୃଦ୍‌ରୋଗୀ ଓ ମଧୁମେହ ରୋଗୀଙ୍କ ପାଇଁ ଏକ ନିରୋଗୀ ଖାଦ୍ୟ ଅଟେ ।

ଛତୁ ଫୁଟିଲା ପରେ ଛତା ଆକାର ଧାରଣ କରିଥାଏ । ଏହାର ଡେମ୍ଫ ଓ ଛତ୍ରାକ ଦୁଇଟି ମୁଖ୍ୟ ଅଙ୍ଗ । ଛତ୍ରାକର ଉପରେ ଗୋଟିଏ ଚମଡ଼ା ଭଳି ଝିଲ୍ଲି ଥାଏ । ଏହାର ତଳ ଅଂଶଟି ମାଂସଳ ହୋଇଥାଏ । ଏହାର ପୁଣି ତଳକୁ କେତେଗୁଡ଼ିଏ ପତଳା ଗାଲି ଭଳି ଅଂଶ ଝୁଲୁଥାଏ । ଛତୁର ଡେମ୍ଫ ଓ ଛତ୍ରାକ ଉଭୟ ଖିଆଯାଏ । ଏହାର କଢ଼ଗୁଡ଼ିକ ସାଧାରଣତଃ ଅଣ୍ଡାକାର ଓଲଟା ଅଣ୍ଡାକାର, ଗୋଲାକାର କିମ୍ବା ଅଧା ଗୋଲାକାର ଆକୃତିରେ ଦେଖିବାକୁ ମିଳେ । ଏହା ପୁରା ଭାବରେ ଫୁଟି ଗଲାପରେ ଛତ୍ରାକ ବିଭିନ୍ନ ଆକୃତି ଧାରଣ କରେ ଯଥା କାହାଳୀ, ଘଣ୍ଟାକାର, ନାଭି କାହାଳୀ, ଶଙ୍କୁ, ପୁରା ଛତା ଇତ୍ୟାଦି । ଛତୁର ରଙ୍ଗ ପ୍ରାୟ ଧଳା କିନ୍ତୁ ବେଳେ ବେଳେ ଏହା ମାଟିଆ ବା ଧୂସର ରଙ୍ଗର ଦେଖିବାକୁ ମିଳିଥାଏ ।

ଛତୁ ଅନେକ ଦିନରୁ ଖାଦ୍ୟ ଭାବରେ ବ୍ୟବହୃତ ହୋଇଆସୁଛି । ଆଗରୁ ଗରିବ ଲୋକମାନେ ଜଙ୍ଗଲରୁ ଛତୁ ସଂଗ୍ରହ କରି ଖାଉଥିଲେ । ଏହା ବଜାରରେ ମିଳୁନଥିଲା । କିନ୍ତୁ ଆଜିକାଲି ଏହା କି ଧନୀ କି ଗରିବ ସମସ୍ତଙ୍କ ପାଇଁ ଉପଲବ୍ଧ । ଏହାର ବଜାର ଚାହିଦା ବଢ଼ିବା ସଙ୍ଗେ ସଙ୍ଗେ ଛତୁ ଚାଷ ମଧ୍ୟ ଦିନକୁ ଦିନ ବଢ଼ିବାରେ ଲାଗିଛି । ଏଥିରୁ ପ୍ରସ୍ତୁତ ସୁପ୍, ପିଜା, ସାଲାଡ୍, ଆଚାର, ପୂରଦିଆ ଚପ୍, କ୍ୟାପ୍‌ସିକମ୍ ତରକାରୀ କିମ୍ବା ପତ୍ର ପୋଡ଼ା ଆଦି ଲୋକଙ୍କର ଅତି ପ୍ରିୟ ଖାଦ୍ୟ ହୋଇପଡ଼ିଛି । ଭଲ ଖାଇବା ଛତୁ ଭିତରେ ଫିଲ୍ଡ୍ ମସ୍‌ରୁମ୍ (ଆଗାରିକସ୍ କାଂପୋଷ୍ଟ୍ରି), ଦି ପ୍ରିନସ (ଆଗାରିକସ୍ ଅଗଷ୍ଟ), ହର୍ସ ମସ୍‌ରୁମ୍ (ଆଗାରିକସ୍ ଆର୍ଭେନ୍‌ସିପ୍) ପ୍ରଧାନ । ଏହିଗୁଡ଼ିକ ପ୍ରାୟ ଧଳା, ହଳଦିଆ, ଧୂସର ରଙ୍ଗର ଏବଂ ହାତକୁ ଚିକ୍କଣ ଲାଗନ୍ତି । ଏଥିରେ ଅଳ୍ପ ଛୋଟ ଛୋଟ ଛିଟ ଛିଟ ଦାଗ ଥାଏ । ଏହି

ଧଳା ଛତୁଗୁଡ଼ିକ ହାତରେ ଦଳିଦେଲେ ହଳଦିଆ ପଡ଼ିଯାନ୍ତି । ଆଜିକାଲି ବଜାରରେ ବିକ୍ରି ହେଉଥିବା ଛତୁ ପ୍ରାୟ ଚାଷରୁ ଆସିଥାଏ । ତେଣୁ ସେହିଗୁଡ଼ିକ ବିଷାକ୍ତ ନୁହେଁ । ଜଙ୍ଗଲରୁ ମନକୁ ମନ ଉଠିଥିବା ଛତୁ ମଧ୍ୟରେ ହିଁ କିଛି ବିଷାକ୍ତ ହୋଇଥାନ୍ତି । ବିଷାକ୍ତ ଛତୁ ଭିତରେ ରହିଛି ଫଲସ ଓ ଡେଥ୍ କାପ୍ (False and Death cap) (ଆମାନିଟା ସିଟ୍ରିନା) । ଏହି ହଳଦିଆ ରଙ୍ଗର ଛତୁର ମୂଳଟି ବେଶ୍ ମୋଟା ଏହା ବହୁତ ବିଷାକ୍ତ । ଆଉ ଏକପ୍ରକାର ବିଷାକ୍ତ ଛତୁ ହେଲା ପ୍ଲାଇ ଆଗାରିକ୍ (ଆମାନିଟ୍, ସ୍କାରିଆ) । ଏହାର ରଙ୍ଗ ଗାଢ଼ ଲାଲ୍ ଏବଂ ସେଥିରେ ଧଳା ଛିଟ ଦାଗ ଥାଏ । ଏହା ଜଙ୍ଗଲରେ ମେଞ୍ଚା ମେଞ୍ଚା ହୋଇ ଫୁଟିଥାଏ । ଏହି ପ୍ରକାର ଛତୁ ଖାଇବା ସଙ୍ଗେ ସଙ୍ଗେ ଲୋକର ମୃତ୍ୟୁ ହୋଇଯାଏ । ସେଥିପାଇଁ ଫାର୍ମରେ ତିଆରି ହୋଇଥିବା ଛତୁ ନିରାପଦ ।

◆◆

ପାଉଁରୁଟି ଏକ ବୈଜ୍ଞାନିକ ଖାଦ୍ୟରୁଚି

ପାଉଁରୁଟି ସହିତ ଆମେ ସମସ୍ତେ ବେଶ୍ ଭଲଭାବରେ ପରିଚିତ । ଏହା ଅନେକ ଦିନ ତଳେ ଥିଲା, କେବଳ ବିଦେଶୀ ଲୋକଙ୍କର ନିତିଦିନର ଖାଦ୍ୟ । ଦେହ ଖରାପ ହେଲେ ବା ହଜମରେ ଅସୁବିଧା ହେଲେ ଆମ ଲୋକେ ପାଉଁରୁଟି ଦୁଧ ଖାଉଥିଲେ । ଆଜିକାଲି ଯୁଗ ବଦଳିଛି ଲୋକେ ସକାଳ ଜଳଖିଆ ବ୍ରେଡ୍ ଅମ୍ଲେଟ୍ ଏବଂ ଟିଫିନ୍‌ରେ ବିଭିନ୍ନ ପ୍ରକାର ରୋଲ ବା ଦୁଇଟିକିଆ ସ୍ୟାଣ୍ଡଉଇଚ୍ ଖାଇବାକୁ ପସନ୍ଦ କରିଥାନ୍ତି । ବର୍ତ୍ତମାନ ବୁଝିବା ଏହି ପାଉଁରୁଟି ଜିନିଷଟି ପ୍ରକୃତରେ କ'ଣ ଏବଂ କିପରି ତିଆରି ହୋଇଥାଏ । ରୁଟି ଯେପରି ଗହମରୁ ତିଆରି ହୁଏ, ପାଉଁରୁଟି ସେହିପରି ଗହମରୁ ହିଁ ତିଆରି ହୋଇଥାଏ । ତେବେ ଆମକୁ ବୁଝିବାକୁ ପଡ଼ିବ ଯେ ରୁଟି ଓ ପାଉଁରୁଟି ଗହମରୁ ତିଆରି ହେଲେ ମଧ୍ୟ ସ୍ୱାଦରେ ଏତେ ପାର୍ଥକ୍ୟ କିପରି ? ଏହା ଦେଖିବାକୁ ଏତେ ଧଳା, ନରମ ବୈଜ୍ଞାନିକ କୌଶଳ ଯେ ଏହା ଭିତରେ ଜଡ଼ିତ କିଏ ଜାଣିଛ ?

ପାଉଁରୁଟି ପାଇଁ ସାଧାରଣତଃ ଗହମରୁ ମଇଦା ବ୍ୟବହାର କରାଯାଇଥାଏ । ମଇଦାରେ ଷ୍ଟାର୍ଚ (Starch) ଛଡ଼ା ପାଣିରେ ଦ୍ରବଣୀୟ ପ୍ରୋଟିନ୍ ଯଥା – ଆଲ୍‌ବ୍ୟୁମିନ୍ (albumin), ଗ୍ଲୋବୁଲିନ୍ (Globulin) ଓ ପ୍ରୋଟିଓସେସ (Proteoses) ଏବଂ ପାଣିରେ ଦ୍ରବଣୀୟ ହେଉନଥିବା ପ୍ରୋଟିନ୍, ଯଥା – ଗ୍ଲୁଟେନିନ୍ (Glutenin) ଏବଂ ଗ୍ଲିଆଡିନ୍ (Gliadin) ଥାଏ । ମଇଦାକୁ ପାଣି ଦେଇ ଚକଟିଲା ବେଳେ ଦ୍ରବଣୀୟ ପ୍ରୋଟିନଗୁଡ଼ିକ ପାଣିରେ ମିଶିଯାଏ ଏବଂ ଅଦ୍ରବଣୀୟ ପ୍ରୋଟିନ୍‌ଗୁଡ଼ିକ ଗ୍ଲୁଟେନିନ୍ ଓ ଗ୍ଲାଇଡ଼ିନ୍ ଭାବରେ ରହିଯାଏ । ଗ୍ଲୁଟେନିନ୍ ଲମ୍ବା ଚେନ୍ ଭଳି ମଲିକ୍ୟୁଲରେ ଗଠନ ହୁଏ ଏବଂ ଗ୍ଲାଇଡ଼ିନ୍ ବ୍ରିକ୍ ଆକାର ଧାରଣ କରିଥାଏ । ଏହି ଦୁଇ ପ୍ରୋଟିନ୍ ଦ୍ୱାରା ଯେଉଁ ଅବସ୍ଥା ଘଟେ ତାହାକୁ ଗ୍ଲୁଟେନ୍ କୁହାଯାଏ । ପାଉଁରୁଟି ହାଲକା ହେବାର କାରଣ ଏହି ଗ୍ଲୁଟେନ୍ ଅବସ୍ଥା ପାଇଁ । ପାଣିର ପରିମାଣ ପାଉଁରୁଟିରେ ୧/୩ ଅନୁପାତରେ ମିଶିଯାଏ । ପାଣି ଛଡ଼ା କ୍ଷୀର, ଫଳରସ ମଦ ଇତ୍ୟାଦି କେତେକ ବିଦେଶୀ ପାଉଁରୁଟି ଚକଟା (dough) ତିଆରି କରିବାବେଳେ ମିଶାଯାଇଥାଏ । ଏହା ଛଡ଼ା କିଛିଟା ସ୍ନେହସାର ଓ ମିଠା ପରିମାଣ ବଢ଼ାଇବା ପାଇଁ ବା ଏହାକୁ ଆହୁରି ହାଲୁକା କରିବା ପାଇଁ ଏବଂ ସ୍ୱାଦ ବଢ଼ାଇବା ପାଇଁ ନାନା ପ୍ରକାରର ରାସାୟନିକ ଜିନିଷ ମିଶାଯାଇଥାଏ । ଉତ୍ପାଦନକାରୀମାନେ ଏହିଠାରେ ଧ୍ୟାନ ଦେବା ଉଚିତ୍ କି କେଉଁ ରାସାୟନିକ ପଦାର୍ଥ ମିଶାଇଲେ ପାଉଁରୁଟି ହାଲୁକା ହେବ ସ୍ୱାଦ ବଢ଼ାଇବ କିନ୍ତୁ ଦେହ ପାଇଁ ନିରାପଦ ହେବ । ବେଳେ ବେଳେ କିଛି ପାଉଁରୁଟିରେ ଅଣ୍ଡା ପଡ଼ିବାର ମଧ୍ୟ ଦେଖାଯାଏ । ଏହି ମଇଦା ଚକଟା ବା ଦୋ (dough) କୁ ହାଲୁକା କରିବା ପାଇଁ ଆଜିକାଲି ବିଭିନ୍ନ ପ୍ରକାରର ଗ୍ୟାସ ଏହିଥିରେ ଛଡ଼ାଯାଏ ଏହାକୁ ଲେଭେନିଂ (leaving) ପଦ୍ଧତି କୁହାଯାଏ । ଆମେରିକା, ବିଲାତ ଆଦି ଦେଶମାନଙ୍କରେ ଏହିପରି ଲେଭେନିଂ ପାଉଁରୁଟିର ବ୍ୟବହାର ପ୍ରଚୁର ପରିମାଣରେ ଦେଖିବାକୁ ମିଳେ । ଏହି ଲେଭେନିଂ ପଦ୍ଧତି ବିଭିନ୍ନ ପ୍ରକାରର ଅଛି । ଲେଭେନିଂ କରିବା ପାଇଁ ଦୁଇ ପ୍ରକାରର ପଦ୍ଧତି ବ୍ୟବହାର କରାଯାଏ । ପ୍ରଥମଟି ଖାଇବା ସୋଡ଼ା (Beaking Soda), ଦ୍ୱିତୀୟଟି ଘୋଲ ଦହି ଏବଂ ଖାଇବା ସୋଡ଼ା ମିଶ୍ରଣରେ ଲିଭେନିଂ କରାଯାଇଥାଏ । ଅମ୍ଳ ବା ଏସିଡ୍ ଖାଇବା ସୋଡ଼ା ମିଶି ଏକ ପ୍ରକାରର

ଅମ୍ଳ ବା ଏସିଡ଼ିକ୍ ଗ୍ୟାସ୍ ତିଆରି ହୁଏ । ଏହି ପଦ୍ଧତିରେ ତିଆରି ହେଉଥିବା ପାଉଁରୁଟିକୁ କୁଇକ୍ ବ୍ରେଡ୍ (quick bread) ବା ସୋଡ଼ା ପାଉଁରୁଟି କୁହାଯାଏ । ଏହି ପଦ୍ଧତିରେ ମଫିନ୍ (Muffin), ପ୍ୟାନ୍‌କେକ (Pancake), ପ୍ୟାନ୍ କେକ୍, ଆମେରିକାନ୍ କୁକିସ୍, ବିଭିନ୍ନ ପ୍ରକାରର ମିଠା ପାଉଁରୁଟି, ଯଥା- କଦଳୀ, ଅନ୍ୟାନ୍ୟ ଫଳ ପାଉଁରୁଟି ଆଦି ପ୍ରସ୍ତୁତ କରାଯାଇଥାଏ ।

ପ୍ରକୃତରେ ହାଲ୍‌କା ପାଉଁରୁଟିର ଲିଭେନିଂ କରାଯାଇଥାଏ ଇଷ୍ଟ (Yeast) ଦ୍ୱାରା, ପାଉଁରୁଟି ତିଆରିର ମୁଖ୍ୟ ଉପାଦାନ ହେଲା ଇଷ୍ଟ୍ । ଯେଉଁ ଇଷ୍ଟ୍ ସାଧାରଣତଃ ଏହାପାଇଁ ବ୍ୟବହାର କରାଯାଏ ତାର ନାମ ହେଲା ସାକାରୋମାଇସେସ୍ ସେରେଭିସି (Saccharomyces cerevisiae) । ଏହା ଶ୍ୱେତସାରରୁ ନିର୍ଗତ ହେଉଥିବା ଅଙ୍ଗାରକାମ୍ଳକୁ ଫେଣାଇବାରେ ସାହାଯ୍ୟ କରିଥାଏ । ପାଉଁରୁଟିରେ ଦେଖାଯାଉଥିବା ଛୋଟବଡ଼ କଣା, ଏହି ଅଙ୍ଗାରକାମ୍ଳ ଦ୍ୱାରା ହିଁ ତିଆରି ହୋଇଥାଏ । ଆମେରିକା ଆଦି ପାଶ୍ଚାତ୍ୟ ଦେଶମାନଙ୍କରେ ବେକ୍‌ରମାନେ ପାଉଁରୁଟି କାରଖାନାଗୁଡ଼ିକରେ ନିଜେ ନିଜେ ତାଙ୍କର ଇଷ୍ଟ କଲ୍‌ଚର କରାଇଥାନ୍ତି । ଏହି କଲ୍‌ଚର ଇଷ୍ଟକୁ ଠିକ୍ ପରିବେଶରେ ରଖିଲେ ଏହା ବର୍ଷ ବର୍ଷ ଧରି ପାଉଁରୁଟି ଲିଭେନିଂ କରିବାରେ ସହାୟକ ହୋଇଥାଏ । ସେଥିପାଇଁ ଅଧିକ କଷ୍ଟ କରିବାକୁ ପଡ଼ିନଥାଏ ଏବଂ ଖର୍ଚ୍ଚ ମଧ୍ୟ କମ୍ ହୋଇଥାଏ । ବେକରଙ୍କର ଇଷ୍ଟ (Baker's Yeast) ଏବଂ ଖଟା ଡଓ (Sour dough) ମିଶ୍ରଣରେ ଏକ ପ୍ରକାର ପାଉଁରୁଟି ତିଆରି ହୋଇଥାଏ । ମଇଦାକୁ ଆବଶ୍ୟକୀୟ ପରିମାଣରେ ଇଷ୍ଟ୍ ଦେଇ ସାମାନ୍ୟ ଲୁଣ, ସାମାନ୍ୟ ଚିନି ଦେଇ ଅଟା ଚକଟିଲା ଭଳି ଚକଟା (dough) ତିଆରି ହୋଇ ଫୁଲିବା ପାଇଁ ଦୁଇଘଣ୍ଟା ରଖାଯାଇଥାଏ । ଏହାପରେ ପାଉଁରୁଟିଗୁଡ଼ିକ ବେକ୍ ହେବା ପାଇଁ ଠିକ୍ ଉତ୍ତାପରେ ଥିବା ଓଭନ୍‌ରେ ରଖାଯାଏ । ଓମନ୍‌ରେ ପାଉଁରୁଟି ବେକ୍ ହେବା ପାଇଁ ୧୦-୧୫ ମିଟିଟ୍ ସମୟ ଲାଗେ ।

ଆଜିକାଲି ପାଉଁରୁଟିକୁ ଆହୁରି ହାଲୁକା ଏବଂ ନରମ କରିବା ପାଇଁ ବିଭିନ୍ନ ପ୍ରକାରର ରସାୟନିକ ପଦାର୍ଥ ମିଶାଯାଉଛି ଯାହା ଶରୀର ପାଇଁ ଆଦୌ ହିତକାରକ ନୁହେଁ । ସେଥିପାଇଁ ଏହା ଖାଇବା ଜିନିଷଟିକୁ ନାମଜାଦା ବା ବ୍ରାଣ୍ଡେଡ୍ ଦେଖି ଏବଂ କେବେ ତିଆରି ହୋଇଛି ଦେଖିକରି କିଣିବା ଉଚିତ୍ । ପାଉଁରୁଟି

ବେଶିଦିନ ହୋଇଗଲେ ସେହିଥିରେ ଫିମ୍ପି ମାଡ଼ିଯାଏ । ସେହିଗୁଡ଼ିକ ଦେହ ପାଇଁ ଭଲ ନୁହେଁ । ପାଉଁରୁଟିରୁ ବେଶ୍ କ୍ୟାଲୋରୀ ମିଳିଥାଏ । ଡାଇବେଟିଶ୍ ରୋଗୀଙ୍କୁ ବେଶି ଖାଇବା ଅନୁଚିତ । ମଇଦା ଅପେକ୍ଷା ଅଟା ତିଆରି ପାଉଁରୁଟି ସେମାନଙ୍କ ପାଇଁ ଭଲ । ତେବେ ମୋଟାମୋଟି କହିବାକୁ ଗଲେ ପାଉଁରୁଟି ସମସ୍ତଙ୍କ ପାଇଁ ଏକ ସୁସ୍ଥ ଖାଦ୍ୟ କିନ୍ତୁ ଜାଣି ରଖିବାକୁ ହେବ ଖାଉଥିବା ପାଉଁରୁଟିଟି କେତେ ତାଜା । ପ୍ରତ୍ୟେକ ଜିନିଷର ଉପଯୋଗିତା ଅବସାନ ଦିନ (Expiry date) ଦେଖି କିଣିବା ଉଚିତ୍ ପାଉଁରୁଟି ଏକ ବୈଜ୍ଞାନିକ ଖାଦ୍ୟରୁଚି କହିଲେ ଅତ୍ୟୁକ୍ତି ହେବନାହିଁ ।

◆◆

କୃତ୍ରିମ ବର୍ଷା

୧୯୭୮–୭୯ ମସିହାରେ ଜୁନରୁ ସେପ୍ଟେମ୍ବର ମାସ ଅଧାଅଧୂ ପର୍ଯ୍ୟନ୍ତ ଲୁଣ ଗୁଣ୍ଡ ଓ ସୋପ୍‌ଷ୍ଟୋନ୍ ଗୁଣ୍ଡର ମିଶ୍ରଣକୁ ଉଡ଼ାଜାହଜ ସାହାଯ୍ୟରେ ମେଘ ଉପରେ ଛିଞ୍ଚାଯାଇ ପଶ୍ଚିମ ଘାଟ ପାର୍ବତ୍ୟ ଅଞ୍ଚଳରେ କେତେ ପରିମାଣରେ କୃତ୍ରିମ ବୃଷ୍ଟି କରାଯାଇଥିଲା ।

କୃତ୍ରିମ ବର୍ଷା

ଭାରତ ବର୍ଷରେ କୃତ୍ରିମ ବୃଷ୍ଟିର ପରୀକ୍ଷା ପ୍ରଥମେ ୧୯୬୨ ମସିହାରେ ହୋଇଥିଲା । ଭାରତରେ ମାଡ୍ରାସ, ବିହାର, କଲିକତା ପ୍ରଭୃତି ଅଞ୍ଚଳରେ ବହୁତଥର କୃତ୍ରିମ ଉପାୟରେ ବୃଷ୍ଟି କରାଯାଇଛି । ତାହା ଏତେ ଫଳପ୍ରଦ ହୋଇନଥିଲା ।

କିନ୍ତୁ ୧୯୭୮-୭୯ ମସିହାରେ ଜୁନ୍ ମାସଠାରୁ ସେପ୍ଟେମ୍ବର ମାସ ଅଧାଅଧି ପର୍ଯ୍ୟନ୍ତ ଲୁଣ ଗୁଣ୍ଡ ଓ ସୋପଷ୍ଟୋନ ଗୁଣ୍ଡର ମିଶ୍ରଣକୁ ଉଡ଼ାଜାହଜ ସାହାଯ୍ୟରେ ମେଘ ଉପରେ ଛିଞ୍ଚାଯାଇ ପଶ୍ଚିମ ଘାଟ ପାର୍ବତ୍ୟ ଅଞ୍ଚଳରେ କେତେ ପରିମାଣରେ କୃତ୍ରିମ ବୃଷ୍ଟି କରାଯାଇଥିଲା । ହିସାବ କରି ଦେଖାଯାଇଛି ଯେ ଏହି କୃତ୍ରିମ ବୃଷ୍ଟି ଯୋଗୁ ପଶ୍ଚିମଘାଟ ଅଞ୍ଚଳରେ ଶତକଡ଼ା ୨୦ ଭାଗ ଅଧିକ ବୃଷ୍ଟିପାତ ହୋଇଥିଲା ।

ଆମ ଦେଶରେ ଚାଷ ଜମିର ପରିମାଣ ଦୃଷ୍ଟିରୁ ଜଳସେଚନ ବ୍ୟବସ୍ଥା ଅତ୍ୟଧିକ । ଆମେ ଜାଣିପାରୁ ଯେକୌଣସି ଏକ ଅଞ୍ଚଳ ଉପରେ ମେଘ ଭାସିଯାଉଛି; କିନ୍ତୁ ବର୍ଷା ହେଉନାହିଁ । ବାରମ୍ବାର ମରୁଡ଼ି ପଡୁଥିବା କଳାହାଣ୍ଡି ଜିଲ୍ଲାରେ ଭାସି ଯାଉଥିବା ମେଘରୁ ବର୍ଷା କରାଯାଇପାରିବ । ଭବିଷ୍ୟତରେ ଏହି ଉପାୟ ଅବଲମ୍ବନ ନ କଲେ ଆମ ଦେଶର ବୃଷ୍ଟି ସମସ୍ୟାକୁ ସମାଧାନ କରିହେବ ନାହିଁ ।

ମହାରାଷ୍ଟ୍ର ଏମିତି ଗୋଟିଏ ରାଜ୍ୟ ସେଠାରେ ଦକ୍ଷିଣ-ପଶ୍ଚିମ ମୌସୁମୀ ବାୟୁ ଭାସିଯାଏ, କିନ୍ତୁ ଆବଶ୍ୟକଭାବେ ବୃଷ୍ଟି କରାଏ ନାହିଁ । ତେଣୁ ଏଭଳି ମେଘରୁ କୃତ୍ରିମ ଉପାୟରେ ବୃଷ୍ଟି କରାଇବା ପାଇଁ ନାନା ଚେଷ୍ଟା କରାଯାଇଛି । ପୁଣେସ୍ଥିତ ଇଣ୍ଡିଆନ୍ ଇନ୍‌ଷ୍ଟିଚ୍ୟୁଟ୍ ଅଫ୍ ଟ୍ରପିକାଲ ମିଟେଓରୋଲୋଜି ବିଭାଗ ସହାୟତାରେ ମହାରାଷ୍ଟ୍ରର କେତେକ ବିଶେଷ ଅଞ୍ଚଳରେ କୃତ୍ରିମ ବୃଷ୍ଟି କରାଯାଇଛି । ସେମାନେ ଜଳ ବହନ କରି ଭାସି ଯାଉଥିବା ମେଘଗୁଡ଼ିକରେ କୃତ୍ରିମ ଉପାୟରେ ସିଞ୍ଚନ କରାଇଥିଲେ ଯାହାଦ୍ୱାରା ଆଶାଜନକ ବୃଷ୍ଟି ହୋଇଥିଲା । ଏହା ବ୍ୟତୀତ ତାମିଲନାଡୁ ସରକାର ବେଲୁନ୍ ସାହାଯ୍ୟରେ କୃତ୍ରିମ ବୃଷ୍ଟି କରାଇବାକୁ ସମର୍ଥ ହୋଇଥିଲେ । ମହାରାଷ୍ଟ୍ରର ଟାଟା ପାୱାର୍ ଷ୍ଟେସନ୍ ମଧ୍ୟ କୃତ୍ରିମ ବୃଷ୍ଟି କରାଇ ନିଜ ଜଳ ଭଣ୍ଡାରକୁ ପୂର୍ଣ୍ଣ ରଖିଥିଲା । ଥରେ କଲେ ଅନ୍ୟୁନ ଛ ହଜାର ଟଙ୍କା ଦରକାର ପଡ଼େ ।

ଏହି ଉପାୟଦ୍ୱାରା ଖାଲି ଆମର କୃଷିକୁ ଯେ ରକ୍ଷା କରିବେ ତାହା ନୁହେଁ, ଏହା ମଧ୍ୟ ଆମ ଜଳ ଭଣ୍ଡାରଗୁଡ଼ିକୁ ପୂର୍ଣ୍ଣକରି ବିଦ୍ୟୁତ୍ ଉତ୍ପାଦନରେ ସାହାଯ୍ୟ କରିପାରିବ । ବର୍ଷା ଅଭାବରୁ ଯେଉଁ ବିଦ୍ୟୁତ ଉତ୍ପାଦନ ହ୍ରାସ ହୁଏ, ସେଥିଯୋଗୁଁ ଅସଂଖ୍ୟ କଳକାରଖାନା ସହି ନପାରି ବନ୍ଦ ହୁଏ, ଫଳରେ ହଜାର

ହଜାର ଶ୍ରମିକ ବେକାର ହୁଅନ୍ତି ତାହା ଆଉ ହେବ ନାହିଁ । କର୍ଣ୍ଣାଟକ ଓ ଉତ୍ତରପ୍ରଦେଶରେ ସେମାନେ ଏହାକୁ ବ୍ୟବସାୟିକ ରୀତିରେ ଗ୍ରହଣ କରି ରାଜ୍ୟରେ ଆଶାନୁରୂପକ ବୃଷ୍ଟି କରାଇ ପାରିଛନ୍ତି । ଏହି ଭାବେ ବିଦ୍ୟୁତ୍ ବିଭାଗ ଏହି ଉପାୟରେ ଜଳଭଣ୍ଡାରକୁ ପୂର୍ଣ୍ଣ ରଖିବା ଚେଷ୍ଟା କରି ଆସିଛି । ସାରା ପୃଥିବୀରେ କୃତ୍ରିମ ବୃଷ୍ଟି ଗବେଷଣା ଭିତରେ ଆବଦ୍ଧ ହୋଇ ରହିବ ନାହିଁ । ଯୁକ୍ତରାଷ୍ଟ୍ର ଆମେରିକା, ଅଷ୍ଟ୍ରେଲିଆ, ଇସ୍ରାଏଲ୍‌ରେ ପ୍ରତିବର୍ଷ ବହୁ ପରିମାଣରେ କୃତ୍ରିମ ଉପାୟରେ ବୃଷ୍ଟି କରାହୋଇଥାଏ । ମିଳିତ ଜାତିସଂଘ ନହେଉ ଥିବା ରାଜ୍ୟ ପାଇଁ ଏକ ଯୋଜନା କରିଛନ୍ତି ଯେ କୃତ୍ରିମ ଉପାୟରେ ସେହିସବୁ ରାଜ୍ୟରେ ଆଶାଜନକ କରିହେବ । ଏହି ଯୋଜନା ବର୍ତ୍ତମାନ ସ୍ପେନ୍‌ରେ ପ୍ରାୟ ଦଶ ବର୍ଗ କିଲୋମିଟର ସ୍ଥାନରେ ପରୀକ୍ଷିତ ହୋଇ କୃତକାର୍ଯ୍ୟ କରିପାରିଛି । ଏଥିରୁ ସ୍ପଷ୍ଟ ପ୍ରତୀୟମାନ ହୁଏ ଯେ ଅନାବୃଷ୍ଟି ପାଇଁ ପୃଥିବୀ ବେଶିଦିନ କଷ୍ଟ ପାଇବା ଆଉ ସମ୍ଭବ ନୁହେଁ । ପଦ୍ଧତି ସାହାଯ୍ୟରେ ଅନାବୃଷ୍ଟି ଅଞ୍ଚଳରେ ବୃଷ୍ଟି କରାଇ ରକ୍ଷା କରାଯାଇ ପାରିବ ଓ ଜଳ ବିଦ୍ୟୁତ୍ କେନ୍ଦ୍ରଗୁଡ଼ିକ କରି ବର୍ଷର ସବୁଦିନ ନିୟମିତ କାର୍ଯ୍ୟ କରାଇ ହେବ । ବୈଜ୍ଞାନିକମାନଙ୍କର ଅକ୍ଳାନ୍ତ ପରିଶ୍ରମ ଯୋଗୁଁ ଆଜି ଏ ହୋଇପାରିଛି ।

◆◆

କୃତ୍ରିମ ରଙ୍ଗର ଉତ୍ସ

ଯେତେବେଳେ ଆଲକାତରା ସର୍ବପ୍ରଥମେ ପ୍ରସ୍ତୁତ ହେଲା ସେତେବେଳେ କିଏ ଭାବିଥିଲା ଯେ ଏହି ଦୁର୍ଗନ୍ଧ, ନଷ୍ଟ ପଦାର୍ଥଟି ଦିନେ ବିଜ୍ଞାନ ଜଗତର ଏକ ଶ୍ରେଷ୍ଠ ପଦାର୍ଥ ଭାବେ ପରିଗଣିତ ହେବ ଓ ଏହା ଶିଳ୍ପ ଜଗତରେ ଏକ ମହା ପରିବର୍ତ୍ତନ ଆଣିବ ? ଆଲକାତରାର ଏହି ଯୁଗାନ୍ତକାରୀ ବ୍ୟବହାର ପାଇଁ ରସାୟନ ବିଜ୍ଞାନକୁ ହିଁ ଧନ୍ୟବାଦ ଦେବାକୁ ପଡ଼ିବ ।

ପ୍ରାଚୀନ କାଳରେ ଲୁଗା, ସୂତା ଆଦି ରଙ୍ଗାଇବା ପାଇଁ ଏକମାତ୍ର ସମ୍ବଳ ଥିଲା ପ୍ରାକୃତିକ ରଙ୍ଗ । ଏହା ସାଧାରଣତଃ ଦୁଇ ପ୍ରକାର ଯଥା – ପ୍ରାଣୀଜ ଓ ଉଦ୍ଭିଜ । ସେତେବେଳେ ଲୋକମାନେ ହଳଦୀରୁ, ପଣସକାଠରୁ, ହରିଡ଼ାରୁ, ପଳାସ ଓ ମନ୍ଦାରଫୁଲରୁ ନୀଳଗଛ ପତ୍ର, ଡାଳ ଆଦିରୁ ବିଭିନ୍ନ ରଙ୍ଗ ବାହାର କରି ଲୁଗା ସୂତା ଆଦି ରଙ୍ଗାଉଥିଲେ ।

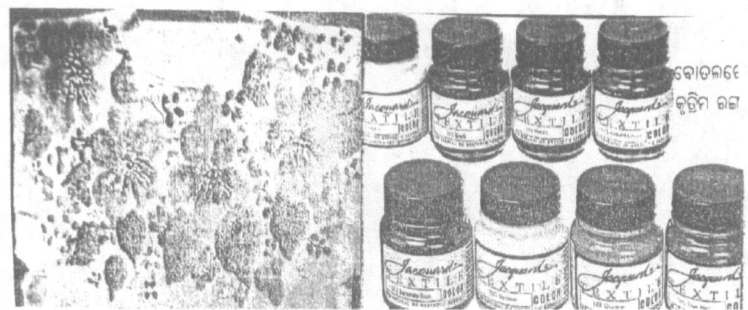

ବୋତଲରେ କୃତ୍ରିମ ରଙ୍ଗ

ଭାରତର ନୀଳ ଚାଷ ଏଥିପାଇଁ ପୃଥିବୀ ପ୍ରସିଦ୍ଧ ଥିଲା । କୋଟି କୋଟି ଟଙ୍କାର ନୀଳ ବିଦେଶକୁ ରପ୍ତାନୀ କରି ଆମ ଦେଶ ଯଥେଷ୍ଟ ଅର୍ଥ ଉପାର୍ଜନ

ଡ: ଜ୍ୟୋସ୍ନା ମହାପାତ୍ରଙ୍କ ଲୋକପ୍ରିୟ ବିଜ୍ଞାନ

କରୁଥିଲା । ଆମ ଦେଶ ବ୍ୟତୀତ ଫ୍ରାନ୍ସର ଲୋକେ ମେଡ଼ର ନାମକ ଏକ ଗଛ ଚାଷ କରୁଥିଲେ । ଏହି ଗଛର ଚେରରୁ ଏକ ପ୍ରକାର ହଳଦିଆ ରଙ୍ଗ ବାହାର କରାଯାଇ ସେଥିରୁ ଲୁଗା ସୂତା ଆଦି ରଙ୍ଗ ହେଉଥିଲା ।

ଏହି ପ୍ରାକୃତିକ ରଙ୍ଗର ଗୋଟିଏ ଅସୁବିଧା ଥିଲା ଯେ ଚାହିଦା ଅନୁସାରେ ଏହାର ଉତ୍ପାଦନ ଯଥେଷ୍ଟ ବଢ଼ାଇ ହେଉ ନ ଥିଲା । ଏହା କୃଷିଜାତ ଦ୍ରବ୍ୟ ଥିବାରୁ ଏହାର ଉତ୍ପାଦନ ସର୍ବଦା ବନ୍ୟା, ମରୁଡ଼ି ପ୍ରଭୃତି ପ୍ରାକୃତିକ ଶକ୍ତିଦ୍ୱାରା ନିୟନ୍ତ୍ରିତ ହେଉଥିଲା । ଏହିସବୁ ଅସୁବିଧା ହେତୁ ପ୍ରାକୃତିକ ନୀଳ ସର୍ବଦା ସହଜଲଭ୍ୟ ହୋଇପାରୁ ନଥିଲା ଓ ସାଧାରଣ ଲୋକଙ୍କ ବ୍ୟବହାର କରିବା ଭଳି ବିଶେଷ ଶସ୍ତା ହୋଇପାରୁନଥିଲା । ତେଣୁ ବୈଜ୍ଞାନିକମାନଙ୍କ ଚିନ୍ତା ପଡ଼ିଲା ଯେ ଉଦ୍ଭିଦ ରଙ୍ଗ ଉପରେ ସର୍ବଦା ନିର୍ଭର କରି ଚଲି ହେବ ନାହିଁ । ତେଣୁ ସେମାନେ ଏହାକୁ କୃତ୍ରିମ ଭାବେ ତିଆରି କରିବା ପାଇଁ ଲାଗି ପଡ଼ିଲେ ।

ସର୍ବପ୍ରଥମେ କୃତ୍ରିମ ରଙ୍ଗର ଆବିଷ୍କାର ହେଉଛନ୍ତି ଇଂରେଜ ବୈଜ୍ଞାନିକ ସାର୍ ଉଇଲିୟମ୍ ହେନେରୀ ପାର୍କିନ୍ । ସେ ପ୍ରଥମରୁ ଖୁବ୍ ଉଚ୍ଚ ଶିକ୍ଷିତ ନଥିଲେ । ସେ ଲଣ୍ଡନରେ ଗବେଷଣା ଓ ଶିକ୍ଷାଦାନ କରୁଥିବା ଜର୍ମାନ୍ ବୈଜ୍ଞାନିକ ଭନ୍ ହଫମ୍ୟାନଙ୍କ ସହକାରୀ ଥିଲେ । ସେ ଦିନେ ଗବେଷଣା କରୁ କରୁ ଏକ କୃତ୍ରିମ ନାଲି ରଙ୍ଗ ଆବିଷ୍କାର କଲେ । ସେ ଏହି ରଙ୍ଗର ନାମ ଦେଲେ "ମାଭା" । ଏହି ରଙ୍ଗ ଅତୀବ ସୁନ୍ଦର ଥିଲା ଓ ଲୁଗା ରଙ୍ଗାଇବାକୁ ମଧ୍ୟ ସମର୍ଥ ଥିଲେ । ସେ ନିଜ ଗବେଷଣାରେ ଉତ୍ସାହିତ ହୋଇ ବିଲାତରେ ଏକ କୃତ୍ରିମ ରଙ୍ଗ ତିଆରି କାରଖାନା ପ୍ରତିଷ୍ଠା କଲେ । ଏହା ପରେ ପରେ ଜର୍ମାନୀରେ ବହୁତଗୁଡ଼ିଏ ରଙ୍ଗ ତିଆରି କାରଖାନା ପ୍ରତିଷ୍ଠା ହେଲା । ଇଂରେଜମାନଙ୍କ ଅପେକ୍ଷା ଜର୍ମାନୀମାନେ ଏହି ଦିଗରେ ଖୁବ୍ ଆଗେଇଗଲେ ।

ସତର ବର୍ଷ କଠିନ ଗବେଷଣା ଫଳରେ ଜର୍ମାନୀ ଦେଶରେ ନୀଳ କୃତ୍ରିମ ଉପାୟରେ ଆଲକାତରାରୁ ତିଆରି ହୋଇ ପାରିଲା ଓ ବଜାରରେ ଏହାର ମୂଲ୍ୟ ବହୁ ପରିମାଣରେ କମିଗଲା । ସେହିଭଳି ମେଡ଼ର ଗଛର ରଙ୍ଗ ମଧ୍ୟ କୃତ୍ରିମ ଉପାୟରେ ତିଆରି ହୋଇପାରିଲା । କୃତ୍ରିମ ରଙ୍ଗର ବ୍ୟବହାର ଫଳରେ ଉଦ୍ଭିଦଜାତ ରଙ୍ଗର ଅବସାନ ହେଲା ଓ ନୀଳଚାଷ, ମେଡ଼ର ଚାଷ ଚିରଦିନ

ପାଇଁ ଲୋପ ପାଇଲା । ଆଜିକାଲି ଆମ୍ଭେମାନେ ଲୁଗା ସୂତାଠାରୁ ଆରମ୍ଭ କରି ଅନ୍ୟାନ୍ୟ ଯାବତୀୟ ପଦାର୍ଥଠାରେ ଯେଉଁ ବିଭିନ୍ନ ରଙ୍ଗ ଦେଖୁଛୁ, ସେଗୁଡ଼ିକ ସବୁ ଆଲକାତରାରୁ ତିଆରି ।

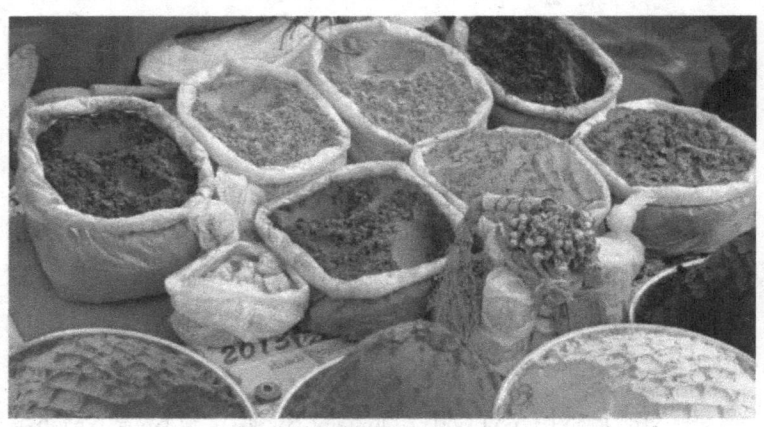

କୃତ୍ରିମ ରଙ୍ଗ

ଆଜିକାଲି ପ୍ରାୟ ତିନି ହଜାର ପ୍ରକାରର ବିଭିନ୍ନ ରଙ୍ଗ ଏହି ଆଲକାତରାରୁ ତିଆରି ହୋଇଛି । ପ୍ରାକୃତିକ ରଙ୍ଗର ବ୍ୟବହାର କେବଳ ଅଶିକ୍ଷିତ ସମ୍ପ୍ରଦାୟ ବ୍ୟତୀତ ପ୍ରାୟ ପ୍ରତ୍ୟେକ ସଭ୍ୟ ଦେଶରେ ଲୋପ ପାଇଗଲାଣି । ଆଲକାତରାରୁ ଯେ ଖାଲି ବିଭିନ୍ନ ରଙ୍ଗ ତିଆରି ହେଉଛି ତାହା ନୁହେଁ ରଙ୍ଗ ବ୍ୟତୀତ ହଜାର ହଜାର ପ୍ରକାର ଔଷଧ ମଧ୍ୟ ଏହି ଆଲକାତରାରୁ ତିଆରି ହେଉଛି ।

କୃତ୍ରିମ ରଙ୍ଗରେ ସୂତା ରଙ୍ଗ ହେଉଛି

ଔଷଧ ବ୍ୟତୀତ ହଜାର ହଜାର ପ୍ରକାର ଔଷଧ ମଧ୍ୟ ଏହି ଆଲକାତାରାରୁ ତିଆରି ହେଉଛି । ଔଷଧ ବ୍ୟତୀତ ସାକାରିନ୍ ନାମକ ଏକ ପଦାର୍ଥ ମଧ୍ୟ ଆଲକାତାରାରୁ ତିଆରି ହୁଏ । ଏହା ଚିନିଠାରୁ ପାଞ୍ଚଶହ ଗୁଣ ଆହୁରି ମିଠା । ଏହା ଏତେ ମିଠା ହୋଇଥିବାରୁ ଏହାକୁ ଦାନ୍ତଘଷା ପେଷ୍ଟଠାରୁ ଆରମ୍ଭ କରି ମୃଦୁ ପାନୀୟ ପର୍ଯ୍ୟନ୍ତ ସବୁଥିରେ ମିଠା ସ୍ୱାଦ ଆଣିବା ପାଇଁ ବ୍ୟବହୃତ ହୋଇଥାଏ ।

ଦୁର୍ଗନ୍ଧ ଆଲକାତାରାରୁ ଅତ୍ୟଧିକ ସୁଗନ୍ଧ ଦ୍ରବ୍ୟ ତିଆରି ହୋଇପାରେ ଜାଣିଲେ ଆଶ୍ଚର୍ଯ୍ୟ ଲାଗେ । କୃତ୍ରିମ କସ୍ତୁରୀ, କୃତ୍ରିମ କର୍ପୂର ଯାହାର ବାସନା ଠିକ୍ କସ୍ତୁରୀ ଓ କର୍ପୂର ଭଳି ତାହା ଆଜିକାଲି ଆଲକାତାରାରୁ ହିଁ ତିଆରି ହୋଇପାରୁଛି । ଏହାଛଡ଼ା ମଲ୍ଲୀଫୁଲ, ଗୋଲାପ ଫୁଲ, ଚମ୍ପାଫୁଲ, ନାନାଦି ଫଳର ସୁଗନ୍ଧ ଦ୍ରବ୍ୟ ମଧ୍ୟ ସହଜରେ ତିଆରି ହୋଇପାରୁଛି ।

ବିସ୍ଫୋରକ ଓ ସାଧାରଣ ବୋମାର ଉପୁଭିସ୍ତୁଲ ମଧ୍ୟ ହେଉଛି ଏହି ଆଲକାତରା । କେତେକ ସାଂଶ୍ଳେଷିକ ଭିଟାମିନ୍ ଓ ହର୍ମୋନ୍ ତିଆରି ପାଇଁ ଏହି ଦୁର୍ଗନ୍ଧ ଆଲକାତରା ହିଁ ପ୍ରଧାନ କଞ୍ଚାମାଲ୍ ।

ଯେତେବେଳେ ଆଲକାତରା ସର୍ବପ୍ରଥମେ ପ୍ରସ୍ତୁତ ହେଲା ସେତେବେଳେ କିଏ ଭାବିଥିଲା ଯେ ଏହି ଦୁର୍ଗନ୍ଧ, ନଷ୍ଟ ପଦାର୍ଥଟି ଦିନେ ବିଜ୍ଞାନ ଜଗତର ଏକ ଶ୍ରେଷ୍ଠ ପଦାର୍ଥ ଭାବେ ପରିଗଣିତ ହେବ ଓ ଏହା ଶିଳ୍ପ ଜଗତରେ ଏକ ମହା ପରିବର୍ତ୍ତନ ଆଣିବ ? ଆଲକାତାରାର ଏହି ଯୁଗାନ୍ତକାରୀ ବ୍ୟବହାର ପାଇଁ ରସାୟନ ବିଜ୍ଞାନକୁ ହିଁ ଧନ୍ୟବାଦ ଦେବାକୁ ପଡ଼ିବ ।

❖❖

ପୃଥିବୀର ତୈଳ ବା ଶକ୍ତି ସମସ୍ୟା

ବୈଜ୍ଞାନିକମାନେ ଦିନ ଦିନର ଚେଷ୍ଟା ଫଳରେ କିଛି ଉଭିଦ ଜାତ ତେଲର ସନ୍ଧାନ ପାଇ ପାରିଛନ୍ତି । ସେଗୁଡ଼ିକ ହେଲା, ଯୋଯୋବା ତେଲ, ଗଫ଼ର ଗଛର ତେଲ, ମିଲ୍କ ଭାଇଡ଼, ସୂର୍ଯ୍ୟମୁଖୀ, କେପିଇବା ଗଛର ତେଲ । ଏହିସବୁ ଗଛର ତେଲ ଯଦି ଉନ୍ନତ ଅବସ୍ଥାରେ ବଜାରକୁ ନିକଟ ଭବିଷ୍ୟତରେ ଆସେ, ତେବେ ଆମ ତୈଳ ସମସ୍ୟା ଅନେକାଂଶରେ ଦୂର ହୋଇପାରିବ ।

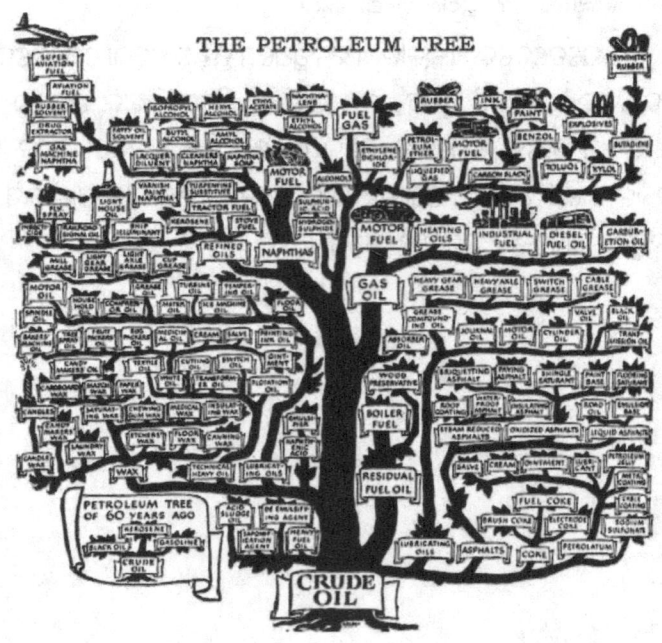

ଆଜିକାଲି ପୃଥିବୀର ଗୋଟିଏ ବଡ଼ ସମସ୍ୟା ହେଲା ତୈଳ ବା ଶକ୍ତି ସମସ୍ୟା । ପ୍ରତ୍ୟେକ ଦେଶ ଏଥିପାଇଁ ବଡ଼ ଚିନ୍ତିତ । ପେଟ୍ରୋଲ୍ ବା ଗ୍ୟାସୋଲିନ୍‌ର ଅଭାବ ଏହି ସମସ୍ୟାଟିକୁ ଆହୁରି ଜଟିଳ କରିଦେଇଛି । ତାହା ସାଙ୍ଗକୁ ଅରବ ଦେଶମାନଙ୍କର ତୈଳ ଦର ବୃଦ୍ଧି ଆହୁରି ଭୟଙ୍କର ରୂପ ନେଇଛି । ଆମେରିକା, ଋଷ୍ ଭଳି ଧନୀ ଦେଶ ନିଜର ଉନ୍ନତ ବିଜ୍ଞାନ କୌଶଳ ସାହାଯ୍ୟରେ ତୈଳ ଶକ୍ତି ବଦଳରେ ପରମାଣୁ ଶକ୍ତି, ସୌର ଶକ୍ତି ଆଦିକୁ ନିଜ ନିଜ କାର୍ଯ୍ୟରେ ବ୍ୟବହାର କରିପାରିବେ, କିନ୍ତୁ ଭାରତ ଭଳି ଗରିବ ଦେଶ ପକ୍ଷେ ଏହା ସମ୍ଭବ କି ? ଯେତେ ତୈଳ ଦର ବୃଦ୍ଧି ହେଲେ ସୁଦ୍ଧା ଭାରତକୁ ନିଜର କଳକାରଖାନା, ଗାଡ଼ି, ମଟର ଆଦି ଚଳାଇବା ପାଇଁ ଆରବ ଦେଶରୁ ତୈଳ କିଣିବାକୁ ପଡ଼ିବ । ଯାହାଦ୍ୱାରା ଆମର ଅର୍ଥନୀତିର ଅବସ୍ଥା ଆହୁରି ଖରାପ ହୋଇ ପଡ଼ିବ ।

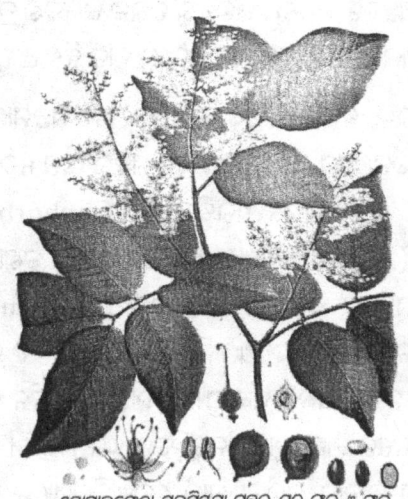

କୋପାଇଫେରା ମୁଲଟିଯୁଗା ଗଛର ପତ୍ର ଫୁଲ ଓ ଫଳ

କଥାରେ ଅଛି, ବସି ଖାଇଲେ ନଈବାଲି ସରେ । ଦେଶର ଜନସଂଖ୍ୟା ସାଙ୍ଗକୁ ଯାନବାହନ ହୁ ହୁ ହୋଇ ବଢ଼ି ଚାଲିଛି । ତେଣୁ ଏଥିରୁ ଚିନ୍ତା କରିହେବ ଗଚ୍ଛିତ ଥିବା ସୀମିତ ପ୍ରାକୃତିକ ସମ୍ପଦ ତରଳ ଜାଳେଣି (ପେଟ୍ରୋଲ୍ ଓ ପେଟ୍ରୋଲ ଜାତ ଦ୍ରବ୍ୟ)ର ଶେଷ ସୀମା ଆଉ କେତେ ଦିନ । ବିଶେଷଜ୍ଞଙ୍କ ମତରେ ଏହି

ଗଚ୍ଛିତ ପ୍ରାକୃତିକ ସମ୍ପଦର ଶକ୍ତି ଉପରେ ନିର୍ଭର କରି ଚଳି ଆସୁଥିବା ଯାନବାହନ ଗୁଡ଼ିକରେ ଜୀବନର ଆଉ ମାତ୍ର ୧୦୦ ବର୍ଷ । ମନରେ ପ୍ରଶ୍ନ ଆସେ, ସତରେ କ'ଣ ଏହି ଚଳିତ ବିଭିନ୍ନ ପ୍ରକାରର ଯାନବାହନ ଗୁଡ଼ିକ ଅଚଳ ହୋଇଯିବେ ? ଦୈନନ୍ଦିନ କାମ ଦାମ ଚାଲିବ କେମିତି ? କେତେ ବୈଜ୍ଞାନିକମାନଙ୍କର ମତ ଯେ ଏହି ଜାଳେଣି କେତେକ ଗଛର ବିଭିନ୍ନ ଅଂଶରୁ ଉତ୍ପନ୍ନ କରିହେବ ।

ପ୍ରଥମେ ଚିନ୍ତା କରିବା ଏହି ଜାଳେଣି ପେଟ୍ରୋଲିୟମ୍ କ'ଣ ? ଏହା ହେଉଛି ବହୁତ ବର୍ଷ ପୂର୍ବେ ଭୂଗର୍ଭରେ ପୋତିହୋଇ ରହିଥିବା ଉଦ୍ଭିଦ ଓ ପ୍ରାଣୀ ଜଗତର ଶରୀରରେ ଥିବା ତୈଳ ପଦାର୍ଥରୁ ସୃଷ୍ଟି ହୋଇଥିବା ଏକ ଉପାଦାନ । ତେଣୁକରି ଥରେ ପେଟ୍ରୋଲିୟମ୍ ସରିଗଲେ ଏହି ସ୍ଥାନ ପୂରଣ କରିବା ପାଇଁ ଅନେକ ଦିନ ଲାଗିଯିବ । ବୈଜ୍ଞାନିକମାନେ ଚିନ୍ତାକରି ଏକ ନୂତନ ଉପାୟ ବାହାର କଲେଣି, ଯାହାକି ଅଳ୍ପଦିନ ମଧ୍ୟରେ ଉଦ୍ଭିଦରୁ ତରଳ ଜାଳେଣି ପ୍ରସ୍ତୁତ ହୋଇପାରିବ ଏବଂ ଏହା ପେଟ୍ରୋଲ୍ ଓ ପେଟ୍ରୋଲଜାତ ଦ୍ରବ୍ୟର ସ୍ଥାନ ନିଶ୍ଚୟ ପୂରଣ କରିପାରିବ ।

ଏହି ତରଳ ଜାଳେଣି ସୃଷ୍ଟି କରିପାରୁଥିବା ଗଛମାନ ବହୁ ଦେଶରେ ଚାଷ ହେଲାଣି । ସର୍ବପ୍ରଥମେ ଇଟାଲୀରେ ଏହି ଗଛର ଚାଷ ଦେଖିବାକୁ ମିଳିଥିଲା । ସେହି ଗଛଗୁଡ଼ିକ ପ୍ରାୟ ଇଉଫୋରବିୟାସି (Euphorbiaceae) ଏବଂ ଆସ୍କଲାପେଡ଼ିଆସି (Ascalpaedeace) ବଂଶର ବୋଲି ଜଣାପଡ଼ିଛି । ଏହି ଦୁଇ ବଂଶର ଅନ୍ତର୍ଭୁକ୍ତ ଗଛରେ ଏକ 'ଅଠାଳିଆ ପଦାର୍ଥ' (Resin) ଓ ଉଦ୍ଭିଦ କ୍ଷୀର (Later) ଥାଏ । ଗଛରୁ ମିଳୁଥିବା ଅଠାଳିଆ ପଦାର୍ଥ ଓ ଉଦ୍ଭିଦ କ୍ଷୀରକୁ ନିୟୋଜିତ କରି ବିଭିନ୍ନ ପ୍ରକାର ଜଟିଳ ପଦ୍ଧତି ସାହାଯ୍ୟରେ ହାଇଡ୍ରୋକାର୍ବନ ପ୍ରସ୍ତୁତ କରାଯାଏ । ପେଟ୍ରୋଲିୟମ୍ ପ୍ରକୃତରେ ହାଇଡ୍ରୋକାର୍ବନଗୁଡ଼ିକର ଏକ ମିଶ୍ରଣ । ଅଳିଆ ଆବର୍ଜନାରୁ ମଧ୍ୟ ପେଟ୍ରୋଲିୟମ୍ ବାହାର କରିବା ପାଇଁ ବୈଜ୍ଞାନିକମାନେ ଲାଗି ପଡ଼ିଛନ୍ତି ।

ଇଫୋରବିଆସି ବଂଶର ଗୋଟିଏ ଗଛ ଯାହାକୁ ଆମେ କହୁ ଗୋଫର ଗଛ । ଉଦ୍ଭିଦ ବିଜ୍ଞାନରେ ଏହାକୁ କୁହାଯାଏ ଇଉଫୋରପ୍ୟା ଅଧିରସ । ଏହି ଗଛରୁ ବିଭିନ୍ନ ପ୍ରକାରର ଜୈବ ଅଶୋଧିତ ପଦାର୍ଥ ଓ ରବର ପ୍ରସ୍ତୁତ କରାଯାଇପାରେ । ଏଥିରେ ଶତକଡ଼ା ୫ ଭାଗ ତୈଳ ଏବଂ ପଲିମର ହାଇଡ୍ରୋକାର୍ବନ ଥାଏ ।

ରେଜିନ୍ କ୍ଷରଣ କରୁଥିବା ଗଛ ଏବଂ ଉଭିଦ କ୍ଷୀର କ୍ଷରଣ କରୁଥିବା ଗଛରୁ ଭିନ୍ନ ଭିନ୍ନ ପରିମାଣରେ ଜୈବ ଅଶୋଧିତ ପଦାର୍ଥ ମିଳିଥାଏ ।

ଉଭିଦବିତ୍‌ମାନେ ପ୍ରାୟ ୫୦୦ ପ୍ରକାର ଗଛକୁ ତରଳ ଜାଳେଣି ଶକ୍ତି ସମ୍ପନ୍ନ ଗଛ ରୂପେ ଚିହ୍ନଟ କରିଛନ୍ତି । ଅରଖ ଗଛର କ୍ଷୀରରେ ଯେଉଁ ହାଇଡ୍ରୋକାର୍ବନ ଥାଏ, ତାହା ଆନ୍ଥ୍ରାସାଇଟ୍ କୋଲ୍ (Anthracite Coal)ରେ ଥିବା ହାଇଡ୍ରୋକାର୍ବନ ସଙ୍ଗରେ ସମାନ । ଅରଖ ଗଛରୁ ବାୟୋକ୍ରୁଡ଼ (Biocrude) ସାଙ୍ଗକୁ ଏହି ଗଛର ଶୁଖିଲା ଡାଳ, ପତ୍ର ଓ ଚେରରୁ ଶତକଡ଼ା ୪.୩୫ ଭାଗ ହେକ୍ସେନ ଓ ଶତକଡ଼ା ୧୬.୧୪ ଭାଗ ମିଥାଇଲ ହାଇଡ୍ରୋକାର୍ବନ ମିଳେ ।

ଅରଖ ଗଛରେ ଥିବା ହାଇଡ୍ରୋକାର୍ବନ ଓ ଉଦଜାନର ଅନୁପାତ ପ୍ରାୟ ପେଟ୍ରୋଲିୟମ୍ କ୍ରୁଡ଼ ତୈଳ (Crude Oil) ସଙ୍ଗେ ସମାନ ।

ଆଉ ଗୋଟିଏ ଖୁସିର କଥା ଯେ, ବ୍ରାଜିଲ ଦେଶରେ ଏକ ନୂତନ ଧରଣର ଗଛ ଆବିଷ୍କାର କରାହୋଇଛି, ଯେଉଁଥିରେ ଅତିମାତ୍ରାରେ ତରଳ ଇନ୍ଧନ ମିଳୁଛି । ଏହି ଗଛ ଦୁଇଟିର ନାମ କୋପାଇଫେରା ଲଙ୍ଗସୋରଫିଲ (Copaifera longssorfil) ଏବଂ କୋପାଇଫେରା ମଲ୍‌ଟିୟୁଗା (Copaifera multiyuga) । ରବର ଗଛରୁ ରବର ନିଷ୍କାସନ କଲାଭଳି ଏହି ଗଛଗୁଡ଼ିକରୁ ତରଳ ଇନ୍ଧନ (Liquid Fuel) ନିଷ୍କାସନ କରାଯାଏ । ଶୁଣିଲେ ଆଶ୍ଚର୍ଯ୍ୟ ଲାଗିବ ଗୋଟିଏ କୋପାଇଫେରା ଗଛରୁ ୨/୩ ଘଣ୍ଟା ମଧ୍ୟରେ ୨୦-୩୦ ଲିଟର ଇନ୍ଧନ ଉତ୍ପାଦନ

କରିହେବ । କହିବାକୁ ଗଲେ ଗୋଟିଏ ଗଛରୁ ବର୍ଷକୁ ୪୦-୫୦ ଲିଟର ତରଳ ଇନ୍ଧନ ଉତ୍ପାଦନ କରିହେବ । ଏହାଛଡ଼ା ଏହି ତରଳ ଇନ୍ଧନରେ କେତେକ ରାସାୟନିକ ଗୁଣ ଅଛି ସେଗୁଡ଼ିକ ଠିକ୍ ପେଟ୍ରୋଲ୍ ଓ ପେଟ୍ରୋଲଜାତ ଦ୍ରବ୍ୟ ସଙ୍ଗେ ସମାନ । ଆଉ ଗୋଟିଏ ଭଲ କଥା ଯେ, ଏହି ଗଛରୁ ଉତ୍ପନ୍ନ ହେଉଥିବା ତରଳ ଜାଳେଣି ବିନା ବିଶୋଧନରେ ସିଧା ସଳଖ ପେଟ୍ରୋଲ୍ ଓ ଡିଜେଲ୍ ଇଞ୍ଜିନ୍‌ରେ ବ୍ୟବହାର କରିହେବ । ଆଉ ମଧ୍ୟ ଏକପ୍ରକାର ଗଛ ଅଛି ଯାହାର ଫଳରୁ ଏକପ୍ରକାର ଅଠାଳିଆ ପଦାର୍ଥ ନିଷ୍କାସନ ହୁଏ ଓ ତାହା ଇନ୍ଧନ ରୂପେ ବ୍ୟବହାର ହୋଇପାରିବ । ଏହି ଫଳର ଗନ୍ଧ ପେଟ୍ରୋଲିୟମ୍ ଗନ୍ଧ ଭଳି । କାଲିଫର୍ଣ୍ଣିଆ ଅଞ୍ଚଳରେ ଏହି ପ୍ରକାରର ଗଛ ପ୍ରଚୁର ପରିମାଣରେ ଦେଖିବାକୁ ମିଳେ । ଏହି ଗଛର ନାମ ପିଟୋସ୍ପୋରମ୍ ରେଜିନିଫେରମ୍ (Pittosporum refiniferum) ।

କୋପାଇଫେରା ମଲଟିୟୁଗା ଗଛରୁ ମଟରଗାଡ଼ି ଜାଳେଣି ସଂଗ୍ରହ କୌଶଳ

ଏହିପରି ବିଭିନ୍ନ ବୃକ୍ଷରୁ ମିଳୁଥିବା ଇନ୍ଧନ ଉପଯୋଗୀ ତୈଳ ଉପରେ ବୈଜ୍ଞାନିକମାନେ ବିଶେଷ ଧ୍ୟାନ ଦେଉଛନ୍ତି ଓ ଏହା ଉପରେ ପୃଥିବୀର ଚାରିଆଡ଼େ ନାନାପ୍ରକାର ଗବେଷଣା ଦିନରାତି ଚାଲିଛି । କାରଣ ଆଜିକାଲି ଦେଖା ଦେଇଥିବା ସମସ୍ୟାମାନଙ୍କ ମଧ୍ୟରେ ଏହା ଏକ ଅତି ଜଟିଳ ସମସ୍ୟା ହୋଇ ଆମ ଆଗରେ ଛିଡ଼ା ହୋଇଛି ।

ଭାରତୀୟ ପେଟ୍ରୋଲିୟମ୍ ଅନୁଷ୍ଠାନ ଡେରାଡୁନ୍ ଏବଂ ଜାତୀୟ ଉଦ୍ଭିଦ ଗବେଷଣା ଅନୁଷ୍ଠାନ ଲକ୍ଷ୍ନୌର ମିଳିତ ଉଦ୍ୟମରେ ତରଳ ଜାଳେଣି ସୃଷ୍ଟି କରିପାରୁଥିବା ଗଛ ଉପରେ କାମ ଚାଲିଛି । ସେମାନେ ମତ ଦେଇଛନ୍ତି ପ୍ରାୟ ୪୮୦ ପ୍ରକାରର ଶକ୍ତି ଗଛ ଅଛି ଯେଉଁଗୁଡ଼ିକ ଉଦ୍ଭିଦ କ୍ଷୀର କ୍ଷରଣ କରିପାରନ୍ତି ଓ ଏହା ସାଙ୍ଗକୁ ୭୪ ପ୍ରକାରର ସ୍ୱଦେଶୀ ଗଛ ଅଛି ସେଗୁଡ଼ିକ ଅଠାଳିଆ ପଦାର୍ଥ (Resin)କୁ କ୍ଷରଣ କରନ୍ତି । ଗଛରୁ କ୍ଷରଣ ହେଉଥିବା କ୍ଷୀର (Latex) ଏବଂ ଅଠାଳିଆ ପଦାର୍ଥ (Resin)କୁ ପ୍ରାୟ ଶତକଡ଼ା ୨୬-୨୯ ଭାଗ ଜୈବ ଅଶୋଧିତ ପଦାର୍ଥ (Biocrude) ମିଳେ । ଏହି ପରିମାଣ ମଧ୍ୟ ବଢ଼ିପାରିବ । ଏହି ଉଦ୍ଭିଦକୁ ଶୁଖାଇ, ଚୂର୍ଣ୍ଣକରି ସେଥିରେ ଉପଯୁକ୍ତ ଦ୍ରାବକ ମିଶାଇ ବାୟୋକ୍ରୁଡ଼ ପ୍ରସ୍ତୁତି କରିହେବ ଏବଂ ଏହାର ପରିମାଣ ବୃଦ୍ଧି ପାଇବା ସଙ୍ଗେ ସଙ୍ଗେ ଉନ୍ନତ ଧରଣର ଇନ୍ଧନ ମିଳିପାରିବ ।

ବୈଜ୍ଞାନିକମାନେ ବର୍ତ୍ତମାନ ଚାରିଆଡ଼େ ଏହି ଇନ୍ଧନ ଦେଉଥିବା ଗଛ କିପରି ବେଶୀ ଚାଷ ହୋଇପାରିବ, ସେଥିପାଇଁ ନାନାପ୍ରକାର ଆୟୋଜନ କରୁଛନ୍ତି । ଇନ୍ଧନ ମିଳୁଥିବା ଗଛଗୁଡ଼ିକରୁ ବିଭିନ୍ନ ପ୍ରକାରର ମୂଲ୍ୟବାନ ପଦାର୍ଥ ମଧ୍ୟ ମିଳିପାରୁଛି । ଏହି ଗଛସବୁ ବହୁତ ପରିମାଣରେ ଚାରିଆଡ଼େ ଚାଷ ହେବାର ଯୋଜନା ଚାଲିଛି । ଏହା ନିଶ୍ଚୟ ଭବିଷ୍ୟତର ତୈଳ ସଙ୍କଟରୁ ରକ୍ଷା କରିପାରିବ ଆଶା କରାଯାଉଛି । ପ୍ରଚୁର ପରିମାଣରେ କ୍ରୁଡ଼ ଅଏଲ (Crude Oil) ଓ ବାୟୋ ଡିଜେଲ୍ (Bio Diesel) ମିଳିପାରିଲେ ଆମର ପେଟ୍ରୋଲ୍ ସଙ୍କଟ ଭବିଷ୍ୟତରେ ନିଶ୍ଚୟ ଦୂର ହୋଇପାରିବ ବୋଲି ବୈଜ୍ଞାନିକମାନେ ଆଶା କରନ୍ତି ।

ବୈଜ୍ଞାନିକମାନଙ୍କର ଦିନ ଦିନର ଚେଷ୍ଟା ଫଳରେ କିଛିଟା ଉଦ୍ଭିଦରୁ ଜାତ ତେଲର ସନ୍ଧାନ ପାଇପାରିଛନ୍ତି । ସେଗୁଡ଼ିକ ହେଲା, ଯୋଯୋବା ତେଲ, ଗଙ୍ଗର ଗଛର ତେଲ, ମିଲ୍କ ଭାଇଡ଼, ସୂର୍ଯ୍ୟମୁଖୀ, କେପିଇବା ଗଛର ତେଲ । ଏହିସବୁ ଗଛର ତେଲ ଯଦି ଉନ୍ନତ ଅବସ୍ଥାରେ ବଜାରକୁ ନିକଟ ଭବିଷ୍ୟତରେ ଆସେ, ତେବେ ଆମ ତୈଳ ସମସ୍ୟା ଅନେକାଂଶରେ ଦୂର ହୋଇପାରିବ ଆଶା କରାଯାଏ ।

◆◆

ପରିବେଶକୁ ନେଇ ଆମେ,
ଆମକୁ ନେଇ ପରିବେଶ

ଆମେ ଯେଉଁ ଜେଟ୍, ଉଡ଼ାଜାହାଜ ବ୍ୟବହାର କରୁଛୁ, ରେଫ୍ରିଜେରେଟର ଓ ଶୀତାଗାର ଆଦି ବସାଇଛୁ, ଅତର ଆଦିକୁ ନିଜ ଶରୀରରେ ସିଞ୍ଚିବା ପାଇଁ ଯେଉଁ ସ୍ପ୍ରେ ବ୍ୟବହାର କରୁ, ସେଥିରେ ଥିବା କ୍ଲୋରୋଫ୍ଲୋରୋ– କାର୍ବନ ଉଚ୍ଚ ଆକାଶକୁ ଉଠିଯାଇ ଉଚ୍ଚ ଆକାଶର ଓଜୋନ୍ ମଣ୍ଡଳକୁ କ୍ଷୟ କରିବାରେ ଲାଗିଛି ।

ଆମେ ସଦାସର୍ବଦା ପରିବେଶ ଭିତରେ ଆବଦ୍ଧ । ଜନ୍ମଠାରୁ ମୃତ୍ୟୁ ପର୍ଯ୍ୟନ୍ତ ସକାଳ ଠାରୁ ରାତି ପର୍ଯ୍ୟନ୍ତ ଆମେ ଏହି ପରିବେଶ ସହିତ ସମ୍ପୃକ୍ତ । ପରିବେଶକୁ ଛାଡ଼ି ଆମେ ଚଳିପାରିବା ନାହିଁ । ଆମ ଉପରେ ଏହି ପରିବେଶର ବିରାଟ ପ୍ରଭାବ ରହିଛି । ଆମ ଚାରିପାଖରେ ଯେଉଁ ବିସ୍ତୃତ ଜମି, ଘରଦ୍ୱାର,

ବୃକ୍ଷଲତା, ବଣଜଙ୍ଗଲ ଆଦି ପଡ଼ି ରହିଛି, ଯେଉଁ ବିସ୍ତୃତ ଜଳଭାଗ, ନଦୀ, ନାଳ, ହ୍ରଦ, ସମୁଦ୍ର ଭାବେ ଅଛି ସେସବୁ ଆମରି ପରିବେଶ । ଖାଲି ସେତିକି ନୁହେଁ ଆମ ମୁଣ୍ଡ ଉପରେ ଯେଉଁ ଆକାଶ ଓ ବାୟୁମଣ୍ଡଳ ରହିଛି ସେ ମଧ୍ୟ ଆମ ପରିବେଶରେ ଅନ୍ତର୍ଭୁକ୍ତ । ଆମେ ଦିନରାତି ଯେଉଁ ବାୟୁ ନିଃଶ୍ୱାସ ପ୍ରଶ୍ୱାସରେ ଗ୍ରହଣ କରୁଛୁ ସେହିସବୁ ମଧ୍ୟ ଆମ ପରିବେଶର ଅଙ୍ଗ । ଏହି ପରିବେଶ ପ୍ରଭାବରେ ଆମେ ସୁସ୍ଥ ରହିପାରୁ ବା ରୋଗାକ୍ରାନ୍ତ ହୋଇପାରୁ । ପରିବେଶ ନିର୍ମଳ ରହିଲେ ଆମକୁ ରୋଗବ୍ୟାଧୁ ସହଜରେ ଆକ୍ରମଣ କରିବ ନାହିଁ । ଆମ ସ୍ୱାସ୍ଥ୍ୟ ଓ ଆମ ପିଲାମାନଙ୍କର ସ୍ୱାସ୍ଥ୍ୟ ଭଲ ରହିବ । ପିଲାମାନେ ଆମର ଆଗାମୀ ଭବିଷ୍ୟତ, ସେମାନେ ଯେପରି ସୁସ୍ଥରେ ବଢ଼ିପାରିବେ ଆମେ ସେଥିପାଇଁ ଯଥେଷ୍ଟ ସତର୍କ ରହିବା ଉଚିତ । ପରିବେଶ ବିଭିନ୍ନ କାରଣରୁ ଦୂଷିତ ହେଲେ ଉଦ୍ଭିଦ ଜଗତ ନଷ୍ଟ ହେବ, ପ୍ରାଣୀଜଗତ ନଷ୍ଟ ହେବ, ଆମେ ମଧ୍ୟ ନଷ୍ଟ ହୋଇଯିବା । ତେଣୁ ପରିବେଶକୁ ପ୍ରଦୂଷଣମୁକ୍ତ ରଖିବା ଆମ ସମସ୍ତଙ୍କର ପ୍ରଧାନ କର୍ତ୍ତବ୍ୟ । ପରିବେଶ କ୍ରମାଗତ ଭାବେ ଦୂଷିତ ହେଲେ ଓ ଆମେ ପ୍ରଦୂଷଣକୁ ଠିକ୍ ଭାବେ ରୋକି ନପାରିଲେ ସାରା ମାନବ ସମାଜ ପୃଥିବୀରୁ ଧ୍ୱଂସ ପାଇଯିବ ।

ପରିବେଶ ପ୍ରଦୂଷଣର ମାତ୍ରା ଦିନକୁ ଦିନ ବଢ଼ିବାରେ ଲାଗିଛି । ମଣିଷର ସଭ୍ୟତାନୁସାରେ ସେ ନାନା କଳକାରଖାନା ବସାଇ ନିଜର ନିତ୍ୟ-ବ୍ୟବହାର୍ଯ୍ୟ ପଦାର୍ଥ ତିଆରି କରୁଛି । ଆଗ ଯୁଗରେ ଏତେ କଳକାରଖାନା ନଥିଲା କି ବିଜ୍ଞାନ ଏତେ ନୂଆ ନୂଆ ଉଦ୍ଭାବନ କରିନଥିଲା । ଗୋଟେ ଛୋଟିଆ କଥାର ଉଦାହରଣ ନେବା । ସକାଳୁ ଉଠିଲେ ଦାନ୍ତକାଠିରେ ଦାନ୍ତ ଘଷା ଯାଉଥିଲା । ଆଜିକାଲିର ବିଭିନ୍ନ ରକମର ଦାନ୍ତଘଷା ପେଷ୍ଟ ବାହାରି ନଥିଲା । ସେହି ପେଷ୍ଟଗୁଡ଼ିକ ତିଆରି ପାଇଁ କଳକାରଖାନାର ଆବଶ୍ୟକ । ସୂତା ଲୁଗା ଛଡ଼ା ଅନ୍ୟ କିଛି ଲୁଗା ଆମେ ଜାଣୁ ନଥିଲୁ ଆଜିକାଲି ସୂତା ସାଙ୍ଗରେ କୃତ୍ରିମ ତନ୍ତୁ ସବୁ ମିଶି ଲୁଗା ପ୍ରସ୍ତୁତ କରାଯାଉଛି । ସେଗୁଡ଼ିକ ତିଆରି ପାଇଁ କଳକାରଖାନାର ଆବଶ୍ୟକ । ଏହିପରି ଅନେକଗୁଡ଼ିଏ ଜିନିଷ ଆମର ସୁଖମୟ ଜୀବନଯାପନ ପାଇଁ ଦରକାର ହୁଏ । ସେହି କଳକାରଖାନାରୁ ଅସଂଖ୍ୟ ପ୍ରକାର ଦୂଷିତ ପଦାର୍ଥ ବାହାରି ପାଖ ନଦୀ ନାଳରେ ଥିବା ଜଳରେ ମିଶୁଛି, ଆକାଶର ବାୟୁମଣ୍ଡଳରେ ମିଶୁଛି । ଏହା ଫଳରେ

ଜଳ ଓ ବାୟୁ ଦୂଷିତ ହେଉଛି । ଆମେ ସେହି ଜଳକୁ ବ୍ୟବହାର କଲେ, ବାୟୁକୁ ନିଃଶ୍ୱାସରେ ନେଲେ ଆମେ ନାନା ରୋଗରେ ପଡୁଛୁ । କଳକାରଖାନା ଛଡ଼ା ବିଭିନ୍ନ ଯାନବାହନ, ମଟରଗାଡ଼ି, ଟ୍ରକ୍, ବସ୍, ଟ୍ରେନ୍, ଉଡ଼ାଜାହାଜ ମଧ୍ୟ ଆମ ବାୟୁମଣ୍ଡଳକୁ ଦୂଷିତ ପଦାର୍ଥ ଛାଡ଼ି ଦୂଷିତ କରୁଛନ୍ତି । ଏହି ପରିବେଶ ଯଦି କ୍ରମାଗତ ଭାବେ ଦୂଷିତ ହୋଇଚାଲେ, ଆମ ପୃଥିବୀର ଜଳବାୟୁ ବଦଳିଯିବ । ଚାରିଆଡ଼ ବିଷାକ୍ତ ହୋଇଯିବ, ମଣିଷ ନିଃଶ୍ୱାସ ନେଇପାରିବ ନାହିଁ ଏବଂ ଆଜିକାଲି ପାଣି କିଣିଲା ଭଳି ଅମ୍ଳଜାନ ମଧ୍ୟ କିଣିବାକୁ ପଡ଼ିବ । ଭୂମି ଉପରେ ଥିବା ଗଛ ଆଦିକୁ ଆମେ ମନଇଚ୍ଛା କାଟି ପକାଉଛୁ । ଏହା ଫଳରେ ପୃଥିବୀ ପୃଷ୍ଠରେ ଗଛର ସଂଖ୍ୟା କମିଯାଉଛି । ଗଛର ପ୍ରଧାନ କାମ ହେଲା ବାୟୁରୁ ଅଙ୍ଗାରକାମ୍ଳ ଗ୍ରହଣ କରି ତାକୁ ନିଜ ଖାଦ୍ୟ ପାଇଁ ବ୍ୟବହାର କରିବା ଓ ସେଥିସହ ଅମ୍ଳଜାନ ବାୟୁମଣ୍ଡଳକୁ ଫେରାଇଦେବା । ଅଙ୍ଗାରକାମ୍ଳ ବଢ଼ିଗଲେ ପୃଥିବୀପୃଷ୍ଠରେ ଅଧିକ ଗରମ ହେବ । ଲୋକେ ବଡ଼ ଅଶାନ୍ତିରେ ରହିବେ ।

ପୃଥିବୀ ପୃଷ୍ଠରେ ଗଛ କଟା ହୋଇଗଲେ ଜଙ୍ଗଲ ନ ରହିଲେ, ଭୂମି ଅଧିକ ପରିମାଣରେ ଧୋଇ ହୋଇଯିବ । ଏହା ନଦୀରେ ଥିବା ଜଳଭଣ୍ଡାରମାନଙ୍କୁ ପୋତି ପକାଇବ । ଫଳରେ ଜଳଭଣ୍ଡାରର ବିଦ୍ୟୁତ୍ ଉତ୍ପାଦନ ଶକ୍ତି କମି ଆସିବ । ଏହି ଗଛ ଓ ଜଙ୍ଗଲ କ୍ଷୟ ଯୋଗୁଁ ବର୍ଷା ଅନିୟମିତ ହେବ, କେଉଁଠି ଅତି ବୃଷ୍ଟି ହୋଇ ବନ୍ୟା ଆସିଲାଣି ତ ଆଉ କେଉଁଠି ବର୍ଷା ନହୋଇ ଦୁର୍ଭିକ୍ଷ ପଡ଼ିଲାଣି । ଉଭୟ ପରିସ୍ଥିତିରେ ଚାଷ ଭଲ ହୋଇପାରିବ ନାହିଁ । ଲୋକେ ଭୋକ ଉପାସରେ କଷ୍ଟ ପାଇବେ ।

ଆମେ ଯେଉଁ ଜେଟ୍, ଉଡ଼ାଜାହାଜ ବ୍ୟବହାର କରୁଛୁ, ରେଫ୍ରିଜେରେଟର ଓ ଶୀତାଗାର ଆଦି ବସାଇଛୁ, ଅତର ଆଦିକୁ ନିଜ ଶରୀରରେ ସିଞ୍ଚିବା ପାଇଁ ଯେଉଁ ସ୍ପ୍ରେ ବ୍ୟବହାର କରୁ, ସେଥିରେ ଥିବା କ୍ଲୋରୋଫ୍ଲୋରୋକାର୍ବନ ଉଚ୍ଚ ଆକାଶକୁ ଉଠିଯାଇ ଉଚ୍ଚ ଆକାଶର ଓଜୋନ୍ ମଣ୍ଡଳକୁ କ୍ଷୟ କରିବାରେ ଲାଗିଛି । ଆମ ପୃଥିବୀର ଓଜୋନ ମଣ୍ଡଳ ଯଦି ଯଥେଷ୍ଟ କ୍ଷୟ ହୋଇଯାଏ, ତେବେ ଏହା ପୃଥିବୀକୁ ସୂର୍ଯ୍ୟ ଆସୁଥିବା ଖର ଅଲଟ୍ରାଭାଓଲେଟ୍ ରଶ୍ମିକୁ ରୋକିପାରିବ ନାହିଁ । ଫଳରେ ସେସବୁ ପୃଥିବୀପୃଷ୍ଠକୁ ଆସି ନାନାଦି ଚର୍ମରୋଗ ବା ଚର୍ମ କ୍ୟାନ୍ସର୍ ଆଦି ମାରାତ୍ମକ

ରୋଗ କରାଇବ । ତେଣୁ କ୍ଲୋରୋଫ୍ଲୋରୋକାର୍ବନ ସାହାଯ୍ୟରେ ବାୟୁମଣ୍ଡଳ ଦୂଷିତକରଣ ଅନ୍ୟ ପ୍ରକାର ପ୍ରଦୂଷଣ ଠାରୁ ଅଧିକ ମାରାତ୍ମକ । ବୈଜ୍ଞାନିକମାନଙ୍କର ଧାରଣା ପୃଥିବୀ ବାୟୁମଣ୍ଡଳରେ ଯଦି ପ୍ରଦୂଷଣ ବଢ଼ିଚାଲେ, ତେବେ ଅଧିକ ପୁଅ ଓ କମ୍ ଝିଅ ଜନ୍ମ ନେବେ ।

ପରିବେଶ ପ୍ରଦୂଷଣ ପାଇଁ ଆମର ଅନେକଗୁଡ଼ିଏ କାରଣ ଦେଖାଯାଇଥାଏ । ଏହି ପ୍ରଦୂଷଣକୁ ବନ୍ଦ କରିବାକୁ ହେଲେ ଗଛ କାଟି ଜଙ୍ଗଲ ଧ୍ୱଂସ କରିବା ଅନୁଚିତ । ଯେଉଁଠି ଜଙ୍ଗଲ କଟା ହୋଇଯାଇଛି, ସେଠାରେ ନୂଆ ଜଙ୍ଗଲ ପୁଣି ସୃଷ୍ଟି କରାଯିବା ଉଚିତ । ସଦର ମଫସଲ ଚାରିଆଡ଼େ ଯେଉଁଠି ଜଙ୍ଗଲ ପଡ଼ିଆ ଅନାବାଦୀ ଜମି ପଡ଼ିଛି, ରାସ୍ତା କଡ଼ରେ ଯେଉଁଠି ଗଛ ନାହିଁ ସେଠାରେ ପ୍ରଚୁର ପରିମାଣରେ ଗଛ ଲଗାଇବା ଉଚିତ । ଏହାଦ୍ୱାରା ବାୟୁମଣ୍ଡଳର ପ୍ରଦୂଷଣ ଯଥେଷ୍ଟ କମିଯିବ । ବୃକ୍ଷ ଖାଲି ଅଙ୍ଗାରକାମ୍ଳରୁ ଅମ୍ଳଜାନ ବାହାର କରେ ନାହିଁ, ବାୟୁମଣ୍ଡଳରେ ଥିବା ବିଷାକ୍ତ ଧୂଳିକଣା ଓ ଅନ୍ୟ ଗ୍ୟାସ୍‌ଗୁଡ଼ିକୁ ପତ୍ର ଦେହରେ ବାନ୍ଧି ପଦାର୍ଥଗୁଡ଼ିକୁ ଭୂମି ଉପରେ ପକାଇଦିଏ ।

କଳକାରଖାନା ଓ ଯାନବାହନରୁ ଯେଉଁ ଦୂଷିତ ଗ୍ୟାସ୍ ଓ କଣିକା ବାହାରୁଛି, ସେସବୁକୁ ବାୟୁମଣ୍ଡଳକୁ ଛାଡ଼ିବା ଉଚିତ ନୁହେଁ । ଆଜିକାଲି ଏପରି ଯନ୍ତ୍ର ବାହାରିଲାଣି ଯାହାକୁ କାରଖାନାର ଚିମିନିରେ ଲଗାଇଦେଲେ ଦୂଷିତ ବାୟୁ ଓ ଦୂଷିତ କଣିକା ବାହାରକୁ ଆସିପାରେ ନାହିଁ । କାରଖାନାମାନଙ୍କରୁ ଯେଉଁ ଦୂଷିତ ଜଳ ବାହାରେ ସେସବୁକୁ ସିଧାସଳଖ ନଦୀ ଜଳକୁ ଛାଡ଼ି ଦିଆଯାଏ । ନଦୀ ଜଳ ସେଇଥିପାଇଁ ଦୂଷିତ ହୋଇଯାଏ । ଏହି ଦୂଷିତୀକରଣକୁ ବନ୍ଦ କରିବା ପାଇଁ ପ୍ରତି କଳକାରଖାନାରେ ଏମିତି ବ୍ୟବସ୍ଥା କରାଯିବା ଉଚିତ । ସେହି ଦୂଷିତ ଜଳକୁ ଶୋଧନ କରିସାରି ନଦୀକୁ ଛାଡ଼ିବା ଉଚିତ । ଆମର ଯେଉଁ ଗଙ୍ଗା ପରିଶୋଧନ ଯୋଜନା ଆରମ୍ଭ ହୋଇଛି ସେଥିରେ ପ୍ରତ୍ୟେକ ନଦୀ ପାଖ କାରଖାନାରେ ଏହି ବ୍ୟବସ୍ଥା କରାଯାଉଛି । ଏହାଦ୍ୱାରା ପ୍ରଦୂଷଣ ରୋକାଯାଇ ପାରୁଛି ।

ଏହିପରି ବୈଜ୍ଞାନିକମାନେ ଦିନରାତି ଚେଷ୍ଟା ଚଳାଇଛନ୍ତି, କେଉଁ ଉପାୟରେ ପ୍ରଦୂଷଣ ରୋକାଯାଇ ପାରିବ । ଏହା ଏକ ବଡ଼ ଚିନ୍ତାର ବିଷୟ ।

କାରଖାନା ତ ବନ୍ଦ କରିହେବ ନାହିଁ, ଗଛ କଟା ମଧ୍ୟ ବନ୍ଦ କରାଯାଇ ପାରିବ ନାହିଁ, କାରଣ ନୂଆ ନୂଆ ଜିନିଷର ଉଭାବନ ଚାଲିଛି ଓ ଚାଲିଥିବ । କଳକାରଖାନାକୁ କିପରି ବିପଦମୁକ୍ତ କରିବା ସେ ବିଷୟରେ ବୈଜ୍ଞାନିକମାନେ ଗବେଷଣା ଚଲାଇଛନ୍ତି । ତେଣୁ ଆମେ ଜାଣିବା ଯେ ପରିବେଶକୁ ନେଇ ଆମେ ଓ ଆମକୁ ନେଇ ପରିବେଶ... ।

◆◆

କୁଇନାଇନ୍ କ'ଣ ଓ କେଉଁଠାରୁ ମିଳେ ?

କୁଇନାଇନ୍‌କୁ ଆମେମାନେ ଭଲ ଭାବରେ ଜାଣିଛୁ । ମ୍ୟାଲେରିଆ ରୋଗ ହେଲେ ଆଜିକାଲି କ୍ଲୋରୋକୁଇନ୍ ପୂର୍ବରୁ କୁଇନାଇନ୍ ଏହି ରୋଗ ପାଇଁ ଦିଆଯାଉଥିଲା । ତା'ଛଡ଼ା ଏଟେବ୍ରିନ୍, ପାନ୍ୟୁଡ୍ରିନ୍ ଇତ୍ୟାଦି କେତେ ଔଷଧ ମ୍ୟାଲେରିଆ ପାଇଁ ଅଛି । ମ୍ୟାଲେରିଆ ରୋଗ ଏକ ଅତି ପୁରାତନ ରୋଗ । ଏହିଥିରେ ବ୍ୟବହାର ହେଉଥିବା କ୍ଲୋରୋକୁଇନ୍ କେଉଁଥିରୁ ଆସେ ଦେଖିବା । ଏହା ଏକପ୍ରକାର ଗଛରୁ ବାହାର କରାଯାଏ । ସେହି ଗଛର ନା ହେଉଛି ସିନ୍‌କୋନା ।

କୁଇନାଇନ୍

କୁଇନାଇନ୍ ସିନ୍‌କୋନା ଗଛର ଛେଲିରେ ଥାଏ । ଏହି ଗଛ ଆମ ଦେଶରେ ଅଛି ହେଲେ ଏହା ସର୍ବପ୍ରଥମେ ଦେଖାଯାଇଥିଲା ଦକ୍ଷିଣ ଆମେରିକାର ପେରୁ ଅଞ୍ଚଳରେ । ସିନ୍‌କୋନା ଆବିଷ୍କୃତ ହୋଇଥିଲା ୧୬୪୦ ଖ୍ରୀଷ୍ଟାବ୍ଦରେ ଏହା ସର୍ବପ୍ରଥମେ ପେରୁରୁ ଆସିଥିଲା । ସିନ୍‌କୋନା ଆବିଷ୍କୃତ ହେବାର ଦୁଇ ଶତାବ୍ଦୀ ପରେ ଅର୍ଥାତ୍ ୧୮୪୦ ଖ୍ରୀଷ୍ଟାବ୍ଦ ପର୍ଯ୍ୟନ୍ତ ସିନ୍‌କୋନା ଛେଲି ମ୍ୟାଲେରିଆ ରୋଗର ଏକମାତ୍ର ଔଷଧ ଭାବରେ ଇଉରୋପର ବହୁ ଦେଶରେ ବ୍ୟବହୃତ ହେଉଥିଲା । ୧୮୪୦ ମସିହାରେ ଫରାସୀ ସରକାର ଘୋଷଣା କଲେ ଯେ, ଏହି ସିନ୍‌କୋନା ଗୁଣ୍ଡରୁ ଯିଏ ବିଶୁଦ୍ଧ ସକ୍ରିୟ ପଦାର୍ଥ ବାହାର କରିପାରିବ, ତାଙ୍କୁ ଦଶ ହଜାର ଫରାସୀ ମୁଦ୍ରା ଉପହାର ଦିଆଯିବ । ଏହି ପୁରସ୍କାର ଘୋଷଣା ଫଳରେ ଦୁଇଜଣ ଫରାସୀ ରସାୟନବିତ୍ ତଥା ଔଷଧ ବ୍ୟବସାୟୀ ପ୍ୟାରି ପେଲିଟିଓ ଓ ଯୋସେଫ୍ କେଭେଣ୍ଟୋ ସିନ୍‌କୋନା ଛେଲିରୁ ସକ୍ରିୟ ଅଂଶ ଅଲଗା କରିବା ପାଇଁ ପ୍ୟାରିସ୍ ସହରର ଏକ ବିଜ୍ଞାନାଗାରରେ ଗବେଷଣା ଚଳାଇଲେ । ସିନ୍‌କୋନା ଛେଲି ପ୍ରଧାନତଃ ସେଲୁଲୋଜ୍ ଓ ତତ୍‌ଜାତୀୟ ଅନ୍ୟ କେତେକ ପଦାର୍ଥର ମିଶ୍ରଣ । ଏଥିରେ ପ୍ରକୃତ ସକ୍ରିୟ ଅଂଶର ଭାଗ ଅତି କମ୍ । ପ୍ୟାଲିଟିଓ, କ୍ୟାଭେଣ୍ଟୋ ବହୁ ଚେଷ୍ଟାକରି ଏହା ସେଲୁଲୋଜ୍ ଜାତୀୟ ପଦାର୍ଥର ମିଶ୍ରଣରୁ ଖୁବ୍ କମ୍ ପରିମାଣରେ ବିଶୁଦ୍ଧ ସକ୍ରିୟ ଅଂଶ ଅଲଗା କଲେ । ସେମାନଙ୍କର ଏହି ସାଫଲ୍ୟ ପାଇଁ ପ୍ରତ୍ୟେକ ଦଶ ହଜାର ଲେଖାଏଁ ଫରାସୀ ମୁଦ୍ରା ପୁରସ୍କାର ପାଇଲେ ।

ଏହି ସିନ୍‌କୋନା ଛେଲିର ସକ୍ରିୟ ଅଂଶ ପ୍ରଧାନତଃ ସିନ୍‌କୋନିନ୍ ଓ କୁଇନାଇନ୍‌ର ମିଶ୍ରଣ । ଅବଶ୍ୟ ଏହି ଦୁଇଟି ବ୍ୟତୀତ ଏହି ସକ୍ରିୟ ଅଂଶରେ ଆହୁରି

କେତେକ ଉପାଦାନ ଅଛି । ମ୍ୟାଲେରିଆ ରୋଗର ପ୍ରକୃତ ଶତ୍ରୁ ହେଉଛି ସିନ୍‌କୋନା ଛେଲିରେ ଥିବା ଏହି ସିନ୍‌କୋନିନ୍ ଓ କୁଇନାଇନ୍ ।

କୁଇନାଇନ୍‌ର ଏତାଦୃଶ ଉପକାରିତା ଦେଖି ତତ୍‌କାଳୀନ ଜୈବ ରସାୟନବିତ୍‌ମାନେ ଏହାକୁ ସାଂଶ୍ଲେଷିକ ଭାବରେ ପ୍ରସ୍ତୁତ କରିବା ପାଇଁ ଚେଷ୍ଟା କରିଥିଲେ । ଏହି ରସାୟନବିତ୍‌ମାନଙ୍କ ମଧ୍ୟରେ ଅଠର ବର୍ଷ ବୟସ୍କ ଇଂରେଜ ବୈଜ୍ଞାନିକ ହେନେରୀ ପାର୍‌କିନ୍ ସର୍ବପ୍ରଥମ । ସେ କୁଇନାଇନ୍‌କୁ ପ୍ରସ୍ତୁତ କରିବା ପାଇଁ ୧୮୫୬ ଖ୍ରୀଷ୍ଟାବ୍ଦରେ ଆଲିଲଟଲିଡିନ୍ ନାମକ ଏକ ରାସାୟନିକ ପଦାର୍ଥକୁ ଜାରଣ କରିବା ପାଇଁ ଚେଷ୍ଟା ଚଳାଇଲେ । ତାଙ୍କର ଧାରଣା ଥିଲା ଯେ ଏହି ପ୍ରକ୍ରିୟା ସାହାଯ୍ୟରେ ସେ କୁଇନାଇନ୍ ପ୍ରସ୍ତୁତ କରିପାରିବେ; କିନ୍ତୁ କୁଇନାଇନ୍ ପରିବର୍ତ୍ତେ ସେ ପାଇଲେ ଏକ ଅଦ୍ଭୁତ ନାଲି ରଙ୍ଗ । ଏହି ନାଲି ରଙ୍ଗ ହେଉଛି ସର୍ବପ୍ରଥମ ମନୁଷ୍ୟ ତିଆରି ସାଂଶ୍ଲେଷିକ ରଙ୍ଗ । କୃତ୍ରିମ ଉପାୟରେ ପ୍ରକୃତି ସୃଷ୍ଟି ବିଭିନ୍ନ ପ୍ରକାର ରଙ୍ଗଭଳି ରଙ୍ଗ ଉତ୍ପନ୍ନ କରିବା ଏହା ସର୍ବପ୍ରଥମ । ଏହି ଆବିଷ୍କାର ଫଳରେ ଇଉରୋପରେ ସର୍ବପ୍ରଥମ ସାଂଶ୍ଲେଷିକ ରଙ୍ଗ ଶିଳ୍ପର ଆରମ୍ଭ ହେଲା ।

ଆଳୁ ଖୋଳୁ ଖୋଳୁ ମହାଦେବ ବାହାରିଲା ଭଳି ସାଂଶ୍ଲେଷିକ କୁଇନାଇନ୍ ତିଆରି କରୁ କରୁ ବିରାଟ ସାଂଶ୍ଲେଷିକ ରଙ୍ଗ ଶିଳ୍ପର ଉତ୍ପତ୍ତି କମ୍ ବଡ଼ କୌତୁହଳପ୍ରଦ ନୁହେଁ ।

କୁଇନାଇନ୍ ବିଭିନ୍ନ ଜାତିର ସିନ୍‌କୋନା ଗଛରୁ ମିଳେ । ଏହି ଜାତି ମଧ୍ୟରେ ଗୋଟିଏ ପ୍ରଧାନ ଜାତି ହେଉଛି କିଉପ୍ରିୟା । ଏହି ଗଛର ଚାଷ ଓ ରକ୍ଷଣାବେକ୍ଷଣ ପାଇଁ ଖୁବ୍ ସାବଧାନତା ଅବଲମ୍ବନ କରିବାକୁ ପଡ଼େ । ପୃଥିବୀର ବିଭିନ୍ନ ଅଞ୍ଚଳରେ ବିଭିନ୍ନ ଜାତିର ସିନ୍‌କୋନା ଗଛ ଚାଷ କରାଯାଏ । ସିନ୍‌କୋନା ଚାଷ ଜଳବାୟୁ ଦୃଷ୍ଟିରୁ ଜାଭା ପ୍ରଭୃତି ପୂର୍ବ ଭାରତୀୟ ଦ୍ୱୀପଗୁଡ଼ିକରେ କରିବା ସୁବିଧାଜନକ । ପ୍ରାକୃତିକ କୁଇନାଇନ୍‌ର ଶତକଡ଼ା ୯୦ ଭାଗ ଏହି ଜାଭା ଦ୍ୱୀପରୁ ଉତ୍ପନ୍ନ ହୋଇଯାଏ । ଜାଭା ଦ୍ୱୀପ ପୃଥିବୀର ବିଭିନ୍ନ ଅଞ୍ଚଳକୁ କୁଇନାଇନ୍ ଯୋଗାଇଥାଏ । ସିନ୍‌କୋନା ଲେଡ୍‌ଜେରିୟାନା ହେଉଛି ଆଉ ଏକ ଜାତି । ଏହି ଜାତିର ସିନ୍‌କୋନା ଛେଲିରେ ଶତକଡ଼ା ୬ ଭାଗ ସକ୍ରିୟ ଅଂଶ ଥାଏ ଓ ଏହି ସକ୍ରିୟ ଅଂଶର ଶତକଡ଼ା ୭୦ ଭାଗ ହେଉଛି କୁଇନାଇନ୍ । ଭାରତ ଓ ସିଂହଳ

ଦ୍ୱୀପରେ ଆଉ ଏକ ଜାତିର ସିନ୍‌କୋନା ଗଛର ଚାଷ କରାଯାଏ । ଏହାକୁ ସିନ୍‌କୋନା ଗୁବା କହନ୍ତି । ଏହି ଗଛର ଛେଲିରେ ସକ୍ରିୟ ଅଂଶ ହେଉଛି ଶତକଡ଼ା ୬ ଭାଗ ଓ ସେହି ସକ୍ରିୟ ଅଂଶରେ କୁଇନାଇନ୍ ହେଉଛି ଶତକଡ଼ା ୩୦ ଭାଗ ମାତ୍ର । କୁଇନାଇନ୍ ଉତ୍ପନ୍ନ ଦୃଷ୍ଟିରୁ ଏହି ଜାତିର ସିନ୍‌କୋନା ଗଛ ବିଶେଷ ଉପଯୋଗୀ ନୁହେଁ । କାରଣ ଏଥିରେ କୁଇନାଇନ୍‌ର ଭାଗ ଅତି କମ୍ ।

କୁଇନାଇନ୍ ସିନ୍‌କୋନା ଗଛର ଛେଲି, ଗଣ୍ଡି, ଶାଖାପ୍ରଶାଖା ପ୍ରଭୃତି ଅଂଶରେ ବିଦ୍ୟମାନ । ସିନ୍‌କୋନା ଗଛର ଶାରୀରିକ ବିପାକୀୟ ପଦାର୍ଥ ଭାବରେ ଏହା ଗଛର ବିଭିନ୍ନ ଅଂଶରେ ଏକତ୍ରୀତ ହୋଇଥାଏ । କୁଇନାଇନ୍ ନାନାପ୍ରକାର ରାସାୟନିକ ପ୍ରକ୍ରିୟା ସାହାଯ୍ୟରେ ଏହି ସିନ୍‌କୋନା ଛେଲିରୁ ପ୍ରସ୍ତୁତ କରାଯାଏ । ଏହି ସିନ୍‌କୋନା ଛେଲିରୁ କୁଇନାଇନ୍ ବାହାର କରି ବଟିକା ଭାବରେ ପ୍ରସ୍ତୁତ କରିବା ପାଇଁ ଭାରତ ଦେଶରେ ସରକାରୀ କାରଖାନାମାନ ଅଛି । ଏହି କାରଖାନାରେ ଭାରତ, ସିଂହଳ ଓ ଜାଭାରୁ ଆସୁଥିବା ସିନ୍‌କୋନା ଛେଲି ନେଇ କାର୍ଯ୍ୟ କରାଯାଏ । ଖ୍ରୀଷ୍ଟାବ୍ଦ ୧୯୧୭ ରୁ ୧୯୧୮ ମସିହା ମଧ୍ୟରେ ଏହି ଭାରତୀୟ କାରଖାନାମାନଙ୍କରେ ବର୍ଷକୁ ହାରାହାରି ୩୦ ଟନ୍ ପର୍ଯ୍ୟନ୍ତ କୁଇନାଇନ୍ ତିଆରି ହେଉଥିବାର ପ୍ରମାଣ ମିଳେ ।

ସିନ୍‌କୋନା ଛେଲିରେ କୁଇନାଇନ୍ ବ୍ୟତୀତ ପ୍ରାୟ ଆଉ ତିରିଶି ପ୍ରକାର ଉପକ୍ଷାର ଦେଖିବାକୁ ମିଳେ । ସେଥିମଧ୍ୟରୁ ସିନ୍‌କୋନିନ୍, ସିନ୍‌କୋନିଡିନ୍, କୁଇନିଡିନ୍, କିଉପ୍ରିନ୍, ହାଇଡ୍ରୋକିଉପ୍ରିନ୍ ଆଦି ପ୍ରଧାନ । ଏହି ପାଞ୍ଚଗୋଟିଯାକ ଏକତ୍ର ମେଲିରିଆ ରୋଗର ଔଷଧ ଭାବରେ ବ୍ୟବହୃତ ହୁଏ ଓ କେତେକ ସ୍ଥାନରେ ଏହା କୁଇନାଇନ୍ ସହିତ ବ୍ୟବହୃତ ହେବାର ଦେଖାଯାଏ । ଏହିସବୁ ସିନ୍‌କୋନା ଜାତ ଦ୍ରବ୍ୟ ମଧ୍ୟରେ ମ୍ୟାଲେରିଆ ରୋଗୀକୁ ଭଲ କରିବାରେ କୁଇନାଇନ୍ ଅପେକ୍ଷାକୃତ ସୁଦକ୍ଷ ଏହାର ବିଷ ପ୍ରକ୍ରିୟା ଅନ୍ୟମାନଙ୍କ ତୁଳନାରେ ଅପେକ୍ଷାକୃତ କମ୍ ।

◆◆

ଆଲ୍‌କାତରାରୁ ତିଆରି ପୋଷାକ

ଶୁଣିଲେ ଆଶ୍ଚର୍ଯ୍ୟ ଲାଗେ ସତରେ କ'ଣ ଏହା ସମ୍ଭବ ? ଆଲ୍‌କାତରା ଏତେ ଜ୍ୱଳା ଦୁର୍ଗନ୍ଧ ପଦାର୍ଥରୁ ପୁଣି ଏତେ ସୁନ୍ଦର ରଙ୍ଗରଙ୍ଗିଆ ରଙ୍ଗର ବସ୍ତ୍ର ତିଆରି ହୋଇପାରେ ବିଶ୍ୱାସ ନହେଲେ ମଧ୍ୟ ଏହା ସତ୍ୟ । ଆଜିକାଲି ବିଂଶ ଶତାବ୍ଦୀରେ ଲୋକମାନେ ବ୍ୟବହାର କରୁଥିବା ଲୁଗାପଟା ପ୍ରାକୃତିକ ରଙ୍ଗରୁ ପ୍ରାୟ ତିଆରି କରାଯାଇ ନାହିଁ । ଏଗୁଡ଼ିକ ବିଜ୍ଞାନାଗାରରେ ତିଆରି ହେଉଥିବା ସାଂଶ୍ଳେଷିକ ତନ୍ତୁରୁ ତିଆରି ହୋଇଥାଏ ।

ପ୍ରାକୃତିକ ତନ୍ତୁରୁ ତିଆରି ଲୁଗାପଟା ଆସ୍ତେ ଆସ୍ତେ ଲୋପ ପାଇଯିବାକୁ ବସିଲାଣି । ଏହି ସାଂଶ୍ଳେଷିକ ତନ୍ତୁରୁ ତିଆରି ଲୁଗାପଟା ଏତେ ସୁନ୍ଦର ଯେ ଆମେ ଏହାକୁ ଆଲ୍‌କାତରାରୁ ତିଆରି ବିଶ୍ୱାସ କରିବା ଆମ ପକ୍ଷରେ ପ୍ରକୃତରେ କଷ୍ଟ ।

ଆଲକାତରାରୁ ପ୍ରସ୍ତୁତ ହେଉଥିବା ବେନ୍‌ଜିନ୍‌ (Benzene), ଜାଇଲିନ୍‌ (Xylene) ଆଦିରୁ ସେସବୁ ତିଆରି ହୋଇଥାଏ । ବେନ୍‌ଜିନ୍‌ରୁ ପ୍ରସ୍ତୁତ ହେକ୍‌ସାମେଥିଲିନ୍‌ ଡାଇଆମିନ୍‌ (Hexamethyle diamine) ଓ ଏଥିଲିନ୍‌ ଗ୍ଲାଇକଲ୍‌ରୁ (Ethylene gycol) ଟେରେଲିନ୍‌ ରାସାୟନିକ ପ୍ରକ୍ରିୟା ଦ୍ୱାରା ତିଆରି କରାଯାଏ । ଏହି ମୂଳ ରାସାୟନିକ ପଦାର୍ଥଗୁଡ଼ିକ ପ୍ରଥମେ ତିଆରି ହୁଏ ଓ ସେଥିରୁ ସାଂଶ୍ଳେଷିକ ସୂତା ତିଆରି ହୋଇ ପରେ କନା ତିଆରି ହୋଇ ବିଭିନ୍ନ ବସ୍ତ ତିଆରି କରାଯାଇଥାଏ । ପ୍ରାକୃତିକ ତନ୍ତୁ କହିଲେ କ'ଣ ବୁଝାଏ ତାହା ହିଁ ଆମେ ଆଲୋଚନା କରିବା ।

ଆଗ କାଳରେ ମଣିଷ ଏହି ଅତ୍ୟାବଶ୍ୟକୀୟ ଲୁଗାପଟଶ, ପୋଷାକପତ୍ର ପ୍ରଭୃତିର ଆଦି ସ୍ଥଳ ହେଉଛି ପ୍ରକୃତିଜାତ ବିଭିନ୍ନ ପ୍ରକାର ତନ୍ତୁ । ସେଥିପାଇଁ ସଭ୍ୟତାର ଆଦିମ କାଳରୁ ଆରମ୍ଭ କରି ଗତ ଶତାବ୍ଦୀର ଶେଷ ପର୍ଯ୍ୟନ୍ତ ମଣିଷ ସମାଜ ତା'ର ପୋଷାକପତ୍ର ପାଇଁ ପ୍ରକୃତିରେ ପରିଦୃଷ୍ଟ ବିଭିନ୍ନ ପ୍ରକାର ତନ୍ତୁ ଉପରେ ନିର୍ଭର କରି ଆସୁଥିଲା । ଏହିସବୁ ପ୍ରାକୃତିକ ତନ୍ତୁ ମଧ୍ୟରେ କପା, ପଶମ, ରେଶମ, ଝୋଟ, ଛଣପଟ ଓ ଆସବାସଟସ୍‌ ଇତ୍ୟାଦି ପ୍ରଧାନ ।

ଆଲ୍‌କାତରାରୁ ତିଆରି ପୋଷାକ

ମଣିଷ ଯେତେ ପ୍ରକାର ତନ୍ତୁ ନିଜ ପୋଷାକପତ୍ର ପାଇଁ ବ୍ୟବହାର କରିଛି ତନ୍ମଧ୍ୟରେ ଛଣତନ୍ତୁ ସବୁଠାରୁ ପ୍ରାଚୀନ ବୋଲି ବହୁ ଐତିହାସିକ ମତ ପୋଷଣ କରିଥାନ୍ତି ଲୋକେ ଏହି ତନ୍ତୁ ବ୍ୟବହାର କରିବାର ପ୍ରମାଣ ମିଳେ । ଆଜିକାଲି କେତେପ୍ରକାର ତନ୍ତୁ ଏଥରୁ ତିଆରି କରାଯାଉଛି ।

ଛଣତନ୍ତୁ ହେଉଛି ବ୍ୟବହାର ପ୍ରାଚୀନତମ । ଏସିଆ ମହାଦେଶର କେତେକ ଦେଶ ଓ ଦକ୍ଷିଣ ଆମେରିକାର ପେଣ୍ଡୁର ଭୂମି ଖନନରୁ ଜଣାପଡ଼ିଛି ଯେ ଖୁବ୍ ପ୍ରାଚୀନ କାଳରେ ମଧ ସେ ଦେଶର ଲୋକେ କପା ସହିତ ପରିଚିତ ଥିଲେ । ମିଶର ଦେଶର ପୃଥିବୀ ବିଖ୍ୟାତ ପିରାମିଡ୍ ମଧ୍ୟରୁ ରଙ୍ଗୀନ୍ ଲୁଗାର ସନ୍ଧାନ ମିଳିଛି । ଏହି କପାସୁତା ଲୁଗାଗୁଡ଼ିକ ଆଜିକୁ ହଜାର ହଜାର ବର୍ଷ ତଳେ ଭାରତରେ ପ୍ରସ୍ତୁତ ହୋଇ ସବୁ ଦେଶକୁ ରପ୍ତାନୀ ହେବାର ପ୍ରମାଣ ଅଛି । ଏହିସବୁ ଆଲୋଚନାରୁ ସ୍ପଷ୍ଟ ପ୍ରତୀୟମାନ ହୁଏ ଯେ, ମଣିଷ ସମାଜ ବହୁ ପୁରାକାଳରୁ ଏହି ପ୍ରାକୃତିକ ତନ୍ତୁ ସହିତ ସଂଶ୍ଳିଷ୍ଟ ହୋଇଛନ୍ତି । ଏହା ହେବା ଦ୍ୱାରା ସେ ପ୍ରାକୃତିକ ତନ୍ତୁର ନାନା ଦୋଷ, ତ୍ରୁଟି ଅସୁବିଧା ଆଦିକୁ ଲକ୍ଷ୍ୟ କରିବାକୁ ଭୁଲିନାହିଁ । ଏହି ପ୍ରାକୃତିକ ତନ୍ତୁର ଏକ ପ୍ରଧାନ ଅସୁବିଧା ହେଉଛି ଯେ, ଏଥିମଧ୍ୟରୁ କେତେକ ସାଧାରଣ ଲୋକଙ୍କ ବ୍ୟବହାର କଳାଭଳି ସୁଲଭ୍ୟ ଓ ଶସ୍ତା ନୁହଁନ୍ତି ।

କୃତ୍ରିମ ତନ୍ତୁ ପ୍ରସ୍ତୁତ କରିବା ପାଇଁ ବୈଜ୍ଞାନିକମାନେ ବହୁଦିନରୁ ଚେଷ୍ଟା କରି ଆସୁଥିଲେ ହେଁ ଏହି ଦିଗରେ ସର୍ବପ୍ରଥମେ ସେମାନେ କୃତକାର୍ଯ୍ୟ ହେଲେ ଆଜକୁ ମୋଟେ ପଚାଶ ବର୍ଷ ତଳେ । ଆଜିକାଲି ବଜାରରେ ଯେଉଁ ନାଇଲନ୍, ଟେରେଲିନ୍, ଭିନିୟନ୍, ଅରଲନ୍ ଆଦି ଲୁଗା ଓ ପୋଷାକ ପରିଚ୍ଛଦ ମିଳୁଛି, ସେଗୁଡ଼ିକ ପୁରାପୁରି କୃତ୍ରିମ ତନ୍ତୁରୁ ପ୍ରସ୍ତୁତ ।

ଉପରୋକ୍ତ କୃତ୍ରିମ ତନ୍ତୁ ମଧ୍ୟରେ ନାଇଲନ୍ ସର୍ବପ୍ରଥମେ ଆବିଷ୍କୃତ ହୋଇଥିଲା । ଏହାକୁ ଆମେରିକାର ସୁପ୍ରସିଦ୍ଧ ଡୁପଣ୍ଟ କମ୍ପାନୀର ବୈଜ୍ଞାନିକ କେରେଥର ୧୯୩୮ ମସିହାରେ ଉଦ୍ଭାବନ କରିଥିଲେ । ବିଭିନ୍ନ ପ୍ରକାର ପ୍ରାକୃତିକ ଓ କୃତ୍ରିମ

ତନ୍ତୁରୁ ତିଆରି ଲୁଗା ଓ ପୋଷାକ ପରିଚ୍ଛଦ ଅପେକ୍ଷା ଏହା ରୂପରେ ଓ ଗୁଣରେ ବେଶ୍ ଉଚ୍ଚରେ । ନାଇଲନ୍ ସୂତା ଖୁବ୍ ଟାଣ ଓ ଏହା ସହଜରେ ଦୁର୍ବଳ ବା ନଷ୍ଟ ହୋଇଯାଏ ନାହିଁ । ସେଥିପାଇଁ ଏହି ନାଇଲନ୍ ସୂତା ମଟର ତିଆରି ଠାରୁ ଆରମ୍ଭ କରି ମୋଜା, ଗଞ୍ଜି ଆଦି ପୋଷାକ ଠାରୁ ଆରମ୍ଭ କରି ଶାଢ଼ୀ, ବ୍ଲାଉଜ୍, ପ୍ୟାଣ୍ଟ, ସାର୍ଟ ଆଦି ଯାବତୀୟ ଜିନିଷ ତିଆରିରେ ବ୍ୟବହୃତ ହୁଏ । ଆଜିକାଲି ନାଇଲନ୍ ତନ୍ତୁରୁ ତିଆରି ମାଛଧରା ଜାଲ ବେଶ୍ ଲୋକପ୍ରିୟ ହୋଇଛି । ଏଗୁଡ଼ିକର ଅନ୍ୟ ନାମ ହେଲା ପଲିମର୍ ନାଇଲନ୍ । ବୈଜ୍ଞାନିକମାନେ କୁହନ୍ତି ବର୍ତ୍ତମାନ ପଲିମର୍ ଯୁଗରୁ ବିଭିନ୍ନ ପ୍ରକାର ପଲିମରର ବ୍ୟବହାର ଖାଲି ପୋଷାକ କାହିଁକି ଅନେକ କ୍ଷେତ୍ରରେ ବ୍ୟବହୃତ ହୁଏ । ନାଇଲନ୍ ପୋଷାକ କ୍ଷାରୀୟ ପଦାର୍ଥ ଦ୍ୱାରା ସହଜରେ ନଷ୍ଟ ହେଉ ନଥିବାରୁ ଏହା ଅଧିକ ଦିନ ବ୍ୟବହାରଯୋଗ୍ୟ ହୁଏ । ନାଇଲନ୍‌ର ଏସବୁ ପ୍ରକୃତି ଥିବାରୁ ଗତ ଦ୍ୱିତୀୟ ମହାଯୁଦ୍ଧ ସମୟରେ ଏହା କେବଳ ଯୁଦ୍ଧ ବିଭାଗୀୟ ବିଭିନ୍ନ ପଦାର୍ଥ ଉପାଦାନରେ ବ୍ୟବହୃତ ହେଉଥିଲା । ଅବଶ୍ୟ ଆଜିକାଲି ନାଇଲନ୍ ତନ୍ତୁର ସ୍ଥାନ ଅଧିକାର କରିଛି ଟେରେଲିନ୍ ତନ୍ତୁ ।

ନାଇଲନ୍ ତନ୍ତୁ ସାଧାରଣତଃ ତିଆରି ହୁଏ ଆଲକାତାରାରୁ । ଗୋଟିଏ ପଟେ ଆଲକାତାରା ଓ ଅନ୍ୟପଟେ ସୁନ୍ଦର ମନୋମୁଗ୍ଧକର ନାଇଲନ୍ ପୋଷାକକୁ ରଖି ଲକ୍ଷ୍ୟ କଲେ କ'ଣ ସହଜରେ ବିଶ୍ୱାସ ଆସିବ ଯେ, ଏତେ ସୁନ୍ଦର ପଦାର୍ଥ ସେହି କାଳିଆ ଦୁର୍ଗନ୍ଧ ପଦାର୍ଥରୁ ତିଆରି ହୋଇଛି ବୋଲି ! ଯେଉଁ ନରମ ରଙ୍ଗରଙ୍ଗିଆ ନାଇଲନ୍ ପୋଷାକ ରୂପ ପ୍ରସାଧନୀ ଭଳି ନାରୀର ସୌନ୍ଦର୍ଯ୍ୟ ବୃଦ୍ଧିରେ ସାହାଯ୍ୟ କରେ ସେହି ପୋଷାକ ଯେ ଘୃଣ୍ୟ ଆଲକାତାରାରୁ ପ୍ରସ୍ତୁତ ହୋଇପାରେ ଏହା ନାଇଲନ୍ ପୋଷାକ ବ୍ୟବହାର କରୁଥିବା ଯୁବକ ଯୁବତୀମାନଙ୍କ ପକ୍ଷରେ ବିଶ୍ୱାସ କରିବା ବଡ଼ କଷ୍ଟ ।

ନାଇଲନ୍ ବ୍ୟତୀତ ଭିନିୟନ୍, ଟେରେଲିନ୍ ବା ଡେକରନ୍, ପଲିଏଷ୍ଟର୍, ଅରଲନ୍, ସାରନ୍‌ଭେଲନ୍ ପ୍ରଭୃତି ବିଭିନ୍ନ ଜାତିର କୃତ୍ରିମ ତନ୍ତୁରୁ ତିଆରି ପୋଷାକ ଆଜିକାଲି ନାଇଲନ୍ ଭଳି ଖୁବ୍ ଲୋକପ୍ରିୟ ହେଉଛି ।

ଆଧୁନିକ ବସ୍ତ୍ର ଜଗତରେ ଏହି ଯେଉଁ ବୈପ୍ଳବିକ ପରିବର୍ତ୍ତନ ଦେଖା ଦେଇଛି କିଏ ଜାଣେ ଆଉ କେତେ ବର୍ଷ ଭିତରେ ବୈଜ୍ଞାନିକମାନେ ପ୍ରାକୃତିକ ତନ୍ତୁର ବ୍ୟବହାର ପୁରାପୁରି ଉଠାଇ ଦେଇ ସେହି ସ୍ଥାନରେ କେତେ ଜାତିର କୃତ୍ରିମ ତନ୍ତୁର ପ୍ରଚଳନ କରାଇବେ । ସେତେବେଳକୁ ଏହି କୃତ୍ରିମ ତନ୍ତୁ ରୂପ ଓ ଗୁଣରେ ପ୍ରାକୃତିକ ତନ୍ତୁଠାରୁ ଯଥେଷ୍ଟ ଉତ୍କୃଷ୍ଟ ଓ ଲୋକପ୍ରିୟ ହେବ, ଏଥିରେ ତିଳେମାତ୍ର ସନ୍ଦେହ ନାହିଁ ।

◆◆

ଅତି ପ୍ରିୟ ପରିବା ଆଳୁ

ଆଳୁ ବିନା ଆମ ଓଡ଼ିଆ ଘରମାନଙ୍କରେ କୌଣସି ତରକାରୀ ସ୍ୱାଦିଷ୍ଟ ହୋଇପାରେ ନାହିଁ । ଆଳୁ ପରିବା ମଧ୍ୟରେ ସବୁଠାରୁ ଦରକାରୀ ପରିବା । ଡାଲମା, କୋବି ତରକାରୀ, ସନ୍ତୁଲା, ଭଜା ସବୁଥିରେ ନିଶ୍ଚୟ ଆଳୁ ପଡ଼ିବ ଅନ୍ୟ ପରିବା ସହିତ । ଧନୀ, ଦରିଦ୍ର ନିର୍ବିଶେଷରେ ସମସ୍ତେ ଏହି ଆଳୁକୁ ହିଁ ଜାଣନ୍ତି । ଆଳୁ ଚଟଣି କି ପିଲା କି ବୁଢ଼ା ସମସ୍ତଙ୍କର ଅତି ପ୍ରିୟ । ବିଦେଶରେ ଫ୍ରେଞ୍ଚ ଫ୍ରାଇ ସମସ୍ତଙ୍କର ଅତି ପ୍ରିୟ । ଗରମ ଗରମ ଫ୍ରେଞ୍ଚ ଫ୍ରାଇ (French Fry) ଓ ଅନିଅନ୍ ରିଙ୍ଗ୍ସ (Onion Rings) କହିଲେ ସମସ୍ତଙ୍କ ପାଟିରୁ ଲାଳ ଆସିଯାଏ । ପୃଥିବୀସାରା ଲୋକଙ୍କର ଆଳୁ ପସନ୍ଦ । ଏହାର ବୈଜ୍ଞାନିକ ନାମ ହେଲା ସୋଲାନମ୍ ଟିଉବରୋସମ୍ (Solanum tuberossum) । ଏହି ଆଳୁକୁ ବିଲାତି ଆଳୁ ବୋଲି ମଧ୍ୟ ବୁଝାଯାଏ । ଏହା ଅନ୍ୟ ଦେଶରୁ ଆସିଥିବାରୁ ଏହାର ନାମକରଣ ଏପରି ହୋଇଛି ଯେପରି ବିଲାତି ବାଇଗଣ । ଏହା ବିଦେଶରୁ ଆସିଥିବାରୁ ଜଗନ୍ନାଥଙ୍କ ଅଭଡ଼ାରେ ବା ଅନ୍ୟାନ୍ୟ ମନ୍ଦିର ପ୍ରସାଦରେ ବ୍ୟବହାର ହୋଇପାରେ ନାହିଁ । ବିଲାତି ବାଇଗଣ ମଧ୍ୟ ପ୍ରସାଦରେ ଲାଗେ ନାହିଁ ।

ଆଳୁ

ଇତିହାସ କହେ, ଏହି ପରିବାଟିର ଉତ୍ପତ୍ତି ଦକ୍ଷିଣ ଆମେରିକାରୁ ହୋଇଅଛି । ପ୍ରାୟ ୪୦୦ ବର୍ଷ ପୂର୍ବେ ଏହା ବଲିଭିଆ (Bolivia), ପେରୁ (Peru) ଓ ଚିଲି (Chilly) ଆଦି ରାଜ୍ୟରେ ଦେଖାଯାଇଥିଲା । ଚିଲିରେ ପ୍ରାୟ ୧୩୦୦ ବର୍ଷ ତଳେ ଏହା ଜଣାଥିବାର ପ୍ରମାଣ ମିଳେ । ଆୟାରର୍ଲ୍ୟାଣ୍ଡରେ ଏହା ଭାତ ଭଳି ମୁଖ୍ୟ ଖାଦ୍ୟ ଭାବେ ବ୍ୟବହୃତ ହୁଏ ।

ଇଂରେଜମାନେ ଏହାକୁ ସ୍ପେନର ପାଟାଟା ଶବ୍ଦରୁ ପଟାଟୋ ନାମକରଣ କରିଛନ୍ତି । ପୃଥିବୀର ଚାରିଆଡ଼େ ଏହାକୁ ପଟାଟୋ କହନ୍ତି । ଭାରତକୁ ଏହି ପରିବାଟି ୧୭୦୦ ମସିହାରେ ପର୍ତ୍ତୁଗାଲର ଲୋକମାନେ ସର୍ବପ୍ରଥମେ ଆଣି ଚାଷ କରିଥିଲେ । ଏହା ପୂର୍ବରୁ ଲୋକେ ସାରୁକୁ ସବୁ ତରକାରୀରେ ପକାଉଥିଲେ, କିନ୍ତୁ ଆଳୁର ସ୍ୱାଦ ଜାଣିଲା ପରେ ଆଳୁ ହିଁ ସମସ୍ତଙ୍କର ପ୍ରିୟ ପରିବା ହେଲା ।

ଆଳୁ ଚାଷ ଏବେ ଚାରିଆଡ଼େ ବେଶ୍ ପ୍ରସାର କରିଛି । ଆଳୁରୁ ବିଭିନ୍ନ ପ୍ରକାରର ନୂଆ ନୂଆ ଖାଦ୍ୟ ପଦାର୍ଥ ଦିନକୁ ଦିନ ହେବାରେ ଲାଗିଛି । ସିମ୍ଲାରେ ଆଳୁ ଗବେଷଣା କେନ୍ଦ୍ର (Potato Research Institute) ଏହା ଉପରେ ନାନା ଗବେଷଣା କରୁଛି ।

ଆଳୁ ଶ୍ୱେତସାରରେ ଭରପୂର ବୋଲି ଲୋକମାନଙ୍କର ଧାରଣା । ସେଥିପାଇଁ ଡାଏବେଟିସ୍ ରୋଗୀମାନଙ୍କ ପାଇଁ ଆଳୁ ମନା ହୋଇଛି । ଏବେ ଗବେଷଣାରୁ ଜଣାଯାଇଛି ଯେ, ଏଥିରେ ପ୍ରାୟ ୮୦ ଭାଗ ଜଳ ଓ ୨୦ ଭାଗ ଅନ୍ୟ ପଦାର୍ଥମାନ ରହିଛି । ଏହି ୨୦ ଭାଗରେ ଶ୍ୱେତସାର ସହିତ କିଛି ପ୍ରୋଟିନ୍ (ପୁଷ୍ଟିସାର) ଓ କେତେକ ଭିଟାମିନ୍ ମଧ୍ୟ ରହିଛି । ଭିଟାମିନ୍ 'ସି' ସହିତ ରାଇବୋଫ୍ଲାବିନ୍ (Riboflabin) ଓ ଥାଏମିନ୍ (Thiamine) ମଧ୍ୟ ଅଛି । ଏଥିରେ ଏହିସବୁ ବ୍ୟତୀତ କେତେକ ଖଣିଜ ଲବଣ ମଧ୍ୟ ଅଛି । ଯଥା - କ୍ୟାଲସିଅମ୍ (Calcium), ଲୌହ (Iron), ମ୍ୟାଗ୍ନେସିଅମ୍ (Magnesium), ପଟାସିଅମ୍ (Potasium) ଓ ସୋଡ଼ିଅମ୍ (Sodium) ମଧ୍ୟ ଅଛି । ପଟାସିଅମ୍ (Potasium) ଯେପରି ପାଚିଲା କଦଳୀରେ ଭରପୂର ଅଛି, ସେହିପରି ଆଳୁରେ ମଧ୍ୟ ଅଧିକ ପରିମାଣରେ ଅଛି । ଚର୍ବି ଜାତୀୟ ପଦାର୍ଥ ଏଥିରେ ଆଦୌ ନାହିଁ । ତେଣୁ ଯେଉଁ

ଧାରଣା ଅଛି ଆଳୁ ଖାଇଲେ ମୋଟା ହୋଇଯିବ, ତାହା ପୁରାପୁରି ଭୁଲ୍ । ୧୦୦ ଗ୍ରାମ୍ ଆଳୁ ସିଝାରୁ ୧୦୦ କ୍ୟାଲୋରୀରୁ କମ୍ ଶକ୍ତି ମିଳେ ।

ଆଳୁ ରୋଷେଇ କଲାବେଳେ ତାର ଚୋପା ବାହାର କରିବା ଉଚିତ ନୁହେଁ, କାରଣ ଏହି ଆଳୁ ଚୋପା ତଳେ ନାନାପ୍ରକାରର ଲବଣ ଓ ଭିଟାମିନ୍ ଥାଏ । ଆଜିକାଲି ଆଧୁନିକ ଯୁଗରେ ସୁନ୍ଦର ଦିଶିବା ପାଇଁ ବଡ଼ ବଡ଼ ହୋଟେଲ୍‌ଗୁଡ଼ିକରେ ଓ ଘରେ ଘରେ ଆଳୁର ଚୋପା ବାହାର କରାଯାଇଥାଏ । ଏହାଦ୍ୱାରା ଆଳୁର କିଛିଟା ଆବଶ୍ୟକୀୟ ଗୁଣ ନଷ୍ଟ ହୋଇଯାଇଥାଏ । ଛଡ଼ା ଆଳୁ ନିଶ୍ଚିତ ଭାବରେ ସୁନ୍ଦର ଦିଶେ; କିନ୍ତୁ ସବୁ ଜିନିଷର ବାହାରଟାକୁ ଦେଖିଲେ ହେବ ନାହିଁ ଭିତରଟାକୁ ମଧ୍ୟ ଧ୍ୟାନଦେବା ଉଚିତ । ଆଳୁ ଆଜିକାଲି ପାଉଡ଼ର ଭାବରେ ମଧ୍ୟ ବଜାରକୁ ଆସିଲାଣି । ଏହାକୁ ପାଣିରେ ମିଶାଇ ନାନାପ୍ରକାରର ସୁସ୍ୱାଦୁ ଖାଦ୍ୟ ପ୍ରସ୍ତୁତ ହୋଇପାରୁଛି । ଆମର ଯେପରି ଭାତ ମୁଖ୍ୟ ଖାଦ୍ୟ ସେପରି ଅନେକ ଦେଶରେ ଆଳୁକୁ ମୁଖ୍ୟ ଖାଦ୍ୟ ଭାବେ ବ୍ୟବହୃତ କରିଥାଆନ୍ତି । ଭାତ ଖାଇବା ସେମାନେ ଜାଣନ୍ତି ନାହିଁ । ଆଳୁ ସାଙ୍ଗରେ ମାଛ, ମାଂସ ଖାଇଥା'ନ୍ତି, ଠିକ୍ ଭାତ ଭଳି । କେତେକ ଦେଶରେ ଲୋକେ ପ୍ରଥମେ ଆଳୁ ଚଟଣୀରୁ ମେଞ୍ଚେ ଠିକ୍ ଭାତ ଭଳି ନେଇ, ତା' ପାଖରେ ମାଛ ମାଂସ ଲଗାଇ ମଧ୍ୟାହ୍ନ ଭୋଜନ କରିଥାନ୍ତି । କ୍ୟାଲୋରୀ ଅଧିକା ଥିବାରୁ ଡାଏବେଟିସ୍ ରୋଗୀଙ୍କ ପାଇଁ ଆଳୁ ପୁରାପୁରି ମନା । ଏଥିରେ ଥିବା ଶ୍ୱେତସାର ଖୁବ୍ ଶୀଘ୍ର ରକ୍ତରେ ମିଶିଯାଏ ଡାଏବେଟିସ୍ ରୋଗୀଙ୍କର । କିନ୍ତୁ ଆଳୁରେ ଥିବା ଭିଟାମିନ୍ ଏବଂ ଖଣିଜ ଲବଣଗୁଡ଼ିକ ଶରୀର ପାଇଁ ନିହାତି ଦରକାର । ତେଣୁ ଡାଏବେଟିସ୍ ରୋଗୀ ଅଳ୍ପ ପରିମାଣରେ ଆଳୁ ଖାଇଲେ କିଛି କ୍ଷତି ହେବ ନାହିଁ ବୋଲି ଗବେଷଣାରୁ ଜଣାପଡ଼ିଛି ।

ବିଲାତି ଆଳୁ ଉତ୍ପାଦନରେ ବିଶ୍ୱରେ ଏକ ଅଗ୍ରଣୀ ରାଷ୍ଟ୍ର ହୋଇଥିଲେ ହେଁ ଆମ ଦେଶରେ ବାର୍ଷିକ ମୁଣ୍ଡପିଛା ଏହାର ଉପଯୋଗ ମାତ୍ର ୧୪.୮ କିଲୋଗ୍ରାମ୍ ।

ଆଳୁରେ ଥିବା ରାସାୟନିକ ପଦାର୍ଥ

କ୍ରମିକ ନଂ.	ଉପାଦାନ	ପରିମାଣ
୧	ଜଳ	୭୮ ଗ୍ରା
୨	ଶ୍ୱେତସାର	୧୮ ଗ୍ରାମ୍
୩	ପୁଷ୍ଟିସାର	୧.୮୭ ଗ୍ରାମ୍
୪	ସ୍ନେହସାର	୦.୧ ଗ୍ରାମ୍
୫	ତନ୍ତୁ (fibre)	୧.୮ ଗ୍ରାମ୍
୬	ରାବୋଫ୍ଲାଭିନ୍	୦.୦୨ ମିଲିଗ୍ରାମ୍
୭	ଥାୟାମିନ୍	୦.୧୦ ମିଲିଗ୍ରାମ୍
୮	ନିୟାସିନ୍	୧.୪୦ ମିଲିଗ୍ରାମ୍
୯	ଲୌହ	୦.୩୧ ମିଲିଗ୍ରାମ୍
୧୦	ଫସ୍ଫରସ୍	୪୪ ମିଲିଗ୍ରାମ୍
୧୧	ପଟାସିୟମ୍	୩୭୯ ମିଲିଗ୍ରାମ୍
୧୨	କାଲ୍ସିୟମ୍	୫ ମିଲିଗ୍ରାମ୍
୧୩	ଭିଟାମିନ୍-ସି	୧୩ ମିଲିଗ୍ରାମ୍
୧୪	ଶକ୍ତି (କ୍ୟାଲୋରୀ)	୮୦ କିଲୋ କ୍ୟାଲୋରୀ

◆◆

ଆଜିକାଲିର ପେଟ୍ରୋଲ୍ ସମସ୍ୟା ଓ ତାହାର ସମାଧାନ

ପେଟ୍ରୋଲ୍‌ର ଅଭାବ ଆଜିକାଲି ଚାରିଆଡ଼େ ସମସ୍ୟା ସୃଷ୍ଟି କରିଛି । ଆବଶ୍ୟକ ଅନୁଯାୟୀ ପେଟ୍ରୋଲ୍ ମିଳୁ ନଥିବାରୁ ପେଟ୍ରୋଲ୍‌ର ଦାମ ବଢ଼ି ବଢ଼ି ଚାଲିଛି । ଆଶା କରାଯାଉଛି ଆଉ ପ୍ରାୟ ୫୦ବର୍ଷ ଭିତରେ ସାରା ପୃଥିବୀରୁ ସମସ୍ତ ପେଟ୍ରୋଲ୍ ସରିଯିବ । ସେଥିପାଇଁ ପୃଥିବୀର ବୈଜ୍ଞାନିକମାନେ ପରୀକ୍ଷା କରି ସ୍ଥିର କରିଛନ୍ତି କିଛିଟି ସମାଧାନ ।

ଗଛରୁ ମିଳିବ ପେଟ୍ରୋଲ୍ – ଆମେରିକା, ଆଫ୍ରିକା ଓ ଏସିଆର କେତେକ ଉଦ୍ଭିଦର ସନ୍ଧାନ ପାଇଛନ୍ତି ଯେଉଁଥିରୁ ଅନେକ ପରିମାଣରେ ତେଲ ବାହାର କରାଯାଇପାରିବ । ଏହି ତେଲ ଗାଡ଼ି ମଟର ଓ କଳକାରଖାନାରେ ବ୍ୟବହାର କରାଯାଇପାରିବ ଯୋଯୋବା ମଞ୍ଜି, ଗଫର ଗଛର ରସ, ମିଲ୍‌କ ଉଇଡ୍ ଗଛର

ରସ, କେପିଇବା ଗଛର ରସ ତଥା ସୂର୍ଯ୍ୟମୁଖୀ ମଞ୍ଜିରୁ ପ୍ରସ୍ତୁତ ତୈଳ ପେଟ୍ରୋଲ୍ ବା ଡିଜେଲ୍ ଭାବରେ ବ୍ୟବହାର କରାଯାଇପାରିବ । ଯୋଯୋବା ମଞ୍ଜିର ତୈଳ ଖଣିଜତୈଳ ଠାରୁ ଅଧିକ ଉନ୍ନତ ଧରଣର । ରାଜସ୍ଥାନ, ଗୁଜୁରାଟ, ମହାରାଷ୍ଟ୍ର ଆଦି ସ୍ଥାନରେ ଯେଉଁଠି ବର୍ଷାର ଘୋର ଅଭାବ ସେଠାରେ ଏହି ଗଛର ଚାଷ କରାଯାଇପାରିବ । ଗଫର ଗଛର ରସରୁ ବାର୍ଷିକ ଏକର ପିଛା ହାରାହାରି ଦଶ ବ୍ୟାରେଲ ଅଶୋଧିତ ତୈଳ ଉତ୍ପନ୍ନ ହୋଇପାରିବ । ସୂର୍ଯ୍ୟମୁଖୀ ମଞ୍ଜିର ତୈଳରୁ ଅଷ୍ଟ୍ରେଲିଆରେ ଡିଜେଲ୍ ପରିବର୍ତ୍ତେ ପରୀକ୍ଷାମୂଳକ ଭାବରେ ବ୍ୟବହାର କରାଯାଇଛି । ଗୋଟିଏ କେପିଇବା ଗଛର ରସରୁ ହାରାହାରି ୧୦/୧୨ ଲିଟର ତୈଳ ମିଳିଥାଏ । ଏହି ତୈଳକୁ ମଧ୍ୟ ସୂର୍ଯ୍ୟମୁଖୀ ମଞ୍ଜିର ତେଲ ଭଳି ସିଧାସଳଖ ଡିଜେଲ୍ ଟାଙ୍କିରେ ପୁରାଇ ଗାଡ଼ି ଚଳାଯାଇପାରିବ । ଏହିସବୁ ତୈଳ ଅଧିକ ଦହନକ୍ଷମ ଅବସ୍ଥାରେ ସାଧାରଣ ବ୍ୟବହାର ଯୋଗ୍ୟ ହୋଇପାରିଲେ ତୈଳ ସମସ୍ୟାର ଆଂଶିକ ସମାଧାନ ହୋଇପାରିବ ।

ଶକ୍ତିଦାୟକ ଆଲ୍‌କୋହଲ୍ :

ଇଂଲଣ୍ଡ ଫ୍ରାନ୍ସ ଆଦି ଦେଶରେ ମଟରଗାଡ଼ି ଚଳାଇବା ପାଇଁ ଆବଶ୍ୟକ ପେଟ୍ରୋଲ୍ ଉତ୍ପାଦିତ ହୁଏ ନାହିଁ । ବିଦେଶରୁ ପେଟ୍ରୋଲ୍ ଆମଦାନୀ ନକଲେ ସେମାନଙ୍କ ମଟରଗାଡ଼ି ଅଚଳ । ସେସବୁ ଦେଶର ବୈଜ୍ଞାନିକମାନେ ମିଥାନଲ, ଇଥାନଲ ଆଦିକୁ ପେଟ୍ରୋଲ୍ ପରିବର୍ତ୍ତେ ବ୍ୟବହାର କରନ୍ତି । ମିଥାନଲ ପେଟ୍ରୋଲ୍ ଠାରୁ ଅଧିକ ଶକ୍ତିଶାଳୀ ଦହନଯୁକ୍ତ ପଦାର୍ଥ । କୋଇଲା, କାଠ, ଗୋବର, ମଳ ଆଦିରୁ ମିଥାନଲ ପ୍ରସ୍ତୁତ ହୋଇପାରେ ।

ଇଥାନଲ ନଡ଼ା, କୁଟା, ଘାସ, ପନିପରିବା ଚୋପା, ଅଦରକାରୀ ଜୈବିକ ପଦାର୍ଥ ଓ ଚିନି କାରଖାନାରୁ ନିର୍ଗତ ହେଉଥିବା କଳାଗୁଡ଼ରୁ ପ୍ରସ୍ତୁତ ହୋଇଥାଏ । ମିଥାନଲ ଭଳି ଇଥାନଲ ଓ ପେଟ୍ରୋଲ୍ ମିଶ୍ରଣ ମଧ୍ୟ ଆଧୁନିକ ମଟର ଇଞ୍ଜିନ୍‌ରେ ବ୍ୟବହୃତ ହୋଇପାରିବ । ଏହି ମିଶ୍ରିତ ଇନ୍ଧନ ଇଞ୍ଜିନର କାର୍ଯ୍ୟଦକ୍ଷତା ବୃଦ୍ଧି କରିବା ସଙ୍ଗେ ସଙ୍ଗେ ଖର୍ଚ୍ଚର ପରିମାଣ ହ୍ରାସ କରିଥାଏ । ଏହାର ବ୍ୟବହାର ମଧ୍ୟ ପେଟ୍ରୋଲ୍ ତୁଳନାରେ ବାୟୁମଣ୍ଡଳକୁ କମ୍ ଦୂଷିତ କରେ ।

ଅଳିଆ ଗଦାରୁ ପେଟ୍ରୋଲ୍ :

ଏହି ସମ୍ପର୍କରେ ପ୍ରଥମେ ୧୯୩୫ ମସିହାରେ ଜର୍ମାନୀଠାରେ ଗବେଷଣା କରାହୋଇଥିଲା । ସେତେବେଳେ ହିଟଲର ଥିଲେ ନାଜି ନେତା । ହାନ୍ସ ଫିସର ଓ ଟ୍ରପ୍ସ ନାମକ ଦୁଇଜଣ ଜର୍ମାନୀ ବୈଜ୍ଞାନିକ ସର୍ବପ୍ରଥମେ ଅଳିଆଗଦାରୁ ପେଟ୍ରୋଲ୍ ଉତ୍ପାଦନ କରିବା ଆରମ୍ଭ କରିଥିଲେ, ତାଙ୍କ ମତ ଅନୁସାରେ ଅଳିଆକୁ ପ୍ରଥମେ ଦଗ୍ଧ କରି କାର୍ବନ ମନୋକ୍ସାଇଡରେ ପରିଣତ କରାଯାଏ ଓ ସେଥିରୁ ଉଦ୍‌ଜାନ ସାହାଯ୍ୟରେ ବିଜାରଣ କରି ପେଟ୍ରୋଲ୍ ଉତ୍ପାଦନ କରାଯାଏ । ଏହାକୁ କୃତ୍ରିମ ପେଟ୍ରୋଲ୍ କୁହାଯାଏ ।

ଆମୋନିଆ ଏକ ବିକଳ୍ପ ଇନ୍ଧନ :

ଉଦ୍‌ଜାନର କେତେକ ଯୌଗିକକୁ ପେଟ୍ରୋଲ୍ ରୂପେ ବ୍ୟବହାର କରିବା ପାଇଁ ଚେଷ୍ଟା ଚାଲିଛି । ଏହି ଯୌଗିକଗୁଡ଼ିକ ମଧ୍ୟରେ ଆମୋନିଆ ଅନ୍ୟତମ । ଇନ୍ଧନ ଭାବରେ ଉଦ୍‌ଜାନର ପ୍ରାୟ ସମସ୍ତ ସୁଗୁଣ ଆମୋନିଆରେ ରହିଛି । ତରଳ ଉଦ୍‌ଜାନଠାରୁ ଏହା ଅଧିକ ଶକ୍ତିଶାଳୀ ଇନ୍ଧନ ।

◆◆

ପରିବେଶ ପ୍ରଦୂଷଣ ଓ ଆମେ

ପରିବେଶ ପ୍ରଦୂଷଣ ଦ୍ୱାରା ଆମମାନଙ୍କର କିଛି ନା କିଛି କ୍ଷତି ହୁଏ ବୋଲି ଅଳ୍ପ ବହୁତେ ସମସ୍ତେ ଜାଣିଛନ୍ତି । ପରିବେଶ ପ୍ରଦୂଷଣ ଦ୍ୱାରା ଆମ୍ଭମାନଙ୍କର ଯେ ଏତେ ବେଶୀ କ୍ଷତି ହୁଏ ଏହା ଅନେକଙ୍କର କଳ୍ପନାର ବାହାରେ ।

ପରିବେଶ ପ୍ରଦୂଷଣ

ପରିବେଶ ଦୂଷିତକରଣରୁ ଶହ ଶହ ପ୍ରକାର ରୋଗ ହୋଇଥାଏ । କଲେରା, ଟାଇଫଏଡ୍, ବସନ୍ତ, ମିଳିମିଳା, ହାଡ଼ଫୁଟିଠାରୁ ଆରମ୍ଭ କରି କର୍କଟ ରୋଗ ପର୍ଯ୍ୟନ୍ତ ସବୁର ମୂଳ ଏହି ପରିବେଶ ପ୍ରଦୂଷଣ । କର୍କଟ ରୋଗ ପାଇଁ କେତେଗୁଡ଼ିଏ କାରଣ ରହିଛି । ସେଥିଭିତରୁ ପ୍ରଧାନ ହେଉଛି ଏହି ପ୍ରଦୂଷଣ ।

ଆଗକାଳ ଅପେକ୍ଷା ଆଜିକାଲି କର୍କଟ ରୋଗୀ ସଂଖ୍ୟା ବଢ଼ିଯାଇଛି । ଖାଲି ଆମ ଦେଶରେ କାହିଁକି ପୃଥିବୀର ସବୁ ଦେଶରେ କର୍କଟ ରୋଗୀଙ୍କ ସଂଖ୍ୟା ଢେର ବଢ଼ିଛି । ଆମ ଲୋକେ ସିଗାରେଟ୍ ଖାଇ ଧୂଆଁ ଛାଡ଼ୁଛନ୍ତି । ସେହି ଧୂଆଁ ପାଖରେ ବସିଥିବା ଲୋକଙ୍କ ପ୍ରଶ୍ୱାସରେ ସେମାନଙ୍କ ଦେହ ଭିତରକୁ ଯାଉଛି । ଏହା ଫଳରେ ସିଗାରେଟ୍ ନ ଖାଇଲେ ମଧ୍ୟ କର୍କଟ ରୋଗ ହେବା ସମ୍ଭାବନା । କଳକାରଖାନାର ଧୂଆଁ, ମଟରଗାଡ଼ି, ଟ୍ରକ, ବସର ଧୂଆଁ ନିଶ୍ଚିତ ଭାବରେ କର୍କଟ ରୋଗ କରାଏ । ଖାଦ୍ୟ ଅପମିଶ୍ରଣ ଏ ରୋଗର ଆଉ ଏକ କାରଣ । ପରିବେଶ ଦୂଷିତ ଯୋଗୁଁ ଏତେ ପ୍ରକାରର ରୋଗ ହୁଏ ଯେ, ତା'ର ହିସାବ ଦେବା କଷ୍ଟକର । ଦୂଷିତ ପରିବେଶ ଭିତରେ ରହିଲେ ମାନସିକ ବିକାରଜନିତ ରୋଗ ଜାତ ହୁଏ । କେତେ ପ୍ରକାର ପେଟ ରୋଗ ହୁଏ । ଖାଦ୍ୟ ଭଲଭାବରେ ହଜମ ହୁଏ ନାହିଁ । ଅଗ୍ନିମାନ୍ଦ୍ୟ ପ୍ରଭୃତି କେତେ ପ୍ରକାର ରୋଗ ହୁଏ । ଫୁସ୍‌ଫୁସ୍ ପ୍ରଦାହ, ବ୍ରୋଙ୍କାଇଟିସ୍ ଆଦି କେତେ ପ୍ରକାର ମାରାତ୍ମକ ରୋଗ ହୁଏ । କଳଖାରଖାନା, ଯାନବାହନକୁ ଆମର ଭୟ କରିବା କଥା । ଆମ ପରିବେଶକୁ ଦୂଷିତ କରିବାରେ ଏସବୁର କାମ ସବୁଠାରୁ ଅଧିକ । ପରିବେଶ ଦୂଷିତିକରଣ ଯୋଗୁଁ ବେଳେବେଳେ ଅମ୍ଳବୃଷ୍ଟି ହୁଏ । ତାହା ଉଦ୍ଭିଦ ଓ ଜଳଜ ପ୍ରାଣୀମାନଙ୍କ ଠାରେ ନାନା ରୋଗ କରାଏ ।

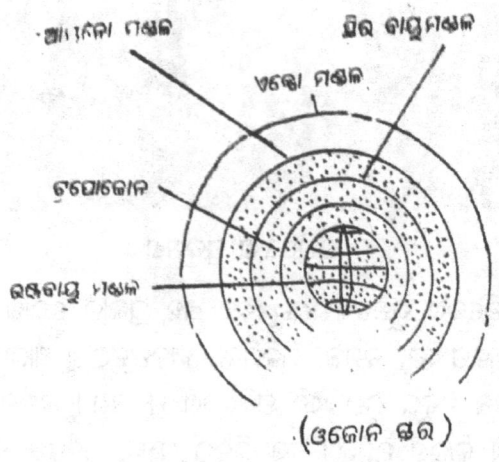

(ଓଜୋନ ସ୍ତର)

ଆମ ପରିବେଶକୁ ଧ୍ୱଂସ କରିବାକୁ ବସିଛି ଏକ ରାସାୟନିକ ପଦାର୍ଥ । ଯାହା ପାଇଁ ଆଜି ସାରା ପୃଥିବୀ ବ୍ୟସ୍ତ ଓ ଆତଙ୍କିତ । ଗତବର୍ଷ କାନାଡ଼ାର ମଣ୍ଟ୍ରିଅଲଠାରେ ସାରା ପୃଥିବୀର ନେତାମାନେ ବସି ଏକଥା ଆଲୋଚନା କରିଥିଲେ ।

ବ୍ରାଜିଲ୍‌ର ରିଓ-ଡ଼ି-ଜେନିରୋଠାରେ ମଧ୍ୟ ସେହି ଆଲୋଚନା ଚାଲିଲା । ଏହି ପଦାର୍ଥଟି ହେଉଛି କ୍ଲୋରୋଫ୍ଲୋରୋକାର୍ବନ୍ (Chlorofluro Carbon) ବା ସଂକ୍ଷେପରେ ସି.ଏଫ୍.ସି. (CFC) । ଏହି ପଦାର୍ଥଟି ବିଷାକ୍ତ ନୁହେଁ । ଏହା ରେଫ୍ରିଜେରେଟର, ଶୀତତାପ ନିୟନ୍ତ୍ରକ, କୋଲ୍ଡ଼ ଷ୍ଟୋରେଜ୍ ଆଦିରେ ବ୍ୟବହାର କରାଯାଏ । ଏହି ଯନ୍ତ୍ର ସବୁକୁ ଥଣ୍ଡା କରିବାରେ ଏହି ପଦାର୍ଥଟି ସାହାଯ୍ୟ କରେ । ଯନ୍ତ୍ର ଖରାପ ହୋଇଗଲେ ଏହି ତରଳ ପଦାର୍ଥଟି ବାଷ୍ପୀଭୂତ ହୋଇ ବାୟୁମଣ୍ଡଳକୁ ଚାଲିଯାଏ । ଏହା ଅନ୍ୟ ରାସାୟନିକ ପଦାର୍ଥ ଭଳି ସହଜରେ ଆପେ ଆପେ ନଷ୍ଟ ହୋଇଯାଏ ନାହିଁ । ଏହା ଉଠି ଉଠି ଆମ ବାୟୁମଣ୍ଡଳର ଉଷ୍ମବାୟୁମଣ୍ଡଳ ଟପି ସ୍ଥିର ବାୟୁମଣ୍ଡଳ ଠାରେ ପହଞ୍ଚି ସେଠାରେ ଥିବା ଓଜୋନ ସ୍ତରର ଅବକ୍ଷୟ କରେ । ଏହି ପଦାର୍ଥଟି ମଧ୍ୟ ଆମର ଅତର ସ୍ପ୍ରେ, କୀଟନାଶକ ସ୍ପ୍ରେ ଓ ଅନ୍ୟାନ୍ୟ କେତେକ ସ୍ପ୍ରେରେ ମଧ୍ୟ କାମ କରେ । ଆମେ ସୌଖୀନ କରି ଅତର ସ୍ପ୍ରେ ଆମ ଦେହରେ ପକାଇଲା କ୍ଷଣି ଅତର ଆମ ପୋଷାକରେ ଲାଗି ସୁଗନ୍ଧି କରାଏ ଓ ଏହି ଗ୍ୟାସ୍‌ଟି ଭାସିଯାଇ ଆକାଶକୁ ଚାଲିଯାଏ । ଏହା ଶେଷରେ ଉଠି ଉଠି ଓଜୋର ସ୍ତରଠାରେ ପହଞ୍ଚି ଏହାର ଅବକ୍ଷୟ କରାଏ ।

ବର୍ଷ ବର୍ଷ ଧରି ଏହି ଅବକ୍ଷୟ ଚାଲିବା ଫଳରେ ଓଜୋନ୍ ସ୍ତରରେ ଏକ ଫାଟ ବା କଣା ସୃଷ୍ଟି ହୋଇଯାଇଛି । ଏହା ହେବା ଅତ୍ୟନ୍ତ ମାରାତ୍ମକ । କାରଣ ଓଜୋନ୍ ସ୍ତରର କାମ ହେଲା ସୌରକିରଣ ସହିତ ଆସୁଥିବା ଅଲ୍ଟ୍ରାଭାୟୋଲେଟ୍ କିରଣକୁ ଛାଣିନେଇ ତାହାକୁ ପୃଥିବୀ ପୃଷ୍ଠକୁ ଆସିବାକୁ ନଦେବା । ଏହି ରଶ୍ମି ଆମମାନଙ୍କ ଶରୀର ଉପରେ ପଡ଼ିଲେ ମାରାତ୍ମକ ଚର୍ମ କର୍କଟ ଓ ଅନ୍ୟାନ୍ୟ ରୋଗ ସୃଷ୍ଟି କରାଏ । ବର୍ତ୍ତମାନ ବୈଜ୍ଞାନିକମାନଙ୍କର ଚିନ୍ତା ଏହି ଫାଟ ବା କଣାକୁ ସଜଡ଼ାଯିବ କେମିତି ? ଏଥିପାଇଁ ଯୋଜନା ହେଲାଣି । ଖାଲି କାର୍ଯ୍ୟକାରୀ ହେଲେ ଓଜୋନ୍ କଣାକୁ ବନ୍ଦ କରାଯାଇପାରିବ । ତା'ଛଡ଼ା ଏହି ଗ୍ୟାସର ପ୍ରସ୍ତୁତି ବନ୍ଦ କରିବାକୁ ପଡ଼ିବ । ଏହା ଯଦି କରାଯାଏ ରେଫ୍ରିଜେରେଟର ଆଦି ଯନ୍ତ୍ର ଚାଲିବା ପାଇଁ ଆଉ ଏକ ବିକଳ୍ପ ବ୍ୟବସ୍ଥା ପାଇଁ ଚେଷ୍ଟା ଚାଲିଛି । ଏହା କାର୍ଯ୍ୟକାରୀ ହେଲେ କ୍ଲୋରୋଫ୍ଲୋରୋ କାର୍ବନ (CFC) ର ଆବଶ୍ୟକତା ମୋଟେ ରହିବ ନାହିଁ, ଫଳରେ ଆମ ଓଜୋନ୍ ସ୍ତରର ଅବକ୍ଷୟକୁ ରୋକାଯାଇ ପାରିବ ।

◆◆

କୃତ୍ରିମ ବାତ୍ୟା

ସହର ବଜାର ଠାରୁ ଆରମ୍ଭ କରି ଗାଁ ଗଣ୍ଡା ପର୍ଯ୍ୟନ୍ତ ଆମ ରାଜ୍ୟର ଲୋକମାନେ ଊଣା ଅଧିକେ ଝଡ଼ ବା ବାତ୍ୟା ସହିତ କେବଳ ଯେ ପରିଚିତ ସେତିକି ନୁହେଁ, ବାତ୍ୟାର ନାମ ଶୁଣିବା ମାତ୍ରେ ଛପରଘରେ ରହୁଥିବା ଲୋକେ ଆତଙ୍କିତ ହୋଇଯାଆନ୍ତି । କାରଣ ବାତ୍ୟାର ଭୟାବହତା ଓ ତାହାର ଧନଜୀବନ ହାନୀକାରକ କଥା କାହାକୁ ଅଜଣା ନୁହେଁ । ପ୍ରାୟ ପ୍ରତିବର୍ଷ ଦକ୍ଷିଣ-ପଶ୍ଚିମ ମୌସୁମୀ ବାୟୁ ପ୍ରବାହର ପୂର୍ବରୁ ଓ ପରେ ବଙ୍ଗୋପସାଗରରେ ବାତ୍ୟା ସୃଷ୍ଟି ହୋଇ ପଶ୍ଚିମବଙ୍ଗ, ଓଡ଼ିଶା ଓ ଆନ୍ଧ୍ର ପ୍ରଦେଶର ଉପକୂଳ ଆଡ଼କୁ ଗତି କରିଥାଏ । ମଝିରେ ମଝିରେ ଏହା ପ୍ରବଳ ଆକାର ଧାରଣ କରି ସ୍ଥଳଭାଗ ଉପରେ ପ୍ରବାହିତ ହୁଏ ଓ ଧନଜୀବନର କ୍ଷତି ଘଟାଇଥାଏ । ଏହି ସମୟରେ ପ୍ରବଳ ବାୟୁ ପ୍ରବାହ ଚକ୍ରାକାରରେ ପ୍ରବାହିତ ହୋଇ ଉର୍ଦ୍ଧ୍ୱକୁ ଉଠିବା ଦ୍ୱାରା ଘଡ଼ଘଡ଼ି ସହ ମୂଷଳ ଧାରାରେ ବର୍ଷା ହେବାକୁ ହିଁ ବାତ୍ୟା କୁହାଯାଏ । ଏ ତ ହେଲା ଆମ ପ୍ରାକୃତିକ ବାତ୍ୟା କଥା । ଆମେରିକାର ଫ୍ଲୋରିଡ଼ାରେ ଥିବା ଅରଲାଣ୍ଡୋ ସହରରେ ଦେଖିବାକୁ ମିଳେ ଠିକ୍ ଏହିପରି ବାତ୍ୟା; କିନ୍ତୁ କୃତ୍ରିମ ଉପାୟରେ । ଏହି ବାତ୍ୟାକୁ ସେଠାକାର ଲୋକେ ଖୁସିରେ ଉପଭୋଗ କରନ୍ତି । ଆମେରିକାର ଫ୍ଲୋରିଡ଼ା ଷ୍ଟେଟ୍‌ରେ ଥିବା ୟୁନିଭର୍ସାଲ୍ ଷ୍ଟୁଡ଼ିଓ (Universal Studio) ବା ହଲିଉଡ୍ ଓ ଡିଜିନିଲ୍ୟାଣ୍ଡ (Disney land) ଦର୍ଶନୀୟ ସ୍ଥାନ ହିସାବରେ ପରିଚିତ । ଟିକିଏ ଛୁଟି ମିଳିଲେ ଆମେରିକାର ଚାରିଆଡ଼ୁ ଲୋକ ସେଠାରେ ବେଶ୍ ଭିଡ଼ ଜମାନ୍ତି । ସେଠାରେ ଦେଖିବାକୁ ମିଳେ ବିଜ୍ଞାନ ଓ ପ୍ରଯୁକ୍ତିବିଦ୍ୟାର ବିଭିନ୍ନ କୌଶଳ ଓ କରାମତି । ୫୦-୬୦ ପ୍ରକାରର ସୁନ୍ଦର ସୁନ୍ଦର ବିଜ୍ଞାନଭିତ୍ତିକ ରାଇଡ୍‌ସ ମଧ୍ୟ ରହିଛି । ବିଜ୍ଞାନ ବଳରେ ଆମେରିକୀୟମାନେ

ଏହିସବୁ ରାଇଡ୍ସ କୋଟି କୋଟି ଟଙ୍କା ଖର୍ଚ୍ଚ କରି ତିଆରି କରିଛନ୍ତି । ସେହିଗୁଡ଼ିକ ଦେଖିବାକୁ ସମସ୍ତଙ୍କର ବଡ଼ ଆଗ୍ରହ, ବେଶ୍ ମଜା ଲାଗେ । ସବୁଠାରୁ କୌତୁହଳ କୃତ୍ରିମ ବାତ୍ୟା ସୃଷ୍ଟି କରି ଦର୍ଶକମାନଙ୍କୁ ଥରକୁ ଥର ଦେଖାଇବା ପାଇଁ ସେଠାରେ ବ୍ୟବସ୍ଥା ରହିଛି । କୋଡ଼ିଏ ଜଣିଆ ଗ୍ରୁପ୍‌ରେ ଭିତରକୁ ଯିବାକୁ ପଡ଼େ । ଛାତ ଆଜ୍‌ବେଷ୍ଟସ୍ ଥିବା ଏକ ବାରଣ୍ଡା ଉପରେ ଛିଡ଼ା ହେବାକୁ ପଡ଼େ । ହଠାତ୍ ଆଲୋକ ଧୁମ୍‌ଧୁମ୍ ହୋଇ ପବନରେ ବନ୍ଦ ହୋଇଯାଏ, ଜୋର ବେଗରେ ପବନ ବହିବାକୁ ଆରମ୍ଭ କରେ । ନିଜ ଆଖି ସାମନାରେ ସତ ପେଟ୍ରୋଲ୍ ପମ୍ପ୍ ଭାଙ୍ଗି ହୁ ହୁ ହୋଇ ଜଳିବାକୁ ଆରମ୍ଭ କରେ । ଗଛ, ପତ୍ର, ଧୂଳି ସବୁ ଏତେ ଜୋରରେ ପବନରେ ଆକାଶରେ ଉଡ଼ିବାକୁ ଲାଗନ୍ତି । ସତକୁ ସତ ଗଛ ଭାଙ୍ଗି ତଳେ ଶୋଇଯାଏ । ପବନର ହୁ ହୁ ଶବ୍ଦ ହୁଏ ଧଡ଼୍ ଧଡ଼୍ ସବୁ ଭାଙ୍ଗିବାର ଶବ୍ଦ । ପୁଣି ଆଶ୍ଚର୍ଯ୍ୟର କଥା ଯେଉଁ ଚଟାଣ ଉପରେ ଦର୍ଶକମାନେ ଛିଡ଼ା ହୋଇ ଏହି ଦୃଶ୍ୟ ଦେଖୁଥିବେ ସେଇଠି ମଧ୍ୟ ହଲିବାକୁ ଆରମ୍ଭ କରେ । ଉପର ଆଜ୍‌ବେଷ୍ଟସ୍ ଛାତ ମଧ୍ୟ ଏତେ ଜୋର୍‌ରେ ହଲେ, ଯେମିତି ସାଙ୍ଗେ ସାଙ୍ଗେ ଉଡ଼ିଯିବ । ଏହା ସାଙ୍ଗକୁ ଟପ୍‌ଟାପ୍ ହୋଇ ବର୍ଷା ସାଙ୍ଗକୁ ବିଜୁଳି ଘଡ଼ଘଡ଼ି ଆରମ୍ଭ ହୋଇଯାଏ ଓ ଦର୍ଶକମାନଙ୍କ ଉପରେ ବର୍ଷା ପାଣି ମଧ୍ୟ ପଡ଼େ । ଦର୍ଶକମାନେ ଖୁସିମିଶା ଭୟରେ ଚିଲାଉଥା'ନ୍ତି । ପ୍ରାୟ ୨୦-୨୫ ମିନିଟ୍ ଏମିତି ସବୁ ଦୃଶ୍ୟ ହେଲା ପରେ ବାତାବରଣ ପୁଣି ଶାନ୍ତ, ନିର୍ମଳ ହୋଇଯାଏ । ଏହା କମ୍ ଆଶ୍ଚର୍ଯ୍ୟର ବିଷୟ ନୁହେଁ କି ? ଆଉ ଏକ ଦର୍ଶକ ଗ୍ରୁପ୍‌କୁ ସେହିପରି କୃତ୍ରିମ ବାତ୍ୟା ପୁନରାବୃତ୍ତି ହୋଇଥାଏ ।

କୃତ୍ରିମ ବାତ୍ୟା

ଏହାସବୁ ବିଜ୍ଞାନର କୌଶଳ ଓ କରାମତି । କୃତ୍ରିମ ବାତ୍ୟା ଲୋକଙ୍କ ସମ୍ମୁଖରେ ପହଞ୍ଚାଇ ପାରୁଛି କମ୍ କଥା ନୁହେଁ । ଏଥିପାଇଁ କୋଟି କୋଟି ଟଙ୍କା ଖର୍ଚ୍ଚ ହୋଇ ନାନାଦି ଯନ୍ତ୍ର ଖଞ୍ଜା ଯାଇଛି । ବଡ଼ ବଡ଼ ବୈଜ୍ଞାନିକମାନେ ଚିନ୍ତା କରି ବୁଦ୍ଧି ବାହାର କରିଛନ୍ତି ବୋଲି ଆଜି ଏହି କୃତ୍ରିମ ବିଦ୍ୟା ରାଇଡ଼ସ୍ ସଫଳ ହୋଇପାରିଛି । ଆମେରିକାର ଅନେକ ଅଞ୍ଚଳର ଲୋକେ ବାତ୍ୟା କ'ଣ ଅନୁଭବ କରିନାହାନ୍ତି । ଖାଲି ରେଡ଼ିଓ ଓ ଟେଲିଭିଜନ୍ ମାଧ୍ୟମରେ ଦେଖିଛନ୍ତି ବା ଶୁଣିଛନ୍ତି । କିନ୍ତୁ ଏହି ଦୃଶ୍ୟ ଥରେ ଦେଖିଲେ ସେମାନେ ବେଶ୍ ଅନୁଭବ କରିପାରିବେ, ପ୍ରକୃତ ବାତ୍ୟା କ'ଣ ଓ କେତେ ଭୟଙ୍କର ନ ହୋଇଥିବ ସତେ ? ଏହିଠାରେ ଆମେ ଧନ୍ୟବାଦ ଦେବା କଥା ବିଜ୍ଞାନ ଓ ପ୍ରଯୁକ୍ତି ବିଦ୍ୟାକୁ । କୃତ୍ରିମ ଉପାୟରେ ବୈଜ୍ଞାନିକ କୌଶଳରେ କ'ଣ ନ ହୋଇପାରୁଛି ।

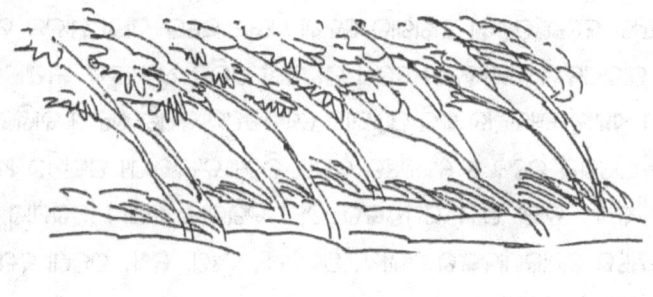

◆◆

ମଣିଷର ସେବାରେ ପରମାଣୁ ଶକ୍ତି

୧୯୪୫ ମସିହା ୬ ତାରିଖ ଓ ୯ ତାରିଖ ମନେ ପଡ଼ିଗଲେ ପରମାଣୁ ଶକ୍ତିର ଭୟାବହତା ଆମ ମନରେ ଶିହରଣ ସୃଷ୍ଟି କରେ । ଆଖି ପିଛୁଲାକେ ଜାପାନ ଦେଶର ହିରୋସୀମା ଓ ନାଗାସାକୀ ସହର ଦୁଇଟି କିପରି ଛାରଖାର ହୋଇଗଲା, ତାହା ସମସ୍ତଙ୍କୁ ଉଣା ଅଧିକେ ଜଣା । ପରମାଣୁ ମାରଣାସ୍ତ୍ରକୁ ଯୁଦ୍ଧରେ ବ୍ୟବହାର କଲେ ପୃଥିବୀ ଛାରଖାର ହେବା ସଙ୍ଗେ ସଙ୍ଗେ ସାରା ମାନବ ସମାଜ ଧ୍ୱଂସ ପାଇଯିବାର ସମ୍ଭାବନା । ତେଣୁ ପରମାଣୁ ଶକ୍ତିକୁ ଧ୍ୱଂସାତ୍ମକ କାର୍ଯ୍ୟରେ ନ ଲଗାଇ ଏହାକୁ ବ୍ୟବହାର କରି ପୃଥିବୀର ଦେଶସମୂହ କିପରି ଶିଳ୍ପ ଓ ବାଣିଜ୍ୟରେ ଅଧିକ ଆଗେଇ ଯିବେ ଓ ଦେଶରେ କିପରି ନିତ୍ୟ ବ୍ୟବହାର୍ଯ୍ୟ ପଦାର୍ଥର ଅଭାବ ରହିବ ନାହିଁ, ତାହା ଆମ ସମସ୍ତଙ୍କର ଚିନ୍ତା କରିବାର କଥା । ପରମାଣୁ ଶକ୍ତି ସାହାଯ୍ୟରେ ଲୋକମାନଙ୍କର ଅଭାବ, ଅସୁବିଧା, ଦୁଃଖ, କଷ୍ଟ, ଯନ୍ତ୍ରଣା ଦୂରୀଭୂତ ହେବ ବୋଲି ବୈଜ୍ଞାନିକମାନେ ଆଶା କରନ୍ତି ।

ପରମାଣୁ ବୋମା ଯୋଗୁଁ ଆଧୁନିକ ମନୁଷ୍ୟ ବିଜ୍ଞାନକୁ ଭୟ କରୁଛି । ବର୍ତ୍ତମାନ ବିଜ୍ଞାନ ଯେଉଁ ଆକାର ଧାରଣ କରିଛି, ତାହାକୁ ଆୟତ୍ତ କରିବା ପାଇଁ ଯଦି କୌଣସି ସୁବ୍ୟବସ୍ଥା ଗ୍ରହଣ କରା ନଯାଏ, ତେବେ ପରିଶେଷରେ ମାନବ ସମାଜର ଭୀଷଣ କ୍ଷତି ହେବ । ପରମାଣୁ ଶକ୍ତିର ବ୍ୟବହାର ସମ୍ପର୍କରେ ଯଦି କୌଣସି କଟକଣା କରା ନଯାଏ, ତେବେ ପରିଶେଷରେ ମାନବ ସମାଜ ତଥା ଶିକ୍ଷା, ସଭ୍ୟତା ଯେ ଧ୍ୱଂସପ୍ରାପ୍ତ ହେବ, ଏଥିରେ ତିଳେମାତ୍ର ସନ୍ଦେହ ନାହିଁ ।

ବର୍ତ୍ତମାନ ପରମାଣୁ ଶକ୍ତିର କି କି ଶାନ୍ତିକାଳୀନ ଉପଯୋଗ ସମ୍ଭବ ତତ୍ସମ୍ପର୍କରେ ଆଲୋଚନା କରିବା । ପରମାଣୁ ଯୁଗର ପ୍ରାରମ୍ଭରେ ବହୁଦିନରୁ

ଥିବା ଅସମ୍ଭବ ଘଟଣାଗୁଡ଼ିକ ଯେ ପରମାଣୁ ଶକ୍ତି ସାହାଯ୍ୟରେ ସମ୍ଭବ ହୋଇପାରିବ ଏଥିରେ ସନ୍ଦେହ ନାହିଁ । ଅଳ୍ପ କେଇ ଘଣ୍ଟା ମଧ୍ୟରେ ବିଷୁବରେଖା ଚାରିପାଖରେ ଘୂରି ଆସିବା ଏକ ସମୟରେ ଅସମ୍ଭବ ବ୍ୟାପାର ଥିଲା କହିଲେ ଚଳେ ।

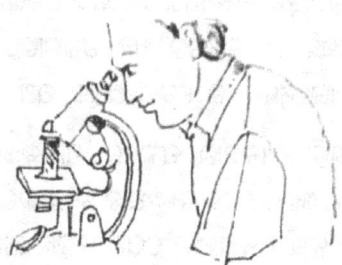

କାରଣ ଏକ ସମୟରେ ଆମ୍ଭମାନଙ୍କ ଦ୍ରୁତଗାମୀ ଉଡ଼ାଜାହାଜ ପକ୍ଷରେ ମଧ୍ୟ ଏପରି ଭାବରେ ଘୂରି ଆସିବା ଅସମ୍ଭବ ଥିଲା । କିନ୍ତୁ ଏହି ପରମାଣୁ ଶକ୍ତି ସାହାଯ୍ୟରେ ଆହୁରି ଦ୍ରୁତଗାମୀ ଉଡ଼ାଜାହାଜ ତିଆରି କରିବା କିଛି ବିଚିତ୍ର ନୁହେଁ । ଏହି ଜାହାଜର ବେଗ ଅତି ବେଶୀ ହୋଇପାରିବ । ଜାହାଜର ଇନ୍ଧନ, ପେଟ୍ରୋଲର ଅସୁବିଧା ଯଦି ଦୂର କରି ହୁଅନ୍ତା, ତେବେ ଦ୍ରୁତଗାମୀ ଜାହାଜ ତିଆରି ଯେ ସହଜ ହୁଅନ୍ତା, ଏଥିରେ ସନ୍ଦେହ ନାହିଁ । କାରଣ ଦ୍ରୁତଗାମୀ ଜାହାଜ ବହୁଦୂରକୁ ଯିବାକୁ ହେଲେ ସାଙ୍ଗରେ ବହୁତ ପେଟ୍ରୋଲ ନେବାକୁ ହୁଏ, ଫଳରେ ଜାହାଜଟି ଓଜନିଆ ହୋଇଯାଏ ଓ ଏହାର ବେଗ କମି ଆସେ । କିନ୍ତୁ ଯଦି ଏହି ଇନ୍ଧନର ଅସୁବିଧା ଦୂର କରାଯାଏ, ଅର୍ଥାତ୍ ପେଟ୍ରୋଲ ପରିବର୍ତ୍ତେ ପରମାଣୁ ଶକ୍ତି, ଯଦି ଇନ୍ଧନ ଭାବରେ ବ୍ୟବହୃତ ହୁଏ, ତେବେ ଦ୍ରୁତଗାମୀ ଜାହାଜ ଯେ ସମ୍ଭବପର ହେବ ଏଥିରେ ସନ୍ଦେହ ନାହିଁ । ଆମ୍ଭେମାନେ ଜାଣୁ ଯେ, ପ୍ରାୟ କୋଟିଏ ପାଉଣ୍ଡ ପେଟ୍ରୋଲର ଶକ୍ତି ସହିତ ମାତ୍ର ଗୋଟିଏ ପାଉଣ୍ଡ ୟୁରାନିୟମ୍ ଶକ୍ତି ସମାନ । ଯଦି ପୃଥିବୀ ଚାରିପାଖରେ ଏକାଧିକ ଥର ଘୂରି ଆସିବା ପାଇଁ ଗୋଟିଏ ଉଡ଼ାଜାହାଜ ଲକ୍ଷେ ପାଉଣ୍ଡ ପେଟ୍ରୋଲ ଦରକାର କରେ, ତେବେ ଅଳ୍ପ ପରିମାଣରେ ୟୁରାନିୟମ୍ ସାହାଯ୍ୟରେ ଏହି କାର୍ଯ୍ୟ ସମ୍ଭବପର ହୋଇପାରିବ । ଏହା ନିଃସନ୍ଦେହରେ କୁହାଯାଇପାରେ ।

ଏହି ଇନ୍ଧନର ଓଜନ ହେତୁ ଖୁବ୍ ବଡ଼ ବଡ଼ ଉଡ଼ାଜାହାଜ ତିଆରି ହୋଇପାରୁନାହିଁ। ପରମାଣୁ ଶକ୍ତିକୁ ବ୍ୟବହାର କରି ଥରକେ ହଜାର ହଜାର ଲୋକଙ୍କୁ ନେଲା ଭଳି ଉଡ଼ାଜାହାଜ ତିଆରି କରିହେବ । ଏଥିରେ ଶକ୍ତି ଉତ୍ପାଦନ ପାଇଁ ଛୋଟ ହାଲୁକା ରିଆକ୍ଟର ବ୍ୟବହାର କରାଯିବ । ବର୍ତ୍ତମାନ ସେଭଳି ରିଆକ୍ଟର ତିଆରି ହେଲାଣି । ସେହି ରିଆକ୍ଟରରେ ଅଳ୍ପ ପରିମାଣର ୟୁରାନିୟମ୍ ନେଲେ ବିରାଟକାୟ ଉଡ଼ାଜାହାଜ ସ୍ୱଚ୍ଛନ୍ଦରେ ବେଶ୍ ଅଧିକ ପଥ ଗତି କରିପାରିବ ।

ପରମାଣୁ ଶକ୍ତି ବ୍ୟବହାର ଫଳରେ ଯାନବାହାନରେ ମଧ୍ୟ ଯଥେଷ୍ଟ ଉନ୍ନତି ହେବ । ଇନ୍ଧନର ଓଜନ ସେମାନଙ୍କୁ ଆଉ ବ୍ୟସ୍ତ କରିବ ନାହିଁ ବା ସେମାନଙ୍କ ଦକ୍ଷତା କମାଇ ଦେବ ନାହିଁ । ବର୍ତ୍ତମାନ ଯେଉଁ ଉଡ଼ାଜାହାଜ ସାହାଯ୍ୟରେ ଛୋଟ ଛୋଟ ସହରକୁ ଯାଇ ହେଉଛି, ସେତିକି ବଡ଼ ଉଡ଼ାଜାହାଜ ସାହାଯ୍ୟରେ ବିରାଟ ଆଟ୍‌ଲାଣ୍ଟିକ୍ ବା ପ୍ରଶାନ୍ତ ମହାସାଗର ଅକ୍ଳେଶରେ ଅତିକ୍ରମ କରିବା ସମ୍ଭବ ହେବ । ବିରାଟ ମହାସାଗର ପାରିହେବାକୁ ହେଲେ ସାଙ୍ଗରେ ଯଥେଷ୍ଟ ପେଟ୍ରୋଲ୍ ନେବାକୁ ପଡ଼େ, ଫଳରେ ଉଡ଼ାଜାହାଜଟି ଛୋଟ ହୋଇପାରେ ନାହିଁ । ଏ ସହରରୁ ସେ ସହରକୁ ଯାଉଥିବା ଛୋଟ ଛୋଟ ଉଡ଼ାଜାହାଜ ସାହାଯ୍ୟରେ ଏହିଭଳି ଯାତ୍ରା ଅସମ୍ଭବ । ପେଟ୍ରୋଲ୍ ପରିବର୍ତ୍ତେ ପରମାଣୁ ଶକ୍ତିକୁ ବ୍ୟବହାର କଲେ ଏହି ଯାତ୍ରା ସମ୍ଭବପର ହେବ ।

ସମୁଦ୍ର ଗର୍ଭରେ ବଡ଼ ବଡ଼ ମାଲବାହୀ ଓ ଯାତ୍ରୀବାହୀ ଜାହାଜ ଭଳି ହଜାର ହଜାର ମିଟର ଲମ୍ବ ପରିମିତ ଉଡ଼ାଜାହାଜ ତିଆରି ହୋଇ ଏହି ଶକ୍ତି ସାହାଯ୍ୟରେ ଏ ଦେଶରୁ ସେ ଦେଶକୁ ଆକାଶ ପଥରେ ପଣ୍ୟଦ୍ରବ୍ୟ ଓ ହଜାର ହଜାର ଯାତ୍ରୀ ବୋହିନେଇ ହେବ । ଏହାର ପ୍ରଚଳନ ଫଳରେ ଲୋକମାନେ ଗୋଟିଏ ଦେଶରୁ ଅନ୍ୟ ଦେଶକୁ ଜଳପଥରେ ଯିବାକୁ ପସନ୍ଦ କରିବେ ନାହିଁ କି ବ୍ୟବସାୟୀ ବିଦେଶରୁ ପଣ୍ୟ ଦ୍ରବ୍ୟ ଇତ୍ୟାଦି ଉଡ଼ାଜାହାଜରେ ନ ଆଣି ଜଳଜାହାଜରେ ଆଣିବାକୁ ଇଚ୍ଛା କରିବେ ନାହିଁ । ସୁବୃହତ୍ ଜଳଜାହାଜମାନ ଯାତ୍ରୀମାନଙ୍କୁ ଉଦ୍ୟାନ, ପାର୍କ, ହୋଟେଲ୍, ସିନେମା ଇତ୍ୟାଦି ନାନା ଉପଭୋଗ୍ୟ ସ୍ଥାନର ସୁବିଧା ଦେଇ ଯେପରି ମହାସାଗର ମଧ୍ୟରେ ବୋହି ନେଇଯାଏ ସେହିଭଳି ପରମାଣୁ ଶକ୍ତି ସାହାଯ୍ୟରେ ବିରାଟ ଉଡ଼ାଜାହାଜ ଚାଳିତ ହୋଇ ଅକ୍ଳେଶରେ ଏକ ସଙ୍ଗେ ହଜାର

ହଜାର ଯାତ୍ରୀଙ୍କୁ ତା'ଠାରୁ ଅଧିକ ସୁବିଧା ଦେଇ ଏ ଦେଶରୁ ସେ ଦେଶକୁ ବୋହି ନେଇପାରିବ । ଏହି ଶକ୍ତି ହେତୁ ଏହି ବିରାଟ ବିରାଟ ଜାହାଜଗୁଡ଼ିକ ପଥରେ ତେଲ ନେବା ପାଇଁ ବାରମ୍ବାର ନ ଅଟକି ଏକାଥରକେ ଭାରତରୁ ଆମେରିକା ବା ଆମେରିକାରୁ ଅଷ୍ଟ୍ରେଲିଆ ପ୍ରଭୃତି ଦୀର୍ଘ ପଥ ସ୍ୱଚ୍ଛନ୍ଦରେ ଅତିକ୍ରମ କରିପାରିବେ ।

ଏହାଛଡ଼ା ସାଧାରଣ ଯାନବାହନଗୁଡ଼ିକର ମଧ୍ୟ ବହୁ ପରିବର୍ତ୍ତନ ଘଟିବ । ଏହି ଶକ୍ତିର ବ୍ୟବହାର ଫଳରେ ସପ୍ତାହରେ ମଟର ଟାଙ୍କିକୁ ୨-୪ ଥର ପୂର୍ଣ୍ଣ ନକରି ସାମାନ୍ୟ ଗୋଟିଏ ଭିଟାମିନ୍ ଭଳି ୟୁରାନିୟମ୍ ବଟିକା ସାହାଯ୍ୟରେ ବର୍ଷ ବର୍ଷ ପର୍ଯ୍ୟନ୍ତ ଗୋଟିଏ ମଟରଗାଡ଼ି ଚଳାଇ ହେବ । ମଟର ଗାଡ଼ି ଆଦି ଯାନବାହାନ ଚଳାଇବା ପାଇଁ ଛୋଟ ଛୋଟ ପରମାଣୁ ଶକ୍ତିଚାଳିତ ଇଞ୍ଜିନ୍ ତିଆରି କରିବାକୁ ହେବ । ଏହିଭଳି ଇଞ୍ଜିନ୍ ସାହାଯ୍ୟରେ ବଡ଼ ବଡ଼ ବସ୍, ଟ୍ରକ୍, ରେଳଗାଡ଼ି ଆଦି ସ୍ୱଚ୍ଛନ୍ଦରେ ଚଳାଇ ହେବ ।

ଆଶା କରିବା ଏହିସବୁ ପରିବର୍ତ୍ତନ ଖୁବ୍ ଶୀଘ୍ର ଆସି ଆମର ଜୀବନଯାତ୍ରାକୁ ଆହୁରି ସୁବିଧାଜନକ କରିଦେବ ।

◆◆

ଶକ୍ତି ଓ ଜାଳେଣୀ

ଉଦ୍ଭିଦରୁ ବାହାରୁଥିବା ପେଟ୍ରୋଲ୍ ଓ ଡିଜେଲ୍

ଆଜିକାଲି ପୃଥିବୀର ଗୋଟିଏ ବଡ଼ ସମସ୍ୟା ହେଲା ତୈଳ ବା ଶକ୍ତି ସମସ୍ୟା । ପ୍ରତ୍ୟେକ ଦେଶ ଏଥିପାଇଁ ବଡ଼ ଚିନ୍ତିତ । ପେଟ୍ରୋଲ୍ ବା ଗ୍ୟାସୋଲିନ୍‌ର ଅଭାବ ଏହି ସମସ୍ୟାଟିକୁ ଆହୁରି ଜଟିଳ କରିଦେଇଛି । ତାହା ସାଙ୍ଗକୁ ଆରବ ଦେଶମାନଙ୍କର ତୈଳ ଦର ବୃଦ୍ଧି ଆହୁରି ଭୟଙ୍କର ରୂପ ନେଇଛି । ଆମେରିକା, ଋଷ୍ ଭଳି ଧନୀ ଦେଶ ନିଜର ଉନ୍ନତ ବିଜ୍ଞାନ କୌଶଳ ସାହାଯ୍ୟରେ ତୈଳ ଶକ୍ତି ବଦଳରେ ପରମାଣୁ ଶକ୍ତି, ସୌର ଶକ୍ତି, ପବନ ଶକ୍ତି, ଭୂତାପୀୟ ଶକ୍ତି, ଜୁଆରୀୟ ଶକ୍ତି ଆଦିକୁ ନିଜ ନିଜ କାର୍ଯ୍ୟରେ ବ୍ୟବହାର କରିପାରିବେ; କିନ୍ତୁ ଭାରତ ଭଳି ଗରିବ ଦେଶ ପକ୍ଷେ ଏହା ସମ୍ଭବ କି ? ଯେତେ ତୈଳ ଦର ବୃଦ୍ଧି ହେଲେ ସୁଦ୍ଧା ଭାରତକୁ ନିଜର କଳକାରଖାନା, ଗାଡ଼ି, ମଟର ଆଦି ଚଳେଇବା ପାଇଁ ଆରବ ଦେଶରୁ ତୈଳ କିଣିବାକୁ ପଡ଼ିବ । ଯାହାଦ୍ୱାରା ଆମର ଅର୍ଥନୀତିର ଅବସ୍ଥା ଆହୁରି ଖରାପ ହୋଇପାରିବ ।

ବୈଜ୍ଞାନିକମାନେ ଯେଉଁସବୁ ଉଦ୍ଭିଦରୁ ତେଲର ସନ୍ଧାନ ପାଇଛନ୍ତି, ସେଗୁଡ଼ିକ ହେଲା :

୧. ଯୋଯୋବା ତେଲ

ଏହି ତେଲଟି ଯୋଯୋବା ନାମକ ଏକ ପ୍ରକାର ଗଛରୁ ତିଆରି କରାଯାଏ । ଏହା ସାଧାରଣତଃ ଏସିଆ ମହାଦେଶ ତଥା ଭାରତ ବର୍ଷରେ ଅଧିକ ପରିମାଣରେ ଦେଖାଯାଏ । ଏହି ଗଛର ମଞ୍ଜିରେ ଏକ ପ୍ରକାର ବିଶେଷ ଧରଣର ତେଲ ଥାଏ; ଯାହା ଖଣିଜ ତେଲ ଠାରୁ ଆହୁରି ଉନ୍ନତ ଧରଣର । ଏହାକୁ ସାଧାରଣତଃ ବିଭିନ୍ନ ଶିଳ୍ପକାରଖାନାରେ ଘର୍ଷଣ ହ୍ରାସକ ପଦାର୍ଥ (Lubricant) ଭାବରେ ବ୍ୟବହାର କରାଯାଇପାରିବ । ଏହି ଯୋଯୋବା ତେଲର ଅନ୍ୟ ବ୍ୟବହାର ମଧ୍ୟ ଅଛି । ଏହାକୁ ସାଧାରଣତଃ ସାବୁନ୍, ମହମବତୀ, ଶାମ୍ପୁ ଓ ରୂପ ପ୍ରସାଧନୀ ଭାବରେ ବ୍ୟବହାର କରାଯାଇପାରିବ । ଏହାର ଉଜ୍ଜ୍ୱଳ ଭବିଷ୍ୟତ ଦେଖି ଆମେରିକା ମଧ୍ୟ ଯୋଯବା ଚାଷ କରିବା ପାଇଁ ଯୋଜନା ତିଆରି କଲାଣି । ଏ ଗଛର ଗୋଟିଏ ବିଶେଷତ୍ୱ ହେଉଛି ଯେ, ଏହା ବଢ଼ିବା ପାଇଁ ଉର୍ବର ମାଟି, ସାର ବା ଅଧିକ ଜଳ ଦରକାର କରେ ନାହିଁ । ସେଥିପାଇଁ ଏହାକୁ ମଧ୍ୟ ବଡ଼ ବଡ଼ ମରୁଭୂମି ଅଞ୍ଚଳରେ ଚାଷ କରାଯାଇପାରିବ । ଆମ ଦେଶରେ ବିଶେଷ କରି ରାଜସ୍ଥାନ, ଗୁଜୁରାଟ, ମହାରାଷ୍ଟ୍ର ଓ ଉତ୍ତର ପ୍ରଦେଶରେ ଯେଉଁଠି ବର୍ଷାର ଘୋର ଅଭାବ ସେଠାରେ ବହୁତ ପରିମାଣରେ ଏହାକୁ ଚାଷ କରାଯାଇପାରିବ ।

ଏହି ଯୋଯୋବା ତେଲ ସମ୍ପନ୍ଧରେ ମାର୍କିନ୍ ନୋବେଲ୍ ପୁରସ୍କାର ବିଜେତା ମେଲ୍‌ଭିନ୍ କାଲ୍‌ଭିନ୍ ୧୯୭୪ ମସିହାରେ କହିଥିଲେ ଯେ, ଯଦି ଆମେ ଏହି ତେଲକୁ ବହୁଳ ଭାବରେ ବ୍ୟବହାର କରିପାରନ୍ତେ, ତେବେ ଆମର ଯେଉଁ ବାକୀ

ଅଳ୍ପ ପରିମାଣରେ କୋଇଲା, ତେଲ ଓ ଗ୍ୟାସ୍ ଭୂ-ଗର୍ଭରେ ଅଛି, ତାହାକୁ ଆମେ ଅଧିକ ଦିନ ପାଇଁ ସଞ୍ଚୟ କରିପାରନ୍ତେ ।

୨. ଗଫର ଗଛର ତେଲ

ଏହି ତେଲଟି ଆମେରିକାର କାଲିଫର୍ଣ୍ଣିଆ ରାଜ୍ୟର ଗଫର ଗଛର ରସରୁ ପ୍ରସ୍ତୁତ ହୁଏ । ଏହି ଗଛର ଗଣ୍ଠିରୁ ଏକ ପ୍ରକାର ଦୁଧିଆ ରସ ନିର୍ଗତ ହୁଏ, ଯାହାର ଏକ ତୃତୀୟାଂଶ ଖଣିଜ ତୈଳ ଭାବରେ ଦ୍ରବୀଭୂତ ହୋଇଥାଏ । ଏହି ଗଛଟି ରବର ଗଛର ପରିବାରଭୁକ୍ତ ଏବଂ ଏହାର ତେଲକୁ ରାସାୟନିକ ପ୍ରକ୍ରିୟାରେ ଗ୍ୟାସୋଲିନ୍ ଓ ଅନ୍ୟ ପେଟ୍ରୋଲିୟମ୍ ଜାତ ପଦାର୍ଥକୁ ପରିଣତ କରାଯାଇପାରିବ । ଏହି ଗଛ ମରୁଭୂମି ଅଞ୍ଚଳରେ ଚାଷ କରାଯାଇପାରିବ ଏବଂ ଏହି ଗଛରୁ ବାର୍ଷିକ ହାରାହାରି ଏକର ପିଛା ୧୦ ବ୍ୟାରେଲ୍ ଅଶୋଧିତ ତେଲ ଉତ୍ପାଦିତ ହୋଇପାରିବ । ଏହି ତେଲର ବ୍ୟବହାର ଅନେକ କଳକାରଖାନାରେ ଦେଖାଯାଏ ।

୩. ମିଲ୍କ ଉଇଡ୍

ଏହି ଗଛଟିକୁ ଆମେରିକାରେ ବହୁଳ ପରିମାଣରେ ଚାଷ କରାଯାଏ ଏବଂ ଏହାର ରସରେ ହାରାହାରି ଶତକଡ଼ା ୩୦ ଭାଗ ହାଇଡ୍ରୋକାର୍ବନ୍ ଜାତୀୟ ଜୈବ ପଦାର୍ଥ ଥାଏ । ବୈଜ୍ଞାନିକମାନେ ନିର୍ଦ୍ଧାରଣ କରିଛନ୍ତି ଯେ, ଗୋଟିଏ ଏକର ଜମିରେ ଏହି ଗଛ ଚାଷ କଲେ ବର୍ଷକୁ ହାରାହାରି ୧୨୦ ବ୍ୟାରେଲ୍ ତୈଳ ମିଳିପାରିବ । ଆଖୁ ଗଛକୁ ଯେମିତି ପୋଷଣ କରାଯାଏ, ଠିକ୍ ସେହିପରି ଏହି ଗଛକୁ ପୋଷଣ କରାଯାଇ ତେଲ ବାହାର କରାଯାଇପାରିବ । ଏହି ତେଲକୁ ଗାଡ଼ି, ମଟରରେ ପେଟ୍ରୋଲ୍ ବଦଳରେ ବ୍ୟବହାର କଲେ ଗାଡ଼ି ଚାଲିପାରିବ ।

୪. ସୂର୍ଯ୍ୟମୁଖୀ

ଅଷ୍ଟ୍ରେଲିଆ ଦେଶର କେତେକ ବୈଜ୍ଞାନିକ ପରୀକ୍ଷା କରି ଦେଖିଛନ୍ତି ଯେ, ଡିଜେଲ୍ ପରିବର୍ତ୍ତେ ଏହି ସୂର୍ଯ୍ୟମୁଖୀ ମଞ୍ଜିର ତେଲ ବ୍ୟବହାର କରାଯାଇପାରିବ । ଅଷ୍ଟ୍ରେଲିଆର ଡାର୍ଲିଙ୍ଗ୍ ଡାଉନ୍‌ସ ଇନ୍‌ଷ୍ଟିଚ୍ୟୁଟ୍ ଅଫ୍ ଆଡ୍‌ଭାନ୍‌ସଡ୍ ଏଜୁକେଶନ ଠାରେ ନିକଟରେ ଗୋଟିଏ ଡିଜେଲ୍ ଇଞ୍ଜିନ୍‌ରେ ଏହି ସୂର୍ଯ୍ୟମୁଖୀ

ତେଲକୁ ବ୍ୟବହାର କରି ଇଞ୍ଜିନ୍‌କୁ ବେଶ୍ ସୁରୁଖୁରୁରେ ଚଲାଯାଇ ପାରିଥିଲା । ଏହି ତେଲର ଭବିଷ୍ୟତ ଅତି ଉଜ୍ଜ୍ୱଲ ।

୫.   କେପିଇବା ଗଛର ତେଲ

        ଏହାକୁ ଦକ୍ଷିଣ ଆମେରିକାର ଆମାଜନ୍ ନଦୀ କୂଳରେ ଚାଷ କରାଯାଏ । ଏହି ଗଛଟି ରବର ଜାତୀୟ । ପେଟ୍ରୋଲ ଯେଉଁ ହାଇଡ୍ରୋକାର୍ବନ୍ ଜାତୀୟ ରବର ଯେମିତି ରବର ଗଛର ରସରୁ ବାହାରେ । ଏହି ପେଟ୍ରୋଲ ମଧ୍ୟ ଏହି ଗଛର ରସରେ ମିଶି ରହିଥାଏ । ଏହି ଗଛ ଖୁବ୍ ବଡ଼ ହୁଏ । ଏହାର ବକଲ ତଳେ ସରୁ ସରୁ ନଳୀରେ ଏହି ମଟର ତେଲ ସଞ୍ଚିତ ହୋଇଥାଏ । ରବର ଗଛରେ ଯେମିତି କଣାକରି ଲେଟେକ୍ ସଂଗ୍ରହ କରାଯାଏ ଏହି ଗଛରେ ଠିକ୍ ସେମିତି କଣା କରାଯା ଗଛର ରସ ସଂଗ୍ରହ କରାଯାଏ । ଗଛଗୁଡ଼ିକ ଖୁବ୍ ଉଚ୍ଚ; ୧୫୦-୧୦୦ ଫୁଟ ଉଚ୍ଚ ହେବ । ମୋଟେଇ ହେବ ପ୍ରାୟ ସାଢ଼େ ତିନି ଫୁଟ । ଗୋଟିଏ ଗୋଟିଏ ଗଛରୁ ହାରାହାରି ୧୦-୧୨ ଲିଟର ଡିଜେଲ ତେଲ ମିଳେ । ପ୍ରତି ୬ ମାସରେ ଥରେ ଲେଖାଏଁ ଏହି ତେଲ ସଂଗ୍ରହ କରାଯାଏ । ଜଣଙ୍କ ବାଡ଼ିରେ ଶହେ ଗଛ ଥିଲେ ବର୍ଷକରେ ଡିଜେଲ୍ ଖର୍ଚ ମେଣ୍ଟାଯାଇ ପାରିବ । ଆଉ ଡିଜେଲ କିଣିବା ଦରକାର ନାହିଁ । ଚାଷୀମାନେ ଯଦି ଧାନ, ଗହମ ଚାଷ କଲାଭଳି ଏହି ଗଛକୁ ଚାଷ କରନ୍ତି, ତେବେ ଡିଜେଲ ସମସ୍ୟା ସବୁଦିନ ପାଇଁ ପ୍ରାୟତଃ ଦୂର ହୋଇଯିବ । ଏହି ତେଲକୁ ସିଧାସଳଖ ଡିଜେଲ ଟାଙ୍କିରେ ପୂରାଇ ମଟର ଗାଡ଼ି ଚଲାଯାଇପାରିବ ।

        ଏହିସବୁ ଗଛର ତେଲ ଯଦି ଉନ୍ନତ ଅବସ୍ଥାରେ ବଜାରକୁ ନିକଟ ଭବିଷ୍ୟତରେ ଆସେ, ତେବେ ଆମ ତୈଳ ସମସ୍ୟା ଅନେକାଂଶରେ ଦୂର ହୋଇପାରିବ ବୋଲି ଆଶା ।

◆◆

ବାଣ

ବାଣର ଆଦର ଅନେକ ଦିନରୁ ରହିଛି । ଦୀପାବଳୀ ଅମାବାସ୍ୟା, ବିବାହ, ବ୍ରତ ଆଦିରେ ଲୋକେ ବାଣ ଫୁଟାଇଥାନ୍ତି । ବର ରୋଷଣୀ କରି ବିଭାହେବା ପାଇଁ ଯାଏ । ବିଭାଗର ବେଳେ ତୋପ, ହାବେଲି, ବାଣ, ଗୁଟି, ଚକିରି ଆଦି କେତେ କ'ଣ ବାଣ ନେଇ ବର ବଡ଼ ଜାକଜମକରେ ଆସିବାର ଦେଖାଯାଏ । ଦୀପାବଳୀ ଅମାବାସ୍ୟାରେ ଫୁଲଝରି, ରଙ୍ଗ ଦିଆସିଲି ଫଟକା, ଭୂଇଁ ଫଟକା, ଗୁଟି, ହାବେଲି ଆଦି କେତେ ରକମର ମନୋମୁଗ୍ଧକର ଜିନିଷ ଜଳାଇ ଆନନ୍ଦ ପାଇଥାନ୍ତି । ଏହି ବାଣର ମୂଳପିଣ୍ଡ ହେଉଛି ବାରୁଦ । ବାରୁଦ ଅଙ୍ଗାର, ସୋରା ଓ ଗନ୍ଧକର ଏକ ମିଶ୍ରଣ । ଏହି ମିଶ୍ରଣ ସହିତ ଛୋଟବଡ଼ ଆଲୁମିନିୟମ କଣିକା ମିଶାଇ ଗୋଟିଏ ସରୁ ତାରରେ ଲଗାଇଦେଲେ ତାହା ଫୁଲଝରିରେ ପରିଣତ ହୁଏ । ଏହାକୁ ଜଳାଇଲେ ପ୍ରଥମେ ଏଥିରେ ମିଶା ହୋଇଥିବା ବାରୁଦ ଜଳେ ଓ ଏହା ତାପ ପ୍ରଦାନ କରେ । ସେହି ତାପରେ ଆଲୁମିନିୟମ୍ କଣିକା ଦଗ୍ଧହୋଇ ଉଜ୍ଜ୍ୱଳ ଆଲୋକ ପ୍ରଦାନ କରେ । ଏହି ହେଲା ଫୁଲଝରି । ବାରୁଦ ସହିତ କ୍ୟାଲ୍‌ସିୟମ୍ ଲବଣ, ପଟାସିୟମ ଲବଣ, ସ୍ଟ୍ରାନ୍‌ସିୟମ ଲବଣ ମିଶାଇ କାଠି ସହିତ ବୋଲି ଶୁଖାଇଲେ ଏହା ରଙ୍ଗ ଦିଆସିଲି କାଠିରେ ପରିଣତ ହୁଏ । ଏହା ଜଳିଲେ ବିଭିନ୍ନ ଲବଣ ନେଇ ଭିନ୍ନ ଭିନ୍ନ ରଙ୍ଗର ଆଲୋକ ଉତ୍ପାଦନ କରେ । ଖାଲି ବାରୁଦକୁ ସରୁ ତାଲପତ୍ର ଭିତରେ ଟାଣକରି ଗୁଡ଼ାଇ ଗୁଡ଼ାଇ ଫଟକା ପ୍ରସ୍ତୁତ କରାଯାଏ । ଏହା ନିଆଁ ଲାଗିଲେ ଶବ୍ଦ କରି ଫୁଟେ । ବିଭାଘରରେ ଯେଉଁ ତୋପ ଖୁବ୍ ଆବାଜ କରି ଫୁଟେ । ସେଥିଭିତରେ ବାରୁଦ ଥାଏ ଓ ଏହା ସୁତୁଲି ସାହାଯ୍ୟରେ ଖୁବ୍ ଟାଣ ହୋଇ ଗୁଡ଼ା ହୋଇଥାଏ । ଏହା ଯେତେ ଟାଣ ହୋଇ ଗୁଡ଼ା ହେବ ସେତେ ଜୋର ଆବାଜ କରି ଫୁଟିବ । ହାବେଲି ବାଣରେ ସେମିତି ବାରୁଦ ଥାଏ । ଏଥିରେ ନିଆଁ

ଡ଼: ଜ୍ୟୋସ୍ନା ମହାପାତ୍ରଙ୍କ ଲୋକପ୍ରିୟ ବିଜ୍ଞାନ

ଲଗାଇଦେଲେ ଏହା ସୁର୍‌କରି ଉପରକୁ ଉଠିଯାଏ । ବେଳେବେଳେ ହାବେଳି ସହିତ ତୋପ ସଂଯୁକ୍ତ ଥାଏ, ଫଳରେ ଏହା ଉଚ୍ଚ ଆକାଶରେ ପହଞ୍ଚି ଶବ୍ଦ କରି ଫୁଟେ । ଏହି ତୋପ ସହିତ ଶବ୍ଦ କରି ଫୁଟିବା ସଙ୍ଗେ ସଙ୍ଗେ ଏଥିରେ ଥିବା ଷ୍ଟ୍ରାନସିୟମ୍ ଲବଣରେ ଅଗ୍ନି ସଂଯୁକ୍ତ ହେଲେ ଏହା ଲାଲ୍ ରଙ୍ଗର ଆଲୁଅ ପ୍ରଦାନ କରି ଜଳିବାକୁ ଲାଗେ । ଏହା ଏକ ଫୁଲହାର ଗୁନ୍ଥିଲା ଭଳି ଦିଶେ । ଏହାକୁ ଫୁଲହାର ହାବେଳି କୁହାଯାଏ ।

କେତେକ ଗଛ ବାଣରେ ଏକ ବାଉଁଶ ଖୁଣ୍ଟରେ ଅଲଗା ଅଲଗା ଉଚ୍ଚତାରେ ତୋପ ସବୁ ଖଞ୍ଜା ହୋଇଯାଏ । ତୋପର ଅଗରେ ଏକ ନଳୀରେ ମ୍ୟାଗ୍ନେସିୟମ୍ ଧାତୁର ଗୁଣ୍ଡ ଅଳ୍ପ ବାରୁଦ ସହିତ ମିଶିକରି ଥାଏ । ଏହି ଗଛ ବାଣରେ ନିଆଁ ଲଗାଇଦେଲେ ଏହି ନଳୀସବୁ ଖୁବ୍ ଉଜ୍ଜ୍ୱଳ ଆଲୋକ ପ୍ରଦାନ କରି ଜଳେ । ଅତର ଶେଷ ଆଡ଼କୁ ଅଗ୍ନିତୋପ ସହିତ ସଂଯୁକ୍ତ ହେଲେ ଖୁବ୍ ଆବାଜ କରି ଠୋ ଠୋ ଯୁକ୍ତ ହେଲେ ଖୁବ୍ ଆବାଜ କରି ଠୋ ଠୋ ହୋଇ ଏକ ସଙ୍ଗେ ନ ଫୁଟି ଗୋଟିକ ପରେ ଗୋଟିଏ କରି ଫୁଟେ ।

ବାଣ ବା ଆତସବାଜି ବହୁ ପ୍ରକାର ଅଛି । ଏହି ବାଣର ଆରମ୍ଭ ଆମ ଭାରତ ବର୍ଷରେ । ଆମଠାରୁ ଶିଖି ଆଜିକାଲି ବିଭିନ୍ନ ଦେଶରେ ଏହାର ପ୍ରଚଳନ

ବଢ଼ିବାରେ ଲାଗିଛି । ସେସବୁ ଦେଶର ଶୁଭଦିନମାନଙ୍କରେ ସ୍ୱାଧୀନତା ଦିବସ ବା ଅନ୍ୟ ଦିନମାନଙ୍କରେ ବିଭିନ୍ନ ପ୍ରକାରର ବାଣ ରଙ୍ଗରଙ୍ଗିଆ ଆଲୋକ ଦେଖିବାକୁ ମିଳେ । ଆଜିକାଲି ଏହା ଶୁଭ ଓ ଆନନ୍ଦର ଏକ ପ୍ରତୀକ ହିସାବରେ ଧରାଯାଏ । ଆମ୍ଭମାନଙ୍କର ତ ସ୍ୱତନ୍ତ୍ର ବର୍ଷ ଦୀପାବଳି ଅଛି ପ୍ରତିବର୍ଷ କିଛି ନା କିଛି ନୂଆ ପ୍ରକାରର ବାଣ ବଜାରକୁ ଆସିଥାଏ ।

ବାହାଘର ଆଦି ଶୁଭକାମରେ ଆମ ଦେଶର ଲୋକେ ଅତ୍ୟଧିକ ପଇସା ଅଯଥା ନଷ୍ଟ କରିଥାନ୍ତି ଏହି ବାଣ ଫୁଟାଇବାରେ । ଏହା କରିବା ଆଦୌ ଉଚିତ ନୁହେଁ ଆମର ଟିକିଏ ଖୁସି ପାଇଁ ପଇସା ଗୁଡ଼ିକ ଏହିପରି ଜଳାଇଦେବା ଠିକ୍ ନୁହେଁ । ସେହି ପଇସା ଅନ୍ୟମାନଙ୍କର ଯେ କେତେ କାମରେ ଆସିବ ବୁଝିବା କଥା । ନିଜର ଖୁସି ପାଇଁ ଅଳ୍ପ କିଛି ପଇସା ଖର୍ଚ୍ଚ କଲେ ଚଳିବ । ଏହି ବାଣରେ ବିଭିନ୍ନ ପ୍ରକାରର ରାସାୟନିକ ପ୍ରକ୍ରିୟା ହୋଇଥାଏ । ତେଣୁ ପିଲାମାନଙ୍କୁ ଏହିଥିରୁ ଦୂରେଇ ରଖିବା ଉଚିତ ।

◆◆

"ଆ' ଜହ୍ନମାମୁଁ ଶରଦ ଶଶୀ
ମୋ କାହ୍ନୁ ହାତରେ ପଡ଼ରେ ଖସି"

(କାଦମ୍ବିନୀର 'କୁନାକୁନି' ପତ୍ରିକାରେ ପ୍ରକାଶିତ)

ଛୋଟବେଳେ ଶୁଣିଥିବା ଏହି ଦୁଇ ଲାଇନ୍ ଆଜି ଆମର ଦୃଷ୍ଟି ଆକର୍ଷଣ କରିଛି । ଆମ ଜହ୍ନମାମୁଁ ବା ବିଜ୍ଞାନରେ କହୁଥିବା 'ଚନ୍ଦ୍ର' ଆଜି ଆମ ନିକଟତର ଆଉ ଅଜଣା ଅଚିହ୍ନା ନୁହେଁ । ବୈଜ୍ଞାନିକଙ୍କର ଦିନ ଦିନ ଚେଷ୍ଟା, ଅକ୍ଳାନ୍ତ ପରିଶ୍ରମ ଅଜସ୍ର ସ୍ୱପ୍ନ ଆଜି ସଫଳ ହୋଇଛି । ମା' ମାନେ ଯେତେବେଳେ ପିଲାଙ୍କୁ କୋଳରେ ଧରି ଶୁଆଉଥାନ୍ତି ପୂର୍ଣ୍ଣମୀ ଆକାଶରେ ରୂପାଥାଳି ପରି ଦିଶୁଥିବା ଚନ୍ଦ୍ରକୁ ହାତ ଦେଖାଇ ମା' ମାନେ ଏହି ଗୀତ "ଆ ଜହ୍ନ ମାମୁଁ ଶରଦ ଶଶୀ.... ଗାଇ ଗାଇ ପିଲାଙ୍କୁ ଶୁଆଉଥାନ୍ତି କେଉଁ ଯୁଗେ ଯୁଗେ । ମା' କୋଳରୁ ହିଁ ପିଲା ଚନ୍ଦ୍ରକୁ ଚିହ୍ନିଥାଏ । ବିଜ୍ଞାନ ଭାଷାରେ 'ଜହ୍ନ'କୁ 'ଚନ୍ଦ୍ର' କୁହାଯାଏ ।

ଚନ୍ଦ୍ର ହେଉଛି ପୃଥିବୀର ପ୍ରାକୃତିକ ଉପଗ୍ରହ । ପୁନେଇଁର ସଞ୍ଜ ଆକାଶରେ ରୂପା ଥାଳି ଭଳି ଝଲସୁଥିବା ଜହ୍ନକୁ ଛୁଇଁବାର ଆଶା ମଣିଷ ହୃଦୟରେ କାଳ କାଳରୁ ବସା ବାନ୍ଧି ଆସିଛି । ଚନ୍ଦ୍ର ପୃଥିବୀ ଚାରିପଟେ ୨୭.୩୨୨ ଦିନରେ ଥରେ ଘୂରିଆସେ । ଏହା ଏକ ଉପବୃତ୍ତାକାର ପଥରେ ପୃଥିବୀ ଚାରିପଟେ ଘୁରୁଥିବାରୁ ଏହାର ଦୂରତା ପୃଥିବୀ ଠାରୁ ମାସର ସବୁ ସମୟରେ ସମାନ ନଥାଏ । ପୃଥିବୀ ଠାରୁ ଏହାର ଦୂରତା ହାରାହାରି ୩୮,୪୪୦୦ କିଲୋମିଟର । ଏହା ନିଜ ଅକ୍ଷ ଚାରିପଟେ ଘୂରିବାର ସମୟ ପାଖାପାଖି ୨୯ ଦିନ ।

ଆଧୁନିକ ବୈଜ୍ଞାନିକମାନେ ମତ ଦିଅନ୍ତି ଚନ୍ଦ୍ରର ସୃଷ୍ଟି ହୋଇଛି ପୃଥିବୀରୁ, ହିନ୍ଦୁ ପୁରାଣକାରୀମାନେ ମଧ୍ୟ କହନ୍ତି ଚନ୍ଦ୍ରର ସୃଷ୍ଟି ସାଗରରୁ । ଦେବ ଓ ଦାନବମାନଙ୍କ ଦ୍ୱାରା ସମୁଦ୍ର ମନ୍ଥନବେଳେ ଚନ୍ଦ୍ର ସାଗରରୁ ସୃଷ୍ଟି ହେଲା ପାରିଜାତ, ଅମୃତ, ଲକ୍ଷ୍ମୀ ଆଦିଙ୍କ ସହିତ । ଜଗତର ମାତା ଲକ୍ଷ୍ମୀଙ୍କର ସହୋଦର ଭାବରେ ସମୁଦ୍ରରୁ ଜନ୍ମି ଥିବାରୁ ଚନ୍ଦ୍ର ପରିଚିତ ହେଲା । ଆମ ମାମୁଁ ଭାବରେ କେଉଁ ଯୁଗରୁ କିଏ ଜାଣିଥିଲା ଏତେ ଦୂରରେ ଥିବା ଏହି ମାମୁଁ ଘରେ ଦିନେ ଆମେ ନିଶ୍ଚୟ ପହଞ୍ଚିବା । ଆଜି ଏହା ସଫଳ ହୋଇପାରିଛି ବୈଜ୍ଞାନିକଙ୍କର ଦିନଦିନ ଗବେଷଣା ଫଳରେ ।

ସେହିଦିନଠାରୁ ଚନ୍ଦ୍ରକୁ ଆମେ ଡାକିଲୁ ମାମୁଁ, ଜହ୍ନମାମୁଁ ବଡ଼ ବିଚିତ୍ର ଆଧୁନିକ ବୈଜ୍ଞାନିକମାନେ ମଧ୍ୟ ମତ ଦିଅନ୍ତି ଚନ୍ଦ୍ର ସୃଷ୍ଟି ହୋଇଛି ପ୍ରଶାନ୍ତ ମହାସାଗରରୁ । ପୃଥିବୀ ଯେତେବେଳେ ଅର୍ଦ୍ଧତରଳ ଅବସ୍ଥାରେ ନିଜ ଅକ୍ଷ ଚାରିପଟରେ ଘୂର୍ଣ୍ଣାୟମାନ ଥିଲା, ସେଥିରେ ଖଣ୍ଡିଏ ଅଂଶ ଛିଟିକି ଯାଇ ଏହାଠାରୁ କିଛି ଦୂରରେ ଏହାକୁ ପ୍ରଦକ୍ଷିଣ କରିବାକୁ ଲାଗିଲା । ଏହି ଛିଡ଼ିକି ଯିବା ଅଂଶଟି ହେଲା ଚନ୍ଦ୍ର । ପୃଥିବୀର ଯେଉଁ ଅଂଶରୁ ଛିଡ଼ିକି ଯାଇଥିଲା, ପୃଥିବୀ ଯଥେଷ୍ଟ କଠିନ ହୋଇଯାଇଥିବାରୁ ସେହି ଅଂଶ ଆଉ ପୂର୍ଣ୍ଣ ହୋଇପାରିଲାନି ଖାଲୁଆ ହୋଇ ରହିଗଲା । ଏହି ଖାଲୁଆ ଅଂଶ ପରେ ଜଳ ପୂର୍ଣ୍ଣ ହୋଇ ସୃଷ୍ଟି କଲା ଆଜିକାଲିର ପ୍ରଶାନ୍ତ ମହାସାଗର ।

ଏହି ଚନ୍ଦ୍ରକୁ କିଏ ଦେବତା ରୂପରେ ବନ୍ଦନା କରି ଚନ୍ଦ୍ରକୁ ପୂଜା କରେ ତ ପୁଣି କିଏ କିଏ ଅକ୍ଳାନ୍ତ ପରିଶ୍ରମ କରି ତା' ନିକଟରେ ପହଞ୍ଚିବାକୁ ମହାକାଶଯାନ

ନିର୍ମାଣ କରେ । ଚନ୍ଦ୍ରକୁ ଯାଇ ସେଠାରେ ବସତି ସ୍ଥାପନ କରି ଚନ୍ଦ୍ରକୁ ପୃଥିବୀର ଏକ ଉପନିବେଶରେ ପରିଣତ କରିବା ପାଇଁ ବିଭିନ୍ନ ଦେଶର ବୈଜ୍ଞାନିକମାନଙ୍କର ପ୍ରବଳ ଜିଦ୍ । ଅଦମ୍ୟ ଚେଷ୍ଟା, ଅକ୍ଳାନ୍ତ ପରିଶ୍ରମ ତାହା ଆମକୁ ହୃଦୟଙ୍ଗମ କରାଇଛି ଚନ୍ଦ୍ରଯାନ-୩ ।

ଅଗଷ୍ଟ ମାସ ୨୩ ତାରିଖ ସନ୍ଧ୍ୟା ୬.୦୪ ମିନିଟ୍‌ରେ ବିଜ୍ଞାନ ରଚିଲା ଆମର ଏକ ନୂଆ ଇତିହାସ । ଆମ ଭାରତ ସଫଳତାର ସହିତ ଭାରତୀୟ ମହାକାଶ ଗବେଷଣା ସଂସ୍ଥା (ଇସ୍ରୋ)ର ଲ୍ୟାଣ୍ଡର 'ବିକ୍ରମ' ଚନ୍ଦ୍ରର ଦକ୍ଷିଣ ମେରୁରେ ସମ୍ପୂର୍ଣ୍ଣ ନିରାପଦତା ଓ କୋମଳତାର ସହ ଅବତରଣ କରି ବିଶ୍ୱ ରେକର୍ଡ଼ ସୃଷ୍ଟି କରିପାରିଛି । ଚନ୍ଦ୍ରର ଦକ୍ଷିଣ ମେରୁରେ ପୃଥିବୀର କୌଣସି ରାଷ୍ଟ୍ର ଆଜି ପର୍ଯ୍ୟନ୍ତ ନିଜର ଲ୍ୟାଣ୍ଡର ଅବତରଣ କରାଇପାରି ନାହାନ୍ତି । ରୁଷିକାର ଚେଷ୍ଟା ବିଫଳ ହେଲା ଏବଂ ବିଶ୍ୱ ରେକର୍ଡ଼ ସୃଷ୍ଟି କରିବାକୁ ବଡ଼ ଆଶାୟୀ ଥିଲା ରୁଷିଆ । ଏହା ଚନ୍ଦ୍ର ପୃଷ୍ଠରେ ଛୁଇଁବା ପୂର୍ବରୁ ଲୁନା-୨୫ ଧ୍ୱସ୍ତ ବିଧ୍ୱସ୍ତ ହୋଇଗଲା । ସେହି ରାଷ୍ଟ୍ର ମହାକାଶକୁ ପ୍ରଥମ ମଣିଷ ପଠାଇଥିଲା ଯାହାଙ୍କର ନାମ ଥିଲା 'ୟୁରି ଗାଗାରିନ୍' ଏବଂ ପ୍ରଥମ ମହିଳା ପଠାଇଥିଲା ଭାଲେଣ୍ଟିନା ତେରେସ୍କୋଭା । କିନ୍ତୁ ଦୁଃଖର କଥା ସେହି ରାଷ୍ଟ୍ର ଅଗଷ୍ଟ ୨୧ ତାରିଖ ୨୦୨୩ ଦିନ ଲ୍ୟାଣ୍ଡର କ୍ରାସ୍ ହୋଇଗଲା ଆଶା ପୂର୍ଣ୍ଣ ହେଲା ଭାରତର । ଆଗରୁ ରୁଷିଆ ତା'ର ଯାନ ପହଞ୍ଚିବାର ଆଶା ଧୂଳିସାତ ହୋଇଗଲା । ଠିକ୍ ୧୫ ଦିନ ପରେ ଭାରତ ରଚିତ ଇତିହାସ । କି ଭାଗ୍ୟ ସତେ ଭାରତର ।

ଚନ୍ଦ୍ର ପୃଷ୍ଠରେ ସହଜ ଭାବରେ ଅବତରଣ କରିବାରେ ଆମେରିକା, ଚୀନ୍ ଓ ରୁଷିଆ ପରେ ଭାରତ ବିଶ୍ୱର ୪ର୍ଥ ରାଷ୍ଟ୍ର ଭାବରେ ମାନ୍ୟତା ଲାଭ କଲା ।

ଚନ୍ଦ୍ରରେ ଜଳର ସନ୍ଧାନ କରିବାରେ ପ୍ରଥମ ଥର ପାଇଁ ଚନ୍ଦ୍ରଯାନ-୧ ହି ସଫଳ ହୋଇଥିଲା ଜଳର ସନ୍ଧାନ ସହ କେତେ ପରିମାଣର ଜଳ ଉପଲବ୍ଧ ହୋଇପାରିବ, ସେହି ବିଷୟରେ ଗବେଷଣା ମଧ୍ୟ ଚନ୍ଦ୍ରଯାନ-୩ର ପ୍ରଧାନ ଲକ୍ଷ୍ୟ । ଚନ୍ଦ୍ରଯାନରେ ହିଲିୟମ-୩ ବାଷ୍ପର ଆଗରୁ ସନ୍ଧାନ ମିଳିଛି ଯାହାକି ଶକ୍ତିର ବିରାଟ ଉତ୍ସ । ଏହାଛଡ଼ା ଚନ୍ଦ୍ରରେ ନାନାପ୍ରକାରର ଖଣିଜ ପଦାର୍ଥ ଭରି ରହିଛି ସେହି ବିଷୟରେ ଯଥେଷ୍ଟ ଅନୁଧ୍ୟାନ କରାଯିବ । ଚନ୍ଦ୍ରର ମୃତ୍ତିକାର ରାସାୟନିକ, ଭୌତିକ

ଆଦିର ଅନୁଧ୍ୟାନ କରାହେବ । ଚନ୍ଦ୍ରର ଖଣିଜ ପଦାର୍ଥଗୁଡ଼ିକ ଯଥା ଆଇରନ୍, ଟାଇଟାନିୟମ୍, ଆଲୁମିନିୟମ୍, ସିଲିକନ୍, କ୍ୟାଲସିୟମ୍, ମ୍ୟାଗ୍ନେସିୟମ୍, ମାଙ୍ଗାନିଜ ଇତ୍ୟାଦି । ମିଥେନ୍, ଅଙ୍ଗାରକାମ୍ଳ, ଆମୋନିଆ, କାର୍ବନ ମନୋକ୍ସାଇଡ୍ ଇତ୍ୟାଦି ବାଷ୍ପ ମଧ୍ୟ ଚନ୍ଦ୍ରରେ ଦେଖାଯାଏ । ଚନ୍ଦ୍ରର ମୃତ୍ତିକାରେ ମଧ୍ୟ ସୁନା ରହିଛି । ଏହାଛଡ଼ା ୟୁରାନିୟମ, ଇଟ୍ରିୟମ୍, ସିରିଅମ, ଲାନ୍ଥାନାମ, ଥୋରିୟମ ରେଡ଼ିଓ ଆକ୍‌ଟିଭ୍ ମୌଳିକ ପଦାର୍ଥମାନ ମଧ୍ୟ ରହିଥିବାର ଜଣାଯାଏ ।

ଚନ୍ଦ୍ରଯାନ-୩ର ନିର୍ଦ୍ଦେଶକ ଥିଲେ ମୋହନ କୁମାର ଏବଂ ରକେଟ୍ ନିର୍ଦ୍ଦେଶକ ବିଜୁ.ସି. ଥୋମାସ୍ । ୫୪ ଜଣ ମହିଳା ବୈଜ୍ଞାନିକ ଓ ଇଞ୍ଜିନିୟର ଚନ୍ଦ୍ରଯାନ-୩ର ମିଶନରେ ଅକାଳ ପରିଶ୍ରମ କରିଛନ୍ତି । ବୈଜ୍ଞାନିକ ଏସ୍. ସୋମନାଥ ଇସ୍ରୋର ନିର୍ଦ୍ଦେଶକ ଭୂମିକା ସୁଚାରୁ ରୂପେ ଚଲେଇଥିଲେ ।

ଶେଷରେ ଆଜି କହିବି ଦିନ ଆସିବ ଯେତେବେଳେ ଆମେ କଳିଙ୍ଗ ପୁସ୍ତକମେଳା, ଏକ୍‌ଜିବିସନ୍ ଗ୍ରାଉଣ୍ଡରେ ନକରି ଚନ୍ଦ୍ରପୃଷ୍ଠରେ କରିବାକୁ ପସନ୍ଦ କରିବା, ଏହା କିଛି ଅସମ୍ଭବ ନୁହେଁ ! ! !

ଆଜି ଭାରତର ଚନ୍ଦ୍ରାବିଭାଜନ କୋଟି କୋଟି ଭାରତୀୟ ହୃଦୟକୁ ପୁଲକିତ କରିପାରିଛି । ପ୍ରତ୍ୟେକ ଭାରତୀ ଛାତି ଫୁଲେଇ କହୁଛି "ସ୍ୱର୍ଗାଦପି ଗରୀୟସୀ ଜନନୀ ଜନ୍ମଭୂମି ମୋ ନିଜର ଭାରତ" । ଖସି ପଡ଼ିଛି ଆଜି ସତରେ ଆମ ଜହ୍ନମାମୁଁ ଆମ ହାତରେ ଆଉ ଅଚିହ୍ନା ଅଜଣା ନାହିଁ । ଆମର ଅତି ନିକଟରେ ଏବଂ ଆମ ବୈଜ୍ଞାନିକମାନଙ୍କର ଅକ୍ଳାନ୍ତ ପରିଶ୍ରମର ଫଳ ।

◆◆

ଚିନି ଓ କୃତ୍ରିମ ଚିନି

ଚିନି ଏକ ନିତ୍ୟ ବ୍ୟବହାର୍ଯ୍ୟ ପଦାର୍ଥ । ଏହା ଅତି ପୁରାକାଳରୁ ଏକ ପ୍ରାକୃତିକ ମଧୁର ପଦାର୍ଥ ଭାବେ ବ୍ୟବହୃତ ହୋଇ ଆସୁଛି । ଆଜିକାଲି ମିଠା ଖାଇବାକୁ ସମସ୍ତଙ୍କର ଭୟ । କାରଣ ଅଧିକ ଚିନି ଖାଇଲେ ନାନା ପ୍ରକାର ରୋଗ ହୁଏ ଏବଂ ଅଧିକ ମୋଟା ହୋଇଯିବାର ଆଶଙ୍କା ମଧ୍ୟ ଅଛି ।

ଚିନିର ରାସାୟନିକ ନାମ ହେଉଛି ସୁକ୍ରୋଜ (Sucrose) । ରାସାୟନିକ ସଙ୍କେତ ହେଲା - $C_{12}H_{22}O_{11}$ । ଏହା ସାଧାରଣତଃ ଆଖୁ, ବିଟ୍, ତାଳରସ, ଖଜୁରୀ ରସ ଓ ମେପଲ ରସରୁ ତିଆରି ହୋଇଥାଏ । ଚିନିଠାରୁ ଆହୁରି ଅଧିକ ମିଠା ଏକ ପ୍ରାକୃତିକ ଚିନି ଅଛି ତାହାର ନାମ ହେଉଛି ଫ୍ରୁକ୍ଟୋଜ୍ (Fructose) ବା ଫଳ ଶର୍କରା । ଏହା ଚିନିଠାରୁ ପ୍ରାୟ ଦୁଇଗୁଣ ଅଧିକ ମିଠା । ଏହା ମହୁରେ ଓ ବିଭିନ୍ନ ପ୍ରକାର ଫଳ ରସରେ ଥାଏ । ପ୍ରାକୃତିକ ମିଠା ପଦାର୍ଥ ଅନେକ ଅଛି ଯଥା ଗ୍ଲୁକୋଜ୍, ମାଇଟୋଲ, ଲାକଟୋଜ ଇତ୍ୟାଦି । କିନ୍ତୁ ଏହିଗୁଡ଼ିକ ସୁକ୍ରୋଜ ବା ଫ୍ରୁକ୍ଟୋଜଠାରୁ କମ୍ ମିଠା । ସୁକ୍ରୋଜ୍ ସହିତ କ୍ଲୋରିନ୍ ଗ୍ୟାସକୁ

ପ୍ରତିକ୍ରିୟା କରାଇ ଆଜିକାଲି ଯେଉଁ କ୍ଲୋରୋସ୍ୟୁକ୍ରୋଜ୍ ପ୍ରସ୍ତୁତ କରାଯାଉଛି ତାହା ଚିନି ଅପେକ୍ଷା କେତେ ଶହ ଗୁଣ ଅଧିକ ମିଠା । ସେହିସବୁ କୃତ୍ରିମ ମଧୁର ପଦାର୍ଥ ମଧ୍ୟରେ ସବୁଠାରୁ ପୁରାତନ ହେଲା ସାକାରିନ୍ ଓ ତା'ପରେ ସାଇକ୍ଲାମେଟ୍ ସୃଷ୍ଟି ହେଲା ।

ସାକାରିନ୍

ଶୁଣିଲେ ଆଷ୍ଟର୍ଯ୍ୟ ଲାଗିବ । ଏହା କୃତ୍ରିମ ଭାବରେ ଆଲକାତରାରୁ ପ୍ରସ୍ତୁତ ହୁଏ । ଏହା ସାଧାରଣତଃ ଦାନ୍ତଘଷା ପେଷ୍ଟଠାରୁ ଆରମ୍ଭ କରି ନାନା ପ୍ରକାର ଔଷଧରେ ବ୍ୟବହୃତ ହୋଇଥାଏ । ବହୁମୂତ୍ର ବା ଡାଇବେଟିସ୍ ରୋଗୀମାନଙ୍କୁ ଚିନି ଖାଇବାକୁ ମନା ହୋଇଥିବାରୁ ସେମାନେ ଏହାକୁ ଚିନି ବଦଳରେ ବ୍ୟବହାର କରିଥାନ୍ତି । ସାକାରିନ୍ ଅନ୍ୟ ଏକ ପ୍ରସ୍ତୁତ ପ୍ରଣାଳୀ ମଧ୍ୟ ଅଛି । ପ୍ରାୟ ୧୦୦ ବର୍ଷ ତଳର କଥା । ସେତେବେଲେ ଦୁଇଜଣ ରସାୟନବିତ୍ ବାଲ୍ଟିମୋର ସହରସ୍ଥିତ ଜନ୍ ହଫକିନ୍ସ ବିଶ୍ୱବିଦ୍ୟାଳୟରେ ଗବେଷଣା କରୁଥିଲେ । ସେଠାରେ ସେମାନେ ଅବସ୍ଥାତ୍ ଏକ ଅତି ମିଠା ଜିନିଷର ଉଦ୍ଭାବନ କଲେ, ଯାହାକୁ ଟଲୁଇନ୍ ସଲଫୋନିକ୍ ଏସିଡ୍ ଜାରଣ କରି ପାଇଥିଲେ । ତାହାର ନାମ ସେମାନେ ରଖିଥିଲେ ଅର୍ଥୋସଲଫୋବେନଜିମାଇଡ୍ । ଏହା ଏକ ଧଳା ଦାନାଦାର ପଦାର୍ଥ, ଯାହା ଗନ୍ଧବିହୀନ କିନ୍ତୁ ଅତ୍ୟଧିକ ମିଠା । ଏହା ଚିନିଠାରୁ ୫୦୦-୭୦୦ ଗୁଣ ଅଧିକ ମିଠା । ଏହାର ବ୍ୟବହାର ଆଜିକାଲି ଦୁନିଆରେ ଅତ୍ୟଧିକ । ସାକାରିନ୍ ୧୮୭୯ ମସିହାରେ ଆବିଷ୍କୃତ ହୋଇଥିଲା ଏବଂ ବ୍ୟାବସାୟିକ ଭିତ୍ତିରେ ୧୯୦୦ ମସିହାରେ ଏହାର ପ୍ରାରମ୍ଭିକ ବ୍ୟବହାର ହୋଇଥିଲା । ସାଇକ୍ଲାମେଟ୍ ।

ସାକାରିନ୍ ଉଦ୍ଭାବନର ପ୍ରାୟ ୫୦ ବର୍ଷ ପରେ ଆଉ ଏକ ପ୍ରକାର କୃତ୍ରିମ ମିଠାକାରକ ପଦାର୍ଥ ସାଇକ୍ଲାମେଟର ଉଦ୍ଭାବନ ହେଲା । ଏହାର ଅନ୍ୟ ନାମ ସୁକାରିଲ । ଏହା ମଧ୍ୟ ଅକସ୍ମାତ ୧୯୩୭ ମସିହାରେ ଆମେରିକାର ଇଲିନଏ ବିଶ୍ୱବିଦ୍ୟାଳୟରେ ମାଇକେଲ୍ ସେଭେଡ଼ାଙ୍କ ଦ୍ୱାରା ଆବିଷ୍କୃତ ହୋଇଥିଲା । ଏହାର ରାସାୟନିକ ନାମ ହେଲା ସୋଡ଼ିୟମ୍ ସାଇକ୍ଲୋହେକ୍‌ସେନ୍ ସଲ୍‌ଫାମେଟ୍ । ଏହା ସାକାରିନ୍‌ର ୮ ଭାଗରୁ ୧ ଭାଗ ମିଠା ଏବଂ ଏହା ସୁକ୍ରୋଜ୍‌ଠାରୁ ୧୦୦ ଗୁଣ ଅଧିକ ମିଠା । ଏହା ବଜାରରେ ସୁକାରିଲ କ୍ୟାଲସିୟମ୍ ନାମରେ ବିକ୍ରୀ ହୁଏ ।

ସାକାରିନ୍ ଓ ସାଇକ୍ଲାମେଟ୍ କୃତ୍ରିମ ମଧୁର ପଦାର୍ଥ ଭାବରେ ଭାରତଠାରୁ ଆରମ୍ଭ କରି ପାଶ୍ଚାତ୍ୟ ଦେଶମାନଙ୍କରେ ଦୀର୍ଘଦିନ ଧରି ବ୍ୟବହୃତ ହୋଇ ଆସୁଥିଲା । କିନ୍ତୁ ଏବେ ଏହାର ଅପକାରିତା ସମ୍ପର୍କରେ ଜଣାପଡ଼ିଛି ଫଳରେ ଏହାର ଲୋକପ୍ରିୟତା ହ୍ରାସ ପାଉଛି । ୧୯୬୧ ମସିହାଠାରୁ ଆମେରିକା, ବ୍ରିଟେନ୍, କାନାଡ଼ା ଏବଂ ଅନ୍ୟ କେତୋଟି ଦେଶରେ ସାଇକ୍ଲାମେଟ୍‌ର ବ୍ୟବହାର ନିଷିଦ୍ଧ କରାଯାଇଛି । ଗବେଷଣାରୁ ଜଣାପଡ଼ିଛି ଯେ ଏହା ମଣିଷର ମୂତ୍ରାଶୟରେ କର୍କଟ ରୋଗ ଜାତ କରାଇବାର ଅଧିକ ସମ୍ଭାବନା ଥାଏ । ସେହିଭଳି ଗତ କେତେବର୍ଷ ଠାରୁ ଆମେରିକାରେ ସାକାରିନ୍‌ର ବ୍ୟବହାର ମଧ୍ୟ ନିଷିଦ୍ଧ କରି ଦିଆଯାଇଛି । ଏହାର ଅତ୍ୟଧିକ ବ୍ୟବହାରରେ କର୍କଟ ରୋଗ ହେବାର ସମ୍ଭାବନା ଅଧିକ । ସେହି ଦେଶଗୁଡ଼ିକର ସରକାର ସାକାରିନ୍‌କୁ ମଧ୍ୟ ଖାଦ୍ୟ ଓ ଔଷଧ ପ୍ରଶାସନ - Food and Drug Administration (F.D.A) ତାଲିକାରୁ ବାଦ୍ ଦେଇଛନ୍ତି । ଏହିସବୁ ମାରାତ୍ମକ ଦୋଷତ୍ରୁଟି ହେତୁ ଏହା ଉପରେ ଅଧିକ ଗବେଷଣା ଚାଲିଛି ଏବଂ ନୂଆ ନୂଆ ପ୍ରକାରର ମିଠାକାରକ ପଦାର୍ଥ କରିବା ପାଇଁ ଚେଷ୍ଟା ଚାଲିଛି ।

ଏହି ଅଳ୍ପ କେତେଦିନ ତଳେ ଆଲକାତରାରୁ କୃତ୍ରିମ ଭାବରେ ବହୁ କୃତ୍ରିମ ମିଠାକାରକ ପଦାର୍ଥର ସଂଶ୍ଲେଷଣ କରାଯାଇଛି । ସେଥିମଧ୍ୟରୁ ଗୋଟିକର ନାମ ହେଉଛି ପି - ୪୦୦୦ । ଏହା ଚିନି ଠାରୁ ୪୦୦୦ ଗୁଣ ଅଧିକ ମିଠା, ଏହା ଅର୍ଥ ହେଉଛି ଏଥିରୁ ଏକ କିଲୋଗ୍ରାମ୍ ଓଜନର ପଦାର୍ଥ ଯେତେ ପାଣିକୁ ମିଠା କରିପାରିବ, ଚାଳିଶ କୁଇଣ୍ଟାଲ୍ ଚିନି ଦରକାର ହେବ । ଏଥିରୁ ଟୋପାଏ

ଗୋଟିଏ କୂଅ ପାଣିରେ ପକାଇଦେଲେ କୂଅର ସବୁତକ ପାଣି ପାଟିକୁ ମିଠା ଲାଗିବ । ଆଜିକାଲି ପ୍ରାୟ ୪୦ରୁ ଅଧିକ ଏହିଭଳି କୃତ୍ରିମ ମିଠାକାରକ ପଦାର୍ଥ ପ୍ରସ୍ତୁତ ହେଲାଣି । ସେସବୁ ଚିନିଠାରୁ ଢେର ଅଧିକ ମିଠା କିନ୍ତୁ ଶରୀରପକ୍ଷେ ବିଶାକ୍ତ । ତେଣୁ ମିଠା ଲୋଭଛାଡ଼ି ଲୋକମାନେ ଏହିସବୁ କୃତ୍ରିମ ମିଠା ଆଦୌ ଖାଇବା ଉଚିତ ନୁହେଁ ।

◆◆

ଘରେ ଘରେ ତୁଳସୀ ଚଉଁରା ରଖିବା
ନିହାତି ଆବଶ୍ୟକ

ତୁଳସୀ ଚଉଁରା ଓ ସେଥିରେ ତୁଳସୀ ଗଛ ହିନ୍ଦୁ ଧର୍ମର ପ୍ରତୀକ । ପ୍ରତ୍ୟେକ ହିନ୍ଦୁ ଘରେ ତୁଳସୀ ଚଉଁରାଟିଏ ନିଶ୍ଚୟ ଥାଏ । ଏହା ଆଜକୁ ହଜାର ହଜାର ବର୍ଷ ହେଲା ଚଳି ଆସୁଛି । ତୁଳସୀ ଚଉରା ଓ ତୁଳସୀ ଗଛମୂଳେ ମୁଣ୍ଡିଆ ନ ମାରିଲେ ବହୁ ହିନ୍ଦୁନାରୀ ଖାଦ୍ୟ ସ୍ପର୍ଶ କରନ୍ତି ନାହିଁ । ଘରର ଏକ ଦେବତା ଭାବରେ ତୁଳସୀ ଗଛକୁ ପୂଜା କରାଯାଇଥାଏ । ବର୍ତ୍ତମାନ ଆମ ଦେଶର ଅତ୍ୟାଧୁନିକ ସ୍ତ୍ରୀ ଲୋକମାନେ ଏହାକୁ ଅନ୍ଧବିଶ୍ୱାସ ବୋଲି କହି ଆଉ ତୁଳସୀ ଚଉଁରା ମୂଳେ ମୁଣ୍ଡିଆ ମାରିବା ଦେଖାଯାଏ ନାହିଁ କି ଘରେ ତୁଳସୀ ଗଛ ରଖିବାର ଦେଖାଯାଏନାହିଁ । ଶୋଭା ବଢ଼ାଉଥିବା ଅନେକ ଗଛ ରଖିଥିଲେ ମଧ୍ୟ ତୁଳସୀ ଗଚଟିଏ ରଖିନଥାନ୍ତି ।

ତୁଳସୀ ଗଛକୁ ଉଭିଦ ବିଜ୍ଞାନ ଭାଷାରେ 'ଓସିମମ ସକ୍‌ଟୋମ୍‌' କୁହାଯାଏ । ଏହି ଗଛଟି ସାଧାରଣତଃ ଅଢ଼େଇ ଫୁଟ ପର୍ଯ୍ୟନ୍ତ ଉଚ୍ଚା ହୋଇଥାଏ । ସାରା ଭାରତରେ ସବୁଆଡ଼େ ଏହା ଦେଖିବାକୁ ମିଳେ, ଏମିତିକି ହିମାଳୟ ଉପରେ ଓ ଆଣ୍ଡାମନ ନିକୋବର ଦ୍ୱୀପପୁଞ୍ଜରେ ମଧ୍ୟ ଏହା ଦେଖାଯାଏ । ଆଧୁନିକ ବୈଜ୍ଞାନିମାନେ ଗବେଷଣା କରି ଜାଣିପାରିଛନ୍ତି ତୁଳସୀ ଗଛର ମାନବର ନାନା ପ୍ରକାର ଉପକାର କରିପାରିବା ଶକ୍ତି ଅଛି ଅମାପ । ଏହା ଚେରଠାରୁ ପତ୍ର ପର୍ଯ୍ୟନ୍ତ ମଣିଷର ଖୁବ୍‌ ଉପକାରୀ । ନିଜେ ପରୀକ୍ଷା କରି ଜାଣିହେବ କି ତୁଳସୀ ପତ୍ରକୁ ଶରୀର ଉପରେ ଘଷା ଯାଏ ମଶା ପାଖ ପଶିବେ ନାହିଁ । ମ୍ୟାଲେରିଆ ରୋଗ ପାଇଁ ଏହି ପତ୍ର ବେଶ୍‌ ଉପକାରୀ । ଏହାର ରସ ସର୍ଦ୍ଦି ଓ କାଶ ସମୟରେ ଭଲ କାମ ଦେଇଥାଏ । ନାନା ପ୍ରକାର ପେଟ ରୋଗପାଇଁ ମଧ୍ଯ ବେଶ ଉପାକରୀ । କାନ ଟଣା ପାଇଁ ପ୍ରହାର ରସ ବେଶ ଭଲ କାମ ଦେଇଥାଏ । ତୁଳସୀ ଗଛ ଘର ଅଗଣାରେ ବା ବାଲକୋନୀରେ ରଖିଲେ ଅମ୍ଳଜାନ ଚାରିଆଡ଼କୁ ଭଲ ଭାବରେ ଯା ଆସ କରିପାରେ ।

ତୁଳସୀ ପତ୍ରର ଯେଉଁ ମନଲୋଭୀ ବାସନା । କେତେକ ରାସାୟନିକ ଦ୍ରବ୍ୟ ଯୋଗୁଁ ହୋଇଥାଏ । ସେହିସବୁ ଦ୍ରବ୍ୟ ହେଲା ଇଉବିନ୍‌ସ, କାରଭକ୍ରସ, ମିଥାଇଲ ଉଇବିନ୍‌ସ ଓ କେରିଓଫାଇଲିନ୍‌ ଇତ୍ୟାଦି । ଏହିସବୁ ପଦାର୍ଥରେ ବୀଜାଣୁ ନାଶକ, କୀଟନାଶକ, ବୀଜାଣୁରୋଧକ, କୀଟାଣୁ ନାଶକ ପ୍ରକୃତି ରହିଛି । ଯକ୍ଷ୍ମାବୀଜାଣୁକୁ ନାଶ କରିବାରେ ତୁଳସୀ ରସ ବେଶ କାମ କରିଥାଏ । ତୁଳସୀ ରସକୁ ଜଳୀୟ ପାତନ କଲେ ୨ ପ୍ରକାର ତୈଳ ମିଳେ । ସେହି ତୈଳର ରୋଗ ହାରିଣୀ ଶକ୍ତି ଅସୀମ । ସେହି ତୈଳରେ ଉପରୋକ୍ତ ପଦାର୍ଥ ସବୁ ଅଧିକ ପରିମାଣରେ ଥାଏ ।

ତୁଳସୀ ଗଛର ଏହିଭଳି ବହୁ ଉପକାରୀ ଗୁଣ ଥିବାରୁ ଆମର ପୂର୍ବପୁରୁଷମାନେ ଏହାକୁ ଅଗଣାରେ ଲଗାଉଥିଲେ । ଏହାକୁ ପୂଜା କରିବା ଭକ୍ତି କରିବାର କାରଣ ହେଉଛି ଏହାର ଉପକାରିତା ଅନ୍ଧବିଶ୍ୱାସ ଆଦୌ ନୁହେଁ । ଏହା ଏକ ବିଜ୍ଞାନ ସମ୍ମତ ପଦ୍ଧତି । ତୁଳସୀ ପତ୍ର ପ୍ରତ୍ୟେକ ଦିନ ଖାଇଲେ ରୋଗଠାରୁ

ଦୂରେଇ ରହିହେବ । ଏକ ଛୋଟ ସ୍କୁଲର ୬୦ ପିଲାଙ୍କୁ ତୁଳସୀ ପତ୍ର ଚିହ୍ନିବା ପାଇଁ କରାଗଲା । କେବଳ ୫ ଜଣ ପିଲା ଚିହ୍ନି ପାରିଲେ । ଏହା ଆମ ପାଇଁ ଦୁଃଖର ବିଷୟ ନୁହେଁ କି ।

ଆଧୁନିକତା ଆମକୁ ଭୁଲ ବାଟରେ ନେଉଛି ନା ଠିକ୍ ବାଟରେ ନେଉଛି ଚିନ୍ତା କରିବା କଥା.....

◆◆

ଆଜିକାଲିର ପ୍ରିୟ ଖାଦ୍ୟ – "ଫାଷ୍ଟଫୁଡ୍"

ଆମେ ଶରୀରକୁ ସୁସ୍ଥ ସତେଜ ରଖିବା ନିହାତି ଦରକାର । କେଉଁ ଖାଦ୍ୟ ଆମ ଶରୀର ପାଇଁ ଲୋଡ଼ା ଆମେ ଜାଣିବା ଦରକାର । ଚିକିତ୍ସା କ୍ଷେତ୍ରରେ ନାନାଦି ଗବେଷଣା ନିଶ୍ଚିତ ରୂପେ ମନୁଷ୍ୟର ସ୍ୱାସ୍ଥ୍ୟର ମାନ ବଢ଼ାଇଛି ଓ ତା ସହିତ ତାର ହାରାହାରି ଜୀବନ କାଳ ନିଶ୍ଚିତ ଭାବରେ ଅଧିକ ହୋଇଛି । ଏସବୁ ସତ୍ତ୍ୱେ ମନୁଷ୍ୟ ଆଜି ମଧ୍ୟ କ୍ୟାନ୍ସର, ହୃଦ୍‌ରୋଗ, ଏଡ୍‌ସ୍, ମ୍ୟାଲେରିଆ, ଯକ୍ଷ୍ମା, ଶ୍ୱାସ, ଡାଇବେଟିସ୍‌ରୁ ନିଜକୁ ବଞ୍ଚାଇ ପାରିନାହିଁ । ଏହି ପ୍ରତ୍ୟେକଟି ରୋଗପାଇଁ ଆମ ନିତିଦିନିଆ ଖାଦ୍ୟ କେତେକାଂଶରେ ଦାୟୀ । ଆମ ଶରୀର କେତେଗୋଟି ଖଣିଜ ଲବଣ ନିହାତି ଦରକାର କରିଥାଏ ।

ସେଗୁଡ଼ିକ ହେଲା ଫସ୍‌ଫରସ୍, ମ୍ୟାଗ୍‌ନେସିୟମ୍, ସୋଡ଼ିୟମ୍, ପୋଟାସିୟମ୍, କ୍ଲୋରାଇଡ୍, ସଲ୍‌ଫର୍, ଲୌହ ଇତ୍ୟାଦି । ସେଥିପାଇଁ ଆମେ ନିତିଦିନର ଖାଦ୍ୟ ଉପରେ ଧ୍ୟାନ ଦେବା ଉଚିତ । ଆଜିକାଲି କି ଶିଶୁ କି ବୃଦ୍ଧ ସମସ୍ତେ ପୃଷ୍ଟିସାର ଓ ସ୍ନେହସାର ଖାଦ୍ୟକୁ ବେଶୀ ପସନ୍ଦ କରୁଛନ୍ତି । ପୃଷ୍ଟିସାର ଓ ସ୍ନେହସାର ଖାଦ୍ୟ ଅଧିକ ମାତ୍ରାରେ ଖାଇବା ଅନୁଚିତ । ଆଜିକାଲି ତ ହେଲା ଫାଷ୍ଟ୍‌ଫୁଡ୍ ବା ତତ୍‌କ୍ଷଣାତ୍ ଖାଦ୍ୟର ଦିନ । ବାହାରେ ନୁଡ୍‌ଲସ୍ (Noodles) ଓ ଗୁପ୍‌ଚୁପ୍ (Pani puri) ଖାଇବାକୁ କିଏ ବା ପସନ୍ଦ ନ କରେ । ଆଜିକାଲି ଅଧିକାଂଶ ମା ବାପା ଚାକିରି କରନ୍ତି । ନିଜର କର୍ମମୟ ଜୀବନରୁ ଫୁରସତ୍ ପାଇଲେ ଘରକୁ ଫେରି ପୁଣି ରୋଷେଇ ଘରକୁ ଯାଇ ପିଲାମାନଙ୍କ ପାଇଁ ଜଳଖିଆ କରିବାକୁ ସେମାନଙ୍କର ଧୈର୍ଯ୍ୟ ନଥାଏ । ତେଣୁ ସ୍ୱାମୀ ସ୍ତ୍ରୀ ଦୁହେଁ ପିଲାମାନଙ୍କୁ ନେଇ ଫାଷ୍ଟଫୁଡ୍ ସେଣ୍ଟରରେ ପହଞ୍ଚନ୍ତି । ସେଠାରେ ଖାଇବା ଜିନିଷ ବରାଦ ଦେଲେ ସାଙ୍ଗେ ସାଙ୍ଗେ ଆସିଲା । ପିଲାମାନେ ବାହାରେ ଖାଇବାକୁ ବଡ଼ ପସନ୍ଦ କରନ୍ତି । ସେମାନଙ୍କର ତ ବେଶ୍ ମଜା ଏବଂ ଖାଦ୍ୟ ଯେ ଅତ୍ୟନ୍ତ ରୁଚିକର ସେଥିରେ ସନ୍ଦେହ ନାହିଁ । ପେଟପୂରାଇ ଖାଆନ୍ତି । କିନ୍ତୁ ଅଜାଣତରେ ସେମାନେ ନିଜର ପିଲାଙ୍କର ଯେ କି କ୍ଷତି କରୁଛନ୍ତି ସେମାନେ ଟିକିଏ ବି ଚିନ୍ତା କରୁ ନାହାନ୍ତି । ଫାଷ୍ଟଫୁଡ୍ ସହିତ ବାହାରେ ମିଳୁଥିବା ପାଣିମଧ୍ୟ ପିଆହୁଏ । ଏହି ଫାଷ୍ଟଫୁଡ୍ କାହିଁକି ଯେ କ୍ଷତି କାରକ ଆମେ ନିଶ୍ଚିତ ଭାବରେ ଜାଣିବା ଦରକାର ।

ଏହି ତତ୍‌କ୍ଷଣାତ୍ ଖାଦ୍ୟରେ ବିଭିନ୍ନ ପ୍ରକାରର ରାସାୟନିକ ପଦାର୍ଥମାନ ମିଶା ହୋଇଥାଏ । ଏଥିରେ ଦେହକୁ କ୍ଷତି କରାଇବା ପଦାର୍ଥ ଯଥା, କୋଲେଷ୍ଟିରଲ୍ (Cholesterol), ଚର୍ବି (fat) ବା ତେଲ, ଚିନି (Sugar) ଏବଂ ସୋଡ଼ିୟମ୍ (Sodium) ଥାଏ । ଖାଦ୍ୟକୁ ଅତ୍ୟନ୍ତ ସୁସ୍ୱାଦୁ ଏବଂ ଲୋଭନୀୟ କରିବା ପାଇଁ ବିଭିନ୍ନ ରଙ୍ଗ, ରକ୍ଷଣ ସହାୟକ (Preservation), ଅବଦ୍ରବ ପଦାର୍ଥ (Emulsifier) ଏବଂ ବିଭିନ୍ନ ପ୍ରକାରର ସୁଗନ୍ଧ ମସଲାମାନ ମିଶାଯାଇଥାଏ । ସାରା ବିଶ୍ୱରେ ବର୍ତ୍ତମାନ ଏହି ପ୍ରକାର ଖାଦ୍ୟର ପ୍ରଚଳନ ବେଶ୍ ଚାଲିଛି । ଚାଲିଛି ଖାଲି ନୁହେଁ, ଲୋକପ୍ରିୟ ମଧ୍ୟ ହୋଇପାରିଛି । ଆଜିକାଲି କି ପିଲା କି ବୁଢ଼ା ସମସ୍ତଙ୍କର ପସନ୍ଦ ମୃଦୁପାନୀୟ । ପଇଡ଼ ପାଣି, ଯେଉଁଟାକି ଦେହକୁ ଭଲ ଗୁଣ ଦେଇଥାଏ, ସେଆଡ଼େ କେହି ଅନାନ୍ତି ନାହିଁ । ବିଜ୍ଞାପନ ମଧ୍ୟ ଏହାକୁ ଅତିରଞ୍ଜିତ କରି ବିଭିନ୍ନ ଗଣମାଧ୍ୟମ ଦ୍ୱାରା ଉପଭୋକ୍ତାମାନଙ୍କ ପାଖରେ ପହଞ୍ଚାଇ ଦେଉଛି । ଏଥିରେ ସମସ୍ତେ ବେଶ୍ ପ୍ରଭାବିତ ହୋଇଯାଆନ୍ତି । ମୃଦୁପାନୀୟ ମଧ୍ୟ ଆମ ଶରୀରପାଇଁ କ୍ଷତିକାରକ । ଏଥିରେ ବେଞ୍ଜୋଇକ୍ ଏସିଡ୍ (Benzoic Acid) ଏବଂ ବେଞ୍ଜୋଏଟସ୍ (Benzoates) ମିଶା ଯାଇଥାଏ । ପ୍ରାଣୀ ଓ ଉଦ୍ଭିଦଜାତ ସ୍ନେହସାରରୁ ପ୍ରସ୍ତୁତ ଲହୁଣି ଏବଂ ଛେନାରେ ସର୍ବିକ୍ ଅମ୍ଳ (Sorbic Acid) ମିଶା ଯାଇଥାଏ । ପାଉଁରୁଟି ଏବଂ ବିଭିନ୍ନ ପ୍ରକାରର କେକ୍‌ରେ ପ୍ରୋପିଓନିକ୍ ଅମ୍ଳ (Propionic Acid) ଏବଂ ପ୍ରୋପିଓନେଟ୍ (Propionate) ଇତ୍ୟାଦି ମିଶିଥାଏ । ଏଗୁଡ଼ିକ ଯଥେଷ୍ଟ କ୍ଷତିକାରକ ।

ପାଶ୍ଚାତ୍ୟ ଦେଶରୁ ଶିଖିଥିବା ଖାଦ୍ୟ ବରଗର (Burger), ହାମ୍ (Ham), ବେକନ (Becon), ପିଜା (Pizza) ଗୁଡ଼ିକ ଭାରତରେ ଗୋରୁ, ମଇଁଷି, ଘୁଷୁରି ମାଂସରୁ ତିଆରି ନ ହେଉଥିଲେ ମଧ୍ୟ ସେଥିରେ ନାଇଟ୍ରେଟ୍ ଓ ନାଇଟ୍ରାଇଟ୍ ମିଶା ହୋଇଥାଏ । ଯେଉଁଥିପାଇଁ ଉଚ୍ଚ ରକ୍ତଚାପ ଓ କର୍କଟ ଭଳି ମାରାତ୍ମକ ରୋଗ ଦେଖା ଦେଇଥାଏ ।

ଏହି ଫାଷ୍ଟଫୁଡ୍ ବିନା ରଙ୍ଗରେ କେବେ ତିଆରି ହୋଇନଥାଏ । ଆଖିକୁ ଆକର୍ଷଣୀୟ ଦେଖାଗଲେ ଖାଇବାକୁ ଇଚ୍ଛା ହେବ ବୋଲି ସେଥିପାଇଁ ବିଭିନ୍ନ ପ୍ରକାରର ରଙ୍ଗ ବ୍ୟବହାର କରାଯାଇଥାଏ । ବୈଜ୍ଞାନିକମାନେ ବିଭିନ୍ନ ପରୀକ୍ଷା କରି କେତେକ ରଙ୍ଗକୁ ଖାଦ୍ୟ ପଦାର୍ଥରେ ମିଶାଇବାକୁ ଅନୁମତି ପ୍ରଦାନ କରିଛନ୍ତି । କେତେଗୁଡ଼ିଏ ରଙ୍ଗକୁ ଛାଡ଼ିଦେଲେ ଅନ୍ୟ ରଙ୍ଗ ଯଥା - ମେଟାନିଲ, ହଳଦିଆ (Metanil Yellow), କୋଲ୍‌ଟାର୍ (Coaltar) ରଙ୍ଗ ଇତ୍ୟାଦି ଶରୀର ପାଇଁ ଯଥେଷ୍ଟ କ୍ଷତିକକାରକ । ଏହା କର୍କଟ ରୋଗ ସୃଷ୍ଟି କରିଥାଏ । କେତେକ ଖାଦ୍ୟ ବ୍ୟବସାୟୀ ପକୁଡ଼ି, ଜିଲିପି, ଲଡୁ ଏବଂ ଆଇସ୍‌କ୍ରିମ୍‌ରେ ଏହି ହଳଦିଆ ରଙ୍ଗ ମିଶାଇଥାନ୍ତି । ଚକୋଲେଟ୍, ବିସ୍କୁଟ୍ ଓ କ୍ୟାଣ୍ଡିରେ କୋଲଟାର୍ ରଙ୍ଗ ଦିଆଯାଇଥାଏ । ଛୋଟପିଲାଙ୍କ ପାଇଁ ଏହିଗୁଡ଼ିକ ହାନିକାରକ । ଫାଷ୍ଟଫୁଡ୍‌ର ସ୍ୱାଦ ବଢ଼ାଇବା ପାଇଁ ମନୋସୋଡ଼ିୟମ୍ ଗ୍ଲୁଟାମେଟ୍ (Monosodium Glutamate) ବ୍ୟବହାର କରାଯାଏ । କେତେକ ସ୍ୱାଦ ବର୍ଦ୍ଧନକାରୀ ପଦାର୍ଥ ପ୍ରାକୃତିକ ଉପାୟରେ ମଧ୍ୟ ପ୍ରସ୍ତୁତ କରାଯାଇଥାଏ, ଯଥା - ଗୋଲାପ ଓ ଭାନିଲା ଏସେନ୍‌ସ । ଏହା ଶରୀର ଉପରେ କୌଣସି ଖରାପ ପ୍ରଭାବ ପକାଏ ନାହିଁ । କିନ୍ତୁ କୃତ୍ରିମ ଉପାୟରେ ଏହା ପ୍ରସ୍ତୁତ କରାଗଲେ ଓ ଏହି ଖାଦ୍ୟକୁ ଦିନ ଦିନ ଧରି ଖାଇଲେ ଦେହକୁ ନିଶ୍ଚିତ ଭାବରେ କ୍ଷତି ପହଞ୍ଚାଇଥାଏ । ସାକାରିନ୍ ଓ ଆସ୍‌ପାରଟେମ୍ ଭଳି କୃତ୍ରିମ ଶର୍କରାଜାତୀୟ ପଦାର୍ଥ ଫାଷ୍ଟଫୁଡ୍‌ରେ ବେଳେ ବେଳେ ମିଶା ହୋଇଥାଏ । ଅଧିକ ପରିମାଣର ସାକାରିନ୍ ମୁତ୍ରାଶୟ କ୍ୟାନ୍‌ସର୍ କରାଇଥାଏ । ଏହିସବୁ ଖାଦ୍ୟରେ ପ୍ରାୟ ତନ୍ତୁ, ଭିଟାମିନ୍, ଖଣିଜ ପଦାର୍ଥମାନ ନଥାଏ । ଯାହା ଫଳରେ ରକ୍ତହୀନତା, ବୃକ୍‌କରେ ବିଭିନ୍ନ ପ୍ରକାରର ଅସୁବିଧା, ମଧୁମେହ, ରକ୍ତଚାପ ଇତ୍ୟାଦି ରୋଗମାନ ଦେଖାଯାଏ ।

ଫାଷ୍ଟଫୁଡ଼୍‌ରେ ଜୀବାଣୁମାନେ ସହଜରେ ବଂଶବୃଦ୍ଧି କରିପାରନ୍ତି । ଯଦି ଏହା ରେଫ୍ରିଜେରେଟର୍ ଭିତରେ ଠିକ୍ ଭାବରେ ରଖା ନଯାଏ ତେବେ ସେଥିରେ ଜୀବାଣୁମାନେ ସହଜରେ ବଢ଼ି ପାରନ୍ତି । ଆମେ ଆମ ପିଲାମାନଙ୍କୁ ସୁସ୍ଥ ରଖିବା ନିମନ୍ତେ ଏହି ଖାଦ୍ୟ ଖାଇବାରୁ ନିବୃତ୍ତ ରହିବା ପାଇଁ ପରାମର୍ଶ ଦେବା ଜରୁରୀ ।

◆◆

ଯାନ୍ତ୍ରିକ ଗାଇ ଓ କୃତ୍ରିମ ଦୁଗ୍ଧ

ଯାନ୍ତ୍ରିକ ଗାଇ ଦୁଗ୍ଧ ପ୍ରାକୃତିକ ଗାଇ ଦୁଗ୍ଧଠାରୁ କୌଣସି ଗୁଣରେ ହୀନ ନୁହେଁ । ଯନ୍ତ୍ରଟି ବସାଇବା କଷ୍ଟକର ଓ ବ୍ୟୟସାପେକ୍ଷ । ବୈଜ୍ଞାନିକମାନଙ୍କର ଗବେଷଣା ଏହା ଉପରେ ଚାଲୁ ରହିଛି ଆଗାମୀ ଭବିଷ୍ୟତରେ ଏହାର ବ୍ୟବହାର ନିଶ୍ଚୟ ସହଜସରଳ ହେବ ।

ଆମ ଦେଶରେ ଯାହା ଦୁଗ୍ଧ ଉତ୍ପାଦିତ ହୁଏ, ତାହା ଜଣପିଛା ଏତେ କମ୍ ଯେ ଅନ୍ୟ ଉନ୍ନତ ଦେଶ ସହିତ ତୁଳନା କଲେ ଆମ ଦେଶ ପଛରେ ପଡ଼ିଛି । ଆମ ଦେଶରେ ଲକ୍ଷ ଲକ୍ଷ ଶିଶୁ ଟୋପାଏ ଗାଇ କ୍ଷୀର ନପାଇ ବଞ୍ଚିଥାନ୍ତି । ପ୍ରାକୃତିକ ଗାଇର ଦୁଗ୍ଧ ଆମର ଦୁଗ୍ଧ ଅଭାବ ମେଣ୍ଟାଇବା କଷ୍ଟକର । ବୈଜ୍ଞାନିକମାନେ ଅନେକ ଚେଷ୍ଟାକରି ଏକ ଯାନ୍ତ୍ରିକ ଗାଇ ତିଆରି କରିପାରିଛନ୍ତି । ସେମାନେ ଚିନ୍ତାକଲେ ଯେ ଆମ ଦେଶରେ ବଣଜଙ୍ଗଲ, ଅସଂଖ୍ୟ ପ୍ରକାର ଘାସ ଓ ଉଦ୍ଭିଦ ପର୍ଯ୍ୟାପ୍ତ ପରିମାଣରେ ରହିଛି । ଆମ ଦେଶରେ ଏହିସବୁ ପଦାର୍ଥକୁ ବିନିଯୋଗ କରି ଯାନ୍ତ୍ରିକ ଗାଇ ଦ୍ୱାରା ଯଦି ଆବଶ୍ୟକ ମୁତାବକ ଦୁଗ୍ଧ ଉତ୍ପାଦନ କରାହୁଅନ୍ତା, ତେବେ ଆମ ଦେଶରେ ଏକ ବଡ଼ ସମସ୍ୟା ଦୂର ହୁଅନ୍ତା । ହିସାବ କରି ଦେଖାଯାଇଛି ଯେ, ଏହି ଦୁଗ୍ଧ ପ୍ରାକୃତିକ ଗାଇ ଦୁଗ୍ଧଠାରୁ ବେଶ୍ ଶସ୍ତା ଓ ସ୍ୱାଦିଷ୍ଟ । ଏଥିରୁ ଦହି, ଛେନା, ରସଗୋଲା, ସନ୍ଦେଶ ଆଦି ପ୍ରସ୍ତୁତ ହୋଇପାରିବ । ଆମ ଦେଶ ସମେତ ଏସିଆ, ଆଫ୍ରିକା, ଦକ୍ଷିଣ ଆମେରିକା ଆଦି ମହାଦେଶରେ ଦୁଗ୍ଧ ସମସ୍ୟା ଏହି ଉପାୟରେ ସମାଧାନ ହୋଇପାରିବ ଏଥିରେ ସନ୍ଦେହ ନାହିଁ । ଆଉ କେତେ ଶହ ବର୍ଷ ପରେ ଉନ୍ନତ ଦେଶମାନଙ୍କରେ ମଧ୍ୟ ଗାଇ ଠାରୁ ଦୁଧ ଦୁହିଁ ଲୋକମାନଙ୍କୁ ଦୁଗ୍ଧ ଯୋଗାଇବା

ସମ୍ଭବପର ହେବ ନାହିଁ । ତେଣୁ ଏହି ଯାନ୍ତ୍ରିକ ଗାଈ ହେବ ଭବିଷ୍ୟତର ପ୍ରକୃତ
କାମଧେନୁ ।

ବର୍ତ୍ତମାନ ଦେଖିବା କିପରି ଏହା ସମ୍ଭବପର । ବୈଜ୍ଞାନିକ ହିଉଦ
ଫ୍ରାଙ୍କଲିନ୍ ହେଉଛନ୍ତି ବ୍ରିଟେନ୍‌ର ଏକ ପ୍ରସିଦ୍ଧ ଖାଦ୍ୟ ପଦାର୍ଥ ଉତ୍ପାଦନ କମ୍ପାନୀର
ବିଶିଷ୍ଟ ପରାମର୍ଶଦାତା । ସେ ମତ ଦେଲେ ମଣିଷ ପକ୍ଷରେ ଅସାଧ୍ୟ ବୋଲି କିଛି
ନାହିଁ । ପ୍ରାକୃତିକ ଦୁଗ୍‌ଧଭଳି ଅବିକଳ ଦୁଗ୍‌ଧ କୃତ୍ରିମ ଉପାୟରେ ପ୍ରସ୍ତୁତ କରିବା
ଅସମ୍ଭବ ନୁହେଁ । ସେ ଦୁଗ୍‌ଧ, ସୋୟାବିନ୍ ଦୁଗ୍‌ଧ ଭଳି ହେବ ନାହିଁ । ସେ ହେବ
ପ୍ରାକୃତିକ ଦୁଗ୍‌ଧର ଠିକ୍ ଅନୁରୂପ ସ୍ୱାଦ, ଗନ୍ଧ, ରୂପ, ପୁଷ୍ଟିକାରିତାରେ କିଛି ପାର୍ଥକ୍ୟ
ରହିବ ନାହିଁ । କେତେଜଣ ବୈଜ୍ଞାନିକ ମିଶି ଏହି ଦିଗରେ ଗବେଷଣା ଆରମ୍ଭ
କଲେ । ଘାସ, ପତ୍ର, କୁଟାରୁ ସେ କିପରି ପ୍ରାକୃତିକ ଗାଈ ଦୁଗ୍‌ଧ ଭଳି ଦୁଗ୍‌ଧ ଉତ୍ପାଦନ
କରିବେ ଗବେଷଣାରେ ଲାଗି ପଡ଼ିଲେ । ଗାଈ ଯେଉଁ ଖାଦ୍ୟ ଖାଇ ଦୁଗ୍‌ଧ ଦେଉଛି
ସହି ଖାଦ୍ୟରୁ ଠିକ୍ ସେହିଭଳି ଦୁଗ୍‌ଧ କାହିଁକି ପ୍ରସ୍ତୁତ କରି ନପାରିବେ ସେହି ହେଲା
ତାଙ୍କର ଦିନରାତି ଚିନ୍ତା ।

ବର୍ତ୍ତମାନ କଥା ହେଲା ପ୍ରାକୃତିକ ଦୁଗ୍‌ଧ ପ୍ରକୃତରେ କଅଣ ? ପୁଷ୍ଟିସାର,
ସ୍ନେହସାର, ଶର୍କରା ଓ ବିଭିନ୍ନ ପ୍ରକାର ଧାତୁସାର ଓ ଜୀବସାର ଥିବା ଏକ ଜଳୀୟ
ପଦାର୍ଥ । ବିଶୁଦ୍ଧ ଦୁଗ୍‌ଧରେ ଜଳର ଭାଗ ଶତକଡ଼ା ୮୭ ଭାଗ, ବାତି ତେର ଭାଗ
ହେଉଛି ଉପରୋକ୍ତ ସମସ୍ତ ପଦାର୍ଥ । ଏହିଗୁଡ଼ିକ ଜଳରେ ଦ୍ରବୀଭୂତ ଭାବରେ
ମିଶିକରି ଅଛି । ସାଧାରଣ ଗାଈ ଦୁଗ୍‌ଧରେ ପୁଷ୍ଟିସାର ଭାଗ ଶତକଡ଼ା ୩.୩ ଭାଗ,
ସ୍ନେହସାର ବା ଚର୍ବିଜାତୀୟ ପଦାର୍ଥର ଭାଗ, ଶତକଡ଼ା ୩.୬ ଭାଗ, ଶର୍କରା ୪.୮
ଭାଗ, ଧାତୁସାର ୦.୬ ଭାଗ, ଜୀବସାର କ-୧୮ ଆଇ.ୟୁ. ଭାଗ, ଜୀବସାର ଖ-
୧୭ ଆଇ.ୟୁ, ଜୀବସାର ଗ ୪୦ ଆଇ.ୟୁ. ଇତ୍ୟାଦି ଓ ବାକିତକ ହେଉଛି
ଜଳୀୟଅଂଶ । ଏହିସବୁ ଜାଣିଲା ପରେ ବୈଜ୍ଞାନିକମାନଙ୍କର ଚିନ୍ତା ହେଲା ଯେ
କୃତ୍ରିମ ଉପାୟରେ ଉପରୋକ୍ତ ବିଭିନ୍ନ ପଦାର୍ଥକୁ ଉପରୋକ୍ତ ଅନୁପାତରେ ଜଳରେ
ମିଶାଇ ଏକ ଅପଦ୍ରବ ପ୍ରସ୍ତୁତ କରାଗଲେ ତାହା ଦୁଗ୍‌ଧ ନହେବ କାହିଁକି ? କି ଅଭୁତ
ଚିନ୍ତାଧାରା ବୈଜ୍ଞାନିକମାନଙ୍କର ସତେ! ଏହି ମୂଳ ତତ୍ତ୍ୱକୁ ନେଇ ଫ୍ରାଙ୍କଲିନ୍

ଗବେଷଣା ଚଳାଇବା ଆରମ୍ଭ କରିବାର ଦୁଇବର୍ଷ ଭିତରେ ସେ ଏହି ଦିଗରେ ଆଂଶିକ ସଫଳତା ଅର୍ଜନ କଲେ । ସୋୟାବିନ୍‌ରୁ ସେ ଉପରୋକ୍ତ ଅନୁପାତ ପ୍ରତି ଧ୍ୟାନ ଦେଇ ଯେଉଁ ଦୁଗ୍ଧ ପ୍ରସ୍ତୁତ କଲେ ତାହା ପ୍ରାକୃତିକ ଦୁଗ୍ଧର ଅନୁରୂପ ହେଲା । କିନ୍ତୁ ସେଥିରେ ତାଙ୍କ ଉଦ୍ଦେଶ୍ୟ ସାଧିତ ହେଲା ନାହିଁ । ଗାଇ ଯେଉଁ ଘାସ, କୁଟା, ପତ୍ର, ନଡ଼ା ଆଦି ଖାଇ ଦୁଗ୍ଧ ଦିଏ ସେ ସେହିସବୁ ପଦାର୍ଥରୁ କେମିତି ପ୍ରାକୃତିକ ଦୁଗ୍ଧ ଭଳି ଦୁଗ୍ଧ ଉତ୍ପାଦନ କରିବେ ସେହି ହେଲା ତାଙ୍କର ପ୍ରଧାନ ବିଷୟ । ସେ ଚିନ୍ତା କରିଥିଲେ କି ଯେଉଁ ପଦ୍ଧତି ଉଦ୍ଭାବନ କରିବେ ତାହା ସାହାଯ୍ୟରେ ପ୍ରାକୃତିକ ଦୁଗ୍ଧ ମିଳୁନଥିବା ଦେଶମାନଙ୍କରେ ନାନାପ୍ରକାର ବାଜେ ପଦାର୍ଥରୁ ଦୁଗ୍ଧ ଉତ୍ପାଦନ କରି ଦେଶର ଲୋକମାନଙ୍କୁ ଯୋଗାଇ ହେବ ।

ଏହିପରି ଚିନ୍ତାଧାରା ନେଇ ସେ ତାଙ୍କର ଗବେଷଣା ଜୋର୍‌ସୋରରେ ଚଳେଇଲେ । ୧୯୬୯ ମସିହାରେ ସେ ପ୍ରକୃତରେ ସାଧାରଣ ଘାସ, କୁଟାରୁ ପ୍ରାକୃତିକ ଦୁଗ୍ଧ ଅନୁରୂପ କୃତ୍ରିମ ଦୁଗ୍ଧ ଉତ୍ପାଦନ କରିପାରିବେ ଏଥିପାଇଁ ସେ ଏକ ସୁନ୍ଦର ଯନ୍ତ୍ର ଉଦ୍ଭାବନ କଲେ ଯାହାକୁ ଯାନ୍ତ୍ରିକ ଗାଇ କୁହାହେଲା । ଯନ୍ତ୍ରଟି ବେଶ୍ ଜଟିଳ ଧରଣର । ଯନ୍ତ୍ରର ଗୋଟିଏ ପାଖରେ ଶିମ୍ୱ, କୋବିପତ୍ର, ନାନାପ୍ରକାରର ଗଛମୂଳ ଆଦି ବହୁ ଅଦରକାରୀ ପଦାର୍ଥ ଯୋଗାଯାଏ ଏବଂ ଆଶ୍ଚର୍ଯ୍ୟର କଥା ଅନ୍ୟପଟେ ଅବିକଳ ପ୍ରାକୃତିକ ଦୁଗ୍ଧ ଭଳି ରୂପ ଗନ୍ଧ ଓ ସ୍ୱାଦ ଥିବା କୃତ୍ରିମ ଦୁଗ୍ଧ ବାହାରେ । ଏହା ବଡ଼ ଆଶ୍ଚର୍ଯ୍ୟର ବିଷୟ ନିଶ୍ଚୟ । ପ୍ରାୟ ଏକ ଟନ୍ ଓଜନର ଏହିସବୁ ଉଦ୍ଭିଦଜାତ ପଦାର୍ଥ ଯନ୍ତ୍ରରେ ପୁରାଇଲେ ଯନ୍ତ୍ରରୁ ହାରାହାରି ୨୦୦ ଗ୍ୟାଲନ୍ ଦୁଗ୍ଧ ଉତ୍ପାଦିତ ହୁଏ । ଜୀବନ୍ତ ଗାଈମାନେ ସାଧାରଣତଃ ଉପରୋକ୍ତ ଖାଦ୍ୟ ଖାଇ ସେହି ଅନୁପାତରେ ଦୁଗ୍ଧ ଦେଇଥାନ୍ତି । ସାଧାରଣ ଭାବେ ବୁଝିବାକୁ ହେଲେ ଏକ କିଲୋ ପରିବା ଚୋପା ନାନାପ୍ରକାର ପତ୍ର ଓ ଅଦରକାରୀ ଫଳମୂଳରୁ ହାରାହାରି ଏକ ଲିଟର ପର୍ଯ୍ୟନ୍ତ ଦୁଗ୍ଧ ଉତ୍ପାଦନ କରିବା ସମ୍ଭବ ହେଲା ।

ଫ୍ରାଙ୍କ୍‌ଲିନ୍‌ଙ୍କର ଗବେଷଣା ଫଳପ୍ରଦ ହେଲା ଏବଂ ଯେଉଁ କୃତ୍ରିମ ଦୁଗ୍ଧ ତିଆରି ହେଲା ସେହି ଦୁଗ୍ଧ ପ୍ରାକୃତିକ ଗାଇଦୁଗ୍ଧ ସହିତ ସ୍ୱାଦ, ଗନ୍ଧ ଓ ପୁଷ୍ଟିକାରୀତାରେ ଏମିତି ଭାବରେ ମିଳିଗଲା ଯେ ପାର୍ଥକ୍ୟ ଆଦୌ ଜଣାପଡ଼ିଲା ନାହିଁ । ଏହି କୃତ୍ରିମ

ଦୁଗ୍ଧର ନାମ ରଖାଗଲା 'Plant Milk' । ଆଉ ଏକ ସୁବିଧା ଏହି କୃତ୍ରିମ ଦୁଗ୍ଧ ବି ୪ ମାସ ପର୍ଯ୍ୟନ୍ତ ବିନା ଆଉଟାରେ ରହିପାରେ । ତେଣୁ ଏହି ଦୁଗ୍ଧକୁ ଦୂର ଦୂରାନ୍ତର ସ୍ଥାନକୁ ପଠାଇବାକୁ ଅପେକ୍ଷାକୃତ ସହଜ ହୋଇପାରିଲା । ପାଶ୍ଚାତ୍ୟ ଦେଶରେ ଅନେକ ନିରାମିଷାଶୀ ଅଛନ୍ତି । ଯେଉଁମାନେ ଦୁଗ୍ଧକୁ ଆମିଷ ବୋଲି କହି ଖାଆନ୍ତି ନାହିଁ କିନ୍ତୁ ଯାନ୍ତ୍ରିମ ଗାଇ ଦୁଗ୍ଧକୁ ବେଶ୍ ଆନନ୍ଦରେ ଖାଆନ୍ତି କାରଣ ଏହା ପୂରାପୂରି ଉଦ୍ଭିଦରୁ ଜାତ ।

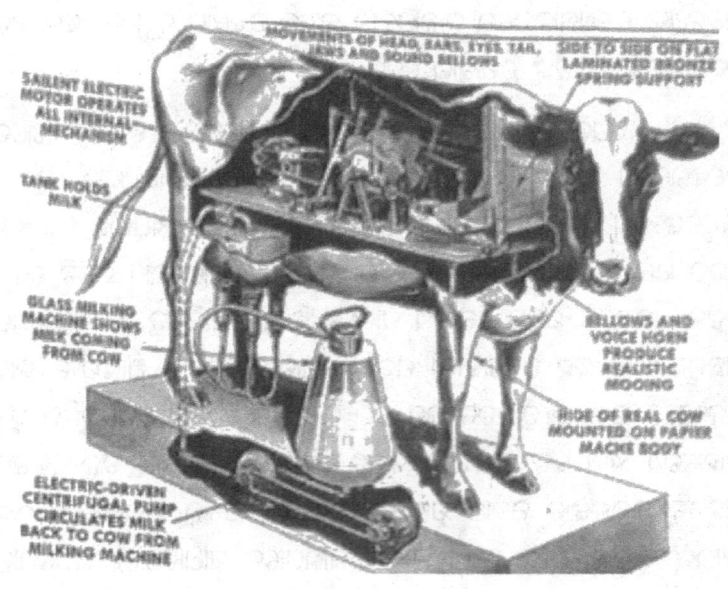

ଫ୍ରାଙ୍କ୍‌ଲିନ୍‌ଙ୍କର ଏହି ଯାନ୍ତ୍ରିକ ଗାଇ ସାରା ପୃଥିବୀରେ ଚାଞ୍ଚଲ୍ୟ ଖେଳାଇ ଦେଇଛି । ତାଙ୍କର ଉଦ୍ଭାବିତ ଯନ୍ତ୍ରଟି ବେଶ୍ ଜଟିଳ । ଏହାର ବହୁତ କିଛି ଅଂଶ ଓ ତଥ୍ୟ ଏବେ ବି ଗୋପନୀୟ ରଖାଯାଇଛି । ଏହି ଦୁଗ୍ଧରେ ଆବଶ୍ୟକ ମୁତାବକ ପୁଷ୍ଟିସାର, ସ୍ନେହସାର ଓ ଶର୍କରାର ଭାଗ ବ୍ୟତୀତ ପ୍ରତି ଏକ ଆଉନ୍‌ସରେ ହାରାହାରି ଜୀବସାର-କ ୦.୧୮ ମିଲିଗ୍ରାମ୍ ଆଇଉ, ଜୀବସାର-ଖ ୦.୧୨ ଆଇ.ୟୁ,

ଜୀବସାର-ଘ ୨୦ ଆଇ.ୟୁ, କ୍ୟାଲସିୟମ୍ ୧୦ ମିଲିଗ୍ରାମ୍ । ସାଧାରଣ ପ୍ରାକୃତିକ ଦୁଗ୍ଧରେ ଉପରୋକ୍ତ ପଦାର୍ଥର ପରିମାଣ ପ୍ରାୟ ସେତିକି । ପୁଷ୍ଟିକାରିତା ଦୃଷ୍ଟିରୁ ଦେଖିଲେ ଯାନ୍ତ୍ରିକ ଗାଈ ଦୁଗ୍ଧ ପ୍ରାକୃତିକ ଗାଈ ଦୁଗ୍ଧଠାରୁ କୌଣସି ଗୁଣରେ ହୀନ ନୁହେଁ । ଯନ୍ତ୍ରଟି ବସାଇବା କଷ୍ଟକର ଓ ବ୍ୟୟସାପେକ୍ଷ ବୈଜ୍ଞାନିକମାନଙ୍କର ଗବେଷଣା ଏହା ଉପରେ ଚାଲୁ ରହିଛି ଆଗାମୀ ଭବିଷ୍ୟତରେ ଏହାର ବ୍ୟବହାର ନିଶ୍ଚୟ ସହଜ ସରଳ ହେବ ।

◆◆

ମ୍ୟାଗ୍‌ଲେଭ୍ ଟ୍ରେନ୍ (Maglev Train)

ପୃଥିବୀରେ ରେଲଗାଡ଼ିର ପ୍ରଚଳନ ଶହେରୁ ଅଧିକ ବର୍ଷ ହୋଇଗଲାଣି । ଏହା ଯେତେବେଳେ ସର୍ବପ୍ରଥମେ ଇଂଲଣ୍ଡରେ ଆରମ୍ଭ ହେଲା, ପୃଥିବୀର ଅନ୍ୟ କେଉଁଠି ଲୋକେ ଏପରି ଏକ ଅଭୁତ ଯାନର ନାଁ ଶୁଣି ନଥିଲେ । ସେତେବେଳେ ଲୋକେ କହୁଥିଲେ, ରେଲଗାଡ଼ି ପାଣି ସାହାଯ୍ୟରେ ଚାଲେ । ସତକୁ ସତ ରେଲଗାଡ଼ିର ଜୀବନ ହେଲା କୋଇଲା ଓ ଜଳ ।

ସେତେବେଳେ ରେଲଗାଡ଼ିରେ ଦୁଇଧାଡ଼ିଆ ଚକ ଲାଗିଥିଲା ଓ ରେଲଗାଡ଼ି ଦୁଇଟି ରେଲ ଲାଇନ୍ ଉପରେ ଯା' ଆସ କରେ । ରେଲଗାଡ଼ି ସାଧାରଣ ଭୂଇଁ କି ରାସ୍ତାରେ ଯାଇପାରେନି । ଏହା ଭିତରେ ଏହି ରେଲଗାଡ଼ିର ବହୁପ୍ରକାର ଉନ୍ନତି ହୋଇ ଦୁଇ ତାଲା ଥିବା ରେଲଗାଡ଼ି ଠାରୁ ଆରମ୍ଭ କରି ଡିଜେଲ୍‌ଚାଲିତ, ବିଦ୍ୟୁତ୍‌ଚାଲିତ ରେଲଗାଡ଼ିମାନ ଚାଲିଲାଣି ।

ଏହି ରେଲଗାଡ଼ିର ଆହୁରି ଉନ୍ନତି କରାଯାଇ ଏକ ଲାଇନିଆ ରେଲଗାଡ଼ି ମଧ୍ୟ ବାହାରିଲାଣି । ଜାପାନରେ ଏହି ଧରଣର ରେଲଗାଡ଼ି ଖୁବ୍ ଲୋକପ୍ରିୟ । ଏହି ରେଲଗାଡ଼ି ରାସ୍ତାରେ ପଡ଼ିଥିବା ଗୋଟିଏ ରେଲ ଲାଇନ୍ ଉପରେ ଯାଏ ଓ ଏହାର ତଳ ପାର୍ଶ୍ୱର ମଝିରେ ମାତ୍ର ଗୋଟିଏ ଧାଡ଼ି ରେଲଚକ ଲାଗିଥାଏ । ଏଥିରେ ଏମିତି ବ୍ୟବସ୍ଥା ଖଞ୍ଜା ଯାଇଥାଏ ଯେ, ଗୋଟିଏ ଲାଇନ୍ ଉପରେ ରେଲଗାଡ଼ି ଗଲେ ମଧ୍ୟ ଏହା ଢଳି ପଡ଼େନି । ଏହି ଧରଣର ରେଲଗାଡ଼ି ଜାପାନ ବ୍ୟତୀତ ଆମେରିକା ଓ ଜର୍ମାନୀରେ ମଧ୍ୟ ଚାଲିଲାଣି ।

ଏବେ ପୁନି ଚକ ଲାଗି ନଥିବା ରେଲଗାଡ଼ି ବାହାରିଲାଣି, ଏହି ରେଲଗାଡ଼ି ଆହୁରି ବିଚିତ୍ର ଧରଣର । ଏହି ରେଲଗାଡ଼ି ରେଲଲାଇନ୍ ଉପରେ ଯାଏ ସତ,

ଡ: ଜ୍ୟୋସ୍ନା ମହାପାତ୍ରଙ୍କ ଲୋକପ୍ରିୟ ବିଜ୍ଞାନ

ଏହାର ଚକ ନଥିବାରୁ ଏହା ରେଲଗାଡ଼ି ଲାଇନ୍ ଠାରୁ ଚାଲିଭିଞ୍ଚ ଉର୍ଦ୍ଧ୍ଵରେ ରହି ଶୂନ୍ୟରେ ଗତି କରେ । ଏହି ରେଲଗାଡ଼ି ଲାଇନ୍ ସହିତ ଲାଗୁ ନଥିବାରୁ ଏହାର ଘର୍ଷଣଜନିତ ବାଧା ନଥାଏ । ତେଣୁ ସାଧାରଣ ରେଲଗାଡ଼ି ଠାରୁ ଢେର ଅଧିକ ବେଗରେ ଯାଇପାରେ । ସାଧାରଣ ରେଲଗାଡ଼ି ଘଣ୍ଟାକୁ ୭୦/୮୦ କିଲୋମିଟର ଯାଉଥିଲାବେଳେ ଏହି ଚକ ନଥିବା ରେଲଗାଡ଼ି ଘଣ୍ଟାକୁ ପାଞ୍ଚଶହ କିଲୋମିଟର ବେଗରେ ଯାଏ । ଏହାର ବେଗ ଉଡ଼ାଜାହାଜ ବେଗର ପାଖାପାଖି କହିଲେ ଅତ୍ୟୁକ୍ତି ହେବନି, ସେଥିପାଇଁ କେତେକେ ଏହାକୁ ଭୂମି ଉପରିସ୍ଥ ଉଡ଼ାଜାହାଜ ବୋଲି କହନ୍ତି ।

ଏହି ଚକ ନଥିବା ରେଲଗାଡ଼ିର ବୈଜ୍ଞାନିକ ନାମ ହେଉଛି 'ମ୍ୟାଗ୍ଲେଭ୍ ଟ୍ରେନ୍' । ମ୍ୟାଗ୍ଲେଭ୍ ହେଉଛି ଏକ ଲମ୍ବା ଇଂରାଜୀ ନାମର ସଂକ୍ଷିପ୍ତ ନାମ । ଏହାର ପୂରା ନାମ ହେଉଛି ମେଗ୍ନେଟିକ୍ ଲେଭିଟେଟେଡ୍ ଭେଇକଲ୍ (Magnetic Leviated Vehicle ବା Maglev) । ଏହା ହେଉଛି ଏକ ଅତି ବେଗଶାଳୀ ସୁପରଫାଷ୍ଟ ଟ୍ରେନ୍ । ଏହି ଗାଡ଼ିରେ ଚକ ନଥାଏ, ପୂରା ଗାଡ଼ିଟି ରେଲଲାଇନ୍ ଠାରୁ ଚାରି ଇଞ୍ଚ ଉର୍ଦ୍ଧ୍ଵରେ ରହି ବାୟୁ ଭିତରେ ଧାବମାନ ହୁଏ । ଏହି ଗାଡ଼ିର ଶରୀର ରେଲଲାଇନ୍ ସହିତ ଲାଗୁ ନଥିବାରୁ ଏହାର ଘର୍ଷଣଜନିତ ବାଧା ନଥାଏ, ତେଣୁ ଉଡ଼ାଜାହାଜ ଭଳି ଏତେ ବେଗରେ ଯାଇପାରେ ।

ମ୍ୟାଗ୍ଲେଭ୍ ଟ୍ରେନ୍

ଏହି ମ୍ୟାଗ୍‌ଲେଭ୍ ଟ୍ରେନ୍‌ର ମୂଳ ପଦ୍ଧତି ଚୁମ୍ବକର ସମମେରୁ ବିକର୍ଷଣ ଉପରେ ନିର୍ଭର କରେ । ଏହି ଧରଣର ଏକ ଟ୍ରେନ୍ ସୃଷ୍ଟି କରିବାକୁ ଜାପାନୀମାନେ ୧୯୮୦ ମସିହାରୁ ଚେଷ୍ଟା କରି ଆସୁଥିଲେ । ସେମାନେ ଏହି ଗବେଷଣାରେ କୃତକାର୍ଯ୍ୟ ହେଲେ ଏହାର ଚାରିବର୍ଷ ପରେ । ସେମାନେ ୧୯୮୪ ମସିହାରେ ଏହି ଧରଣର ଟ୍ରେନ୍ ତିଆରି କରି ପରୀକ୍ଷା କ୍ଷେତ୍ରକୁ ଆଣିଥିଲେ । ସେମାନେ ଏହି ରେଳଗାଡ଼ିର ନାମ ଦେଇଥିଲେ MLU 001-1 । ସେମାନେ ଏହି ମଡେଲ୍‌ଟିର ଅଶେଷ ଉନ୍ନତି କରି ୧୯୮୭ ମସିହାରେ ଆହୁରି ଉନ୍ନତ ମେଗଲେଭ୍ ଟ୍ରେନ୍ ତିଆରି କଲେ । ଏହି ଟ୍ରେନ୍‌ର ପ୍ରତ୍ୟେକ ଡବାରେ ଆଠଗୋଟି ଲେଖାଏଁ ଅତିପରିବାହୀ ବିଦ୍ୟୁତ୍-ଚୁମ୍ବକ ଥାଏ । ଏହା ଡବାର ଦୁଇ ଧାରରେ ରେଳଲାଇନ୍‌ର ଠିକ୍ ଉପରକୁ ଡବା ତଳେ ଥାଏ । ଏହି ଟ୍ରେନ୍ ଯେଉଁ ରେଳରାସ୍ତା ଉପରେ ଯାଏ, ସେହି ରେଳରାସ୍ତାରେ ରେଳ ଲାଇନ୍ ତଳେ ଅତି ଶକ୍ତିଶାଳୀ ବିଦ୍ୟୁତ୍ ତାରକୁଣ୍ଡଳୀ ପୋତା ହୋଇଥାଏ ।

ଏହି ଗାଡ଼ି ଯେତେବେଳେ ଗତି କରେ ଡବାର ଧାରରେ ଥିବା ଅତିପରିବାହୀ ବିଦ୍ୟୁତ୍ ଚୁମ୍ବକ ରାସ୍ତାରେ ପୋତା ହୋଇଥିବା କୁଣ୍ଡଳୀରେ ବିଦ୍ୟୁତ୍ ସ୍ରୋତ ସୃଷ୍ଟି କରେ ଓ କୁଣ୍ଡଳୀକୁ ଚୁମ୍ବକତ୍ୱ ପ୍ରଦାନ କରେ । ଏହି ଦୁଇଟି ସମମେରୁ ଚୁମ୍ବକ ହୋଇଥିବାରୁ ପରସ୍ପରକୁ ବିକର୍ଷଣ କରୁଥିବାରୁ ଟ୍ରେନ୍‌ଟି ଉପରକୁ ଉଠି ଶୂନ୍ୟରେ ଗତି କରେ ।

ଜାପାନୀମାନଙ୍କ ଭଳି ଜର୍ମାନମାନେ ମଧ୍ୟ ମ୍ୟାଗ୍‌ଲେଭ୍ ଟ୍ରେନ୍‌ର ପ୍ରଚଳନ କରିଥିଲେ । ଜର୍ମାନମାନଙ୍କ ପଦ୍ଧତି ଜାପାନୀମାନଙ୍କ ପଦ୍ଧତି ଠାରୁ ଅଲଗା ଥିଲା । ଜର୍ମାନମାନେ ସେମାନଙ୍କ ଟ୍ରେନ୍‌ର ନାମ ଦେଇଥିଲେ ଟ୍ରାନ୍ସରେପିଡ୍ ।

ଜର୍ମାନମାନଙ୍କ ପଦ୍ଧତିକୁ ଅନୁସରଣ କରି ଇଂରେଜମାନେ ୧୯୮୪ ମସିହାରେ ଇଂଲଣ୍ଡର ବରମିଙ୍ଗ୍‌ହାମ ଠାରେ ମ୍ୟାଗ୍‌ଲେଭ୍ ଟ୍ରେନ୍ ଆରମ୍ଭ କରିଥିଲେ । ଏହା ବ୍ରିଟିଶ୍ ରେଳ କମ୍ପାନୀ ଦ୍ୱାରା ଆରମ୍ଭ ହୋଇଥିଲା ।

ଏଥିରେ ଅତିପରିବାହୀ ଚୁମ୍ବକ ବ୍ୟବହୃତ ନହୋଇ ସାଧାରଣ ବିଦ୍ୟୁତ୍ ଚୁମ୍ବକ ବ୍ୟବହୃତ ହୋଇଥିଲା । ତେଣୁ ଏହି ଟ୍ରେନ୍‌ର ବେଗ ଘଣ୍ଟାକୁ ୪୦

କିଲୋମିଟରରୁ ଅଧିକ ହୋଇପାରି ନଥିଲା । ଜାପାନୀମାନେ ଅତିପରିବାହୀ ଚୁମ୍ବକ ବ୍ୟବହାର କରୁଥିବାରୁ ସେମାନଙ୍କ ଗାଡ଼ିର ବେଗ ଅଧିକ ହୋଇପାରିଥିଲା ।

ଅତିପରିବାହୀ ବିଦ୍ୟୁତ୍ ଚୁମ୍ବକ ସୃଷ୍ଟି ହୁଏ ତରଳ ହିଲିୟମ୍ ସାହାୟ୍ୟରେ । ତରଳ ହିଲିୟମ୍ ନିମ୍ନତାପରେ ଅତିପରିବାହିତା ପ୍ରକୃତି ଯୋଗୁଁ ବିଦ୍ୟୁତ୍ ସ୍ରୋତ ଗତିରେ କୌଣସି ବାଧା ପାଉନଥିବାରୁ ଏହା ଶକ୍ତିଶାଳୀ ବିଦ୍ୟୁତ୍ ଚୁମ୍ବକ ସୃଷ୍ଟି କରେ । ତେଣୁ ଏହାର ଉଠାଇବା ଶକ୍ତି ଓ ଆଗକୁ ନେବା ଶକ୍ତି ଅଧିକ ଥିବାରୁ ଏହା ଦକ୍ଷତାର ସହିତ ଗାଡ଼ିକୁ ଲାଇନ୍ ଉପରୁ ଉଠାଇ ଖୁବ୍ ବେଗରେ ସାମନାକୁ ଯିବାକୁ ଦିଏ । ଫଳରେ ଗାଡ଼ିର ବେଗ ଆଶାତୀତ ଭାବରେ ବଢ଼ିଯାଏ । ଚକରେ ଘର୍ଷଣଜନିତ ବାଧା ନଥିବାରୁ ଏହାର ବେଗ ଆହୁରି ବଢ଼ିଯାଏ । ଚୁମ୍ବକ ଥିବା ତରଳ ହିଲିୟମ୍‌କୁ ସଦାସର୍ବଦା ତରଳ ଅବସ୍ଥାରେ ରଖିବା ପାଇଁ ହେଲେ ଡବା ଭିତରେ ଖୁବ୍ ଶକ୍ତିଶାଳୀ କମ୍ପ୍ରେସର ରଖିବା ଦରକାର । କାରଣ ତାପଯୋଗୁଁ ତରଳ ହିଲିୟମ୍ ବାଷ୍ପୀଭୂତ ହେବାରୁ ଏହାକୁ ଚାପଦେଇ କମ୍ପ୍ରେସର ତରଳ ଅବସ୍ଥାରେ ରଖେ । ହିଲିୟମ୍ ତରଳ ଅବସ୍ଥାରେ ନ ରହିଲେ ଏହା ଅତିପରିବାହୀ ପ୍ରକୃତି ଦେଖାଇ ପାରେନି । ଅତିପରିବାହୀ ପ୍ରକୃତିକୁ ହାସଲ ନ କଲେ ଚୁମ୍ବକ ଶକ୍ତିଶାଳୀ ହୋଇପାରେନି । ସେଥିପାଇଁ ଟ୍ରେନ୍‌ର ବିଭିନ୍ନ ଡବାରେ ହିଲିୟମ୍‌କୁ ତରଳ କରି ରଖିବା ପାଇଁ ଅତି ଶକ୍ତିଶାଳୀ କମ୍ପ୍ରେସର ପ୍ରତିଷ୍ଠା ଦରକାର । ତରଳ ହିଲିୟମ୍ ପାଇଁ ଏହିସବୁ ବ୍ୟବସ୍ଥା ଖଞ୍ଜିବା ବ୍ୟୟସାପେକ୍ଷ ଓ ଉଚ୍ଚ ଟେକ୍‌ନୋଲଜିକାଲ୍ ଜ୍ଞାନ ଥିବା ଆବଶ୍ୟକ ।

ଏବେ ଜର୍ମାନମାନେ ତାଙ୍କ ଦେଶରେ ଏହି ମ୍ୟାଗ୍‌ଲେଭ୍ ଟ୍ରେନ୍‌କୁ ଲୋକପ୍ରିୟ ତଥା ବ୍ୟାପକ କରିବା ପାଇଁ ଲାଗି ପଡ଼ିଛନ୍ତି । ସେମାନେ ଏବେ ଜର୍ମାନୀର ଉତ୍ତର ଭାଇନ ଓୟେସିଫାଲିଆ ଓ ବେଭେରିଆ ଅଞ୍ଚଳର ମ୍ୟାଗ୍‌ଲେଭ୍ ଟ୍ରେନ୍ ପାଇଁ ରେଲ ରାସ୍ତା ଓ ଷ୍ଟେସନ ପ୍ରତିଷ୍ଠା କରିବା ପାଇଁ କାର୍ଯ୍ୟ ଆରମ୍ଭ କରିଦେଲେଣି । ଏଥିପାଇଁ ଯାହା କିଛି ଇଲେକ୍‌ଟ୍ରନିକ୍ ଯନ୍ତ୍ରପାତି ଦରକାର ପଡ଼ିବ, ତାହା ଜର୍ମାନୀର ସିମେନ୍ କମ୍ପାନୀ ଯୋଗାଇ ଦେବା ପାଇଁ ସ୍ଥିର ହୋଇଛି । ସେମାନେ ବର୍ତ୍ତମାନ ପାଇଁ ତରଳ ହିଲିୟମ୍‌କୁ ଅତି ପରିବାହୀ ଭାବରେ ବ୍ୟବହାର କରି ମ୍ୟାଗ୍‌ଲେଭ୍ ଟ୍ରେନ୍ ଚଳାଚଳ କରିବେ । ନିକଟ ଭବିଷ୍ୟତରେ ସାଧାରଣ

ତାପକ୍ରମରେ ଅତିପରିବାହୀ ପଦାର୍ଥ ବାହାରିବାର ସମ୍ଭାବନା ଥିବାରୁ ସେମାନେ ସେହି ନୂତନ ଅତିପରିବାହୀ ପଦ୍ଧତି ସାହାଯ୍ୟରେ ଖୁବ୍ କମ୍ ଖର୍ଚ୍ଚରେ ମ୍ୟାଗ୍ଲେଭ୍ ଟ୍ରେନ୍ ଚଳାଚଳ କରିବାର ଯୋଜନା କରିଛନ୍ତି । ମ୍ୟାଗ୍ଲେଭ୍ ଟ୍ରେନ୍ ସମ୍ବନ୍ଧୀୟ ଯାବତୀୟ ତଥ୍ୟ ଅନ୍ୟ ଦେଶମାନଙ୍କୁ ରପ୍ତାନୀ କରିବାର ଯୋଜନା ମଧ୍ୟ ସେମାନେ କରିଛନ୍ତି । ଏହା ସଫଳ ହେଲେ ମ୍ୟାଗ୍ଲେଭ୍ ଟ୍ରେନ୍ ଅନ୍ୟ ଦେଶମାନଙ୍କରେ ମଧ୍ୟ ଚାଲିପାରିବ ।

ମ୍ୟାଗ୍ଲେଭ୍ ଟ୍ରେନ୍ ତିଆରି ପାଇଁ ଦୁଇଗୋଟି ପଦ୍ଧତିର ପ୍ରଚଳନ ଦେଖାଯାଏ । ସେଥିଭିତରୁ ଗୋଟିଏ ଜର୍ମାନ ପଦ୍ଧତି, ଅନ୍ୟଟି ଜାପାନୀ ପଦ୍ଧତି । ଜର୍ମାନ ପଦ୍ଧତି, ଜାପାନୀ ପଦ୍ଧତି ଅପେକ୍ଷା ଅଧିକ ସରଳ ଓ କମ୍ ବ୍ୟୟସାପେକ୍ଷ । ଜର୍ମାନମାନଙ୍କ ମ୍ୟାଗ୍ଲେଭ୍ ଟ୍ରେନ୍ରେ ଉଠୋଳନ ଚୁମ୍ବକ ଓ ନୋଜନ ଚୁମ୍ବକ ସ୍ଥାନରେ ଜାପାନୀମାନେ ଟ୍ରେନ୍ରେ ଉଠୋଳନ ଓ ନୋଜନ କୁଣ୍ଡଳୀ କାର୍ଯ୍ୟ କରେ, ପୂର୍ବ ଚିତ୍ରରେ ତାହା ଦର୍ଶାଯାଇଛି ।

ତରଳ ହିଲିୟମ୍କୁ ନେଇ ମ୍ୟାଗ୍ଲେଭ୍ ଟ୍ରେନ୍ ଚଳାଇବା ଖାଲି ବ୍ୟୟସାପେକ୍ଷ ନୁହେଁ, ଉଚ୍ଚ ଟେକ୍ନୋଲଜିକାଲ ଜ୍ଞାନ ଦରକାର କରେ, ଯାହା ପୃଥିବୀର ବହୁ ଦେଶରେ ନାହିଁ । ତେବେ ସାଧାରଣ ତାପକ୍ରମରେ ଅତିପରିବାହୀ ବାହାରି ପାରିଲେ ଏ ଅସୁବିଧା ରହିବନି । ଇଲେକ୍ଟ୍ରନିକ୍ ଜଗତରେ ନାହିଁ ନଥିବା ଉନ୍ନତି ହେବା ସହିତ ମେଗଲେଭ୍ ଟ୍ରେନ୍ ଚଳାଚଳ ସାରା ପୃଥିବୀରେ ବ୍ୟାପକ ହୋଇପାରିବ । ସେତିକିବେଳକୁ ଆମ ଦେଶ ମ୍ୟାଗ୍ଲେଭ୍ ଟ୍ରେନ୍ ସୃଷ୍ଟି କରିପାରିବ । ଏହା ହେଲେ ସେହି ଟ୍ରେନ୍ରେ ଦିଲ୍ଲୀରୁ ବମ୍ବେ ଯିବା ପାଇଁ ତିନିଘଣ୍ଟାରୁ ଅଧିକ ସମୟ ଲାଗିବନି ।

◆◆

ପ୍ରେମ ଓ ଶାନ୍ତିର ପ୍ରତୀକ
ବୈଜ୍ଞାନିକ ମ୍ୟାଡାମ୍ କ୍ୟୁରୀ

ମାଡାମ୍ କ୍ୟୁରିଙ୍କର ପ୍ରକୃତ ନାମ ଥିଲା ମ୍ୟାରି ସ୍କୋଲୋଡସ୍କା କ୍ୟୁରି (Marie Sklodowska Curie) । ସେ ନଭେମ୍ବର ମାସ ୭ ତାରିଖ ୧୮୬୭ ମସିହାରେ ଏକ ସମ୍ଭ୍ରାନ୍ତ ଶିକ୍ଷିତ ପରିବାରରେ ପୋଲାଣ୍ଡ ଦେଶରେ ଜନ୍ମଗ୍ରହଣ କରିଥିଲେ । ସେ ପରିବାରରେ ସବୁଠାରୁ ଛୋଟ ଥିଲେ । ତାଙ୍କ ଉପରେ ଚାରି ବଡ଼ ଭଉଣୀ ଓ ଏକମାତ୍ର ବଡ଼ଭାଇ ଥିଲେ । ତାଙ୍କର ବାପା ଉଇଲେ ସ୍କୋଲୋଡ୍‌ସ୍କା (Weley Sklodowska) ଡବ୍‌ଲିନ୍ ବିଶ୍ୱବିଦ୍ୟାଳୟର ରାଷ୍ଟ୍ରପତି ଥିଲେ । ତାଙ୍କ ନିଜର ମଧ୍ୟ କେତେଗୁଡ଼ିଏ ବିଦ୍ୟାଳୟ ଥିଲା । ମାରିଙ୍କର ମା' ବ୍ରନିସଲୱା (Bronislawa) ୱାରସ୍ ମହାବିଦ୍ୟାଳୟରେ ଅଧ୍ୟାପିକା ଥିଲେ ।

ମ୍ୟାରିଙ୍କର ମା' ଚାକରିଆ ହେଲେ ମଧ୍ୟ ସବୁ ପିଲାଙ୍କର ଲାଳନପାଳନ ଅତି ଯତ୍ନର ସହିତ କରିଥିଲେ । ବିଶେଷକରି ମ୍ୟାରିଙ୍କୁ ସେ ଅତିଯତ୍ନର ସହିତ ବଢ଼ାଇଥିଲେ । ଚାକିରୀ କାମ, ପୁଣି ଏତେଗୁଡ଼ିଏ ପିଲାଙ୍କର କାମ ମ୍ୟାରିଙ୍କ ମା'ଙ୍କୁ ବେଳେବେଳେ ଅତି ଅସହ୍ୟ ହୋଇପଡୁଥିଲା । ସେତେବେଳେ ସେ ଭାବୁଥିଲେ ଏକାକିନୀ ସ୍ତ୍ରୀ ଲୋକ ହୋଇ ରହିଥିଲେ ଭଲ ହୋଇଥାନ୍ତା । ସଂସାରର ଜଞ୍ଜାଳ ପଶିଲେ ଏତେ କଷ୍ଟ କରିବାକୁ ପଡୁଛି । ସେ କିନ୍ତୁ କଠିନ ପରିଶ୍ରମୀ ଥିଲେ । ପ୍ରତ୍ୟେକ କାମ ଧ୍ୟାନର ସହିତ କରୁଥିଲେ । ମ୍ୟାରି ବୋଧହୁଏ ପିଲାବେଳୁ ମା'ଙ୍କ ଠାରୁ ଏହି ବିଦ୍ୟାଟି ଶିଖିଥିଲେ । ସେ ଜୀବନର ଶେଷ ପର୍ଯ୍ୟନ୍ତ ଅକ୍ଳାନ୍ତ ପରିଶ୍ରମ କରୁଥିଲେ । ନ' ବର୍ଷ ବୟସରେ ସେ ତାଙ୍କର ବଡ଼ ଭଉଣୀ ସୋଫିଙ୍କୁ ହରାଇଥିଲେ । ଏହା ଥିଲା ତାଙ୍କ ପାଇଁ ପ୍ରଥମ ଦୁଃଖଦାୟକ ଘଟଣା ।

୧୮୭୧ ମସିହାରେ ମ୍ୟାରିଙ୍କର ଦାଦା ଆସି ସେମାନଙ୍କ ସଙ୍ଗେ ରହିଲେ ତାଙ୍କର ଟ୍ୟୁବର୍‌କ୍ୟୁଲିସିସ୍ (T.B.) ବେମାରୀ ହୋଇଥିଲା । ସେତେବେଳେ ଏହା ଏକ ବଡ଼ ସଂକ୍ରାମକ ବେମାରୀ ଥିଲା । ଏତେ ଔଷଧପତ୍ର ବାହାରି ନଥିଲା । ଦାଦାଙ୍କ ଠାରୁ ମା'ଙ୍କୁ ଏହି ବେମାରୀ ସଂକ୍ରମିତ ହେଲା । ଭଉଣୀର ମରିବା ଦୁଇବର୍ଷ ନପୁରୁଣୁ ମା' ମଧ୍ୟ ଆଖି ବୁଜିଦେଲେ । ମ୍ୟାରିଙ୍କର ଦୁଃଖ ଆହୁରି ଦ୍ୱିଗୁଣିତ ହେଲା । ମ୍ୟାରିଙ୍କର ବାପା ପିଲାଙ୍କର ପାଠପଢ଼ା ପ୍ରତି ବେଶ୍ ଧ୍ୟାନ ଦେଉଥିଲେ । ସେ ଶିକ୍ଷକ ପରିବାରରେ ଜନ୍ମଗ୍ରହଣ କରିଥିବାରୁ ତାଙ୍କର ଶିକ୍ଷା ପ୍ରତି ବେଶ୍ ଆକର୍ଷଣ ଥିଲା । ମ୍ୟାରି ରସାୟନ ବିଜ୍ଞାନ ଏବଂ ପଦାର୍ଥ ବିଜ୍ଞାନ ତାଙ୍କ ବାପାଙ୍କ ଠାରୁ ହିଁ ପ୍ରଥମେ ଶିକ୍ଷା ଗ୍ରହଣ କରିଥିଲେ । ବିଜ୍ଞାନ ପ୍ରତି ତାଙ୍କର ବେଶ୍ ଆଗ୍ରହ ଥିଲା । ମ୍ୟାରିଙ୍କର ବଡ଼ ସ୍କୁଲରେ ପଢ଼ିବାକୁ ବହୁତ ଇଚ୍ଛା ଥିଲା । କିନ୍ତୁ ବାପାଙ୍କର ଏତେ ଶକ୍ତି ନଥିଲା । ତେଣୁ ଇଚ୍ଛା ଥିଲେ ମଧ୍ୟ ସେ ବଡ଼ ସ୍କୁଲ୍ ଯାଇପାରି ନଥିଲେ ।

ଖୁବ୍ ଛୋଟବେଳୁ ମ୍ୟାରି ବିଜ୍ଞାନ ବିଷୟ ପଢ଼ିବାକୁ ଭଲ ପାଉଥିଲେ । ତାଙ୍କର ଯେ କୌଣସି ଗପ ବହି ପଢ଼ିବାକୁ ଏତେ ଆଗ୍ରହ ନଥିଲା । ଯେ କୌଣସି ଗପଠାରୁ ବିଜ୍ଞାନର ଗପ ବହି ପଢ଼ିବାକୁ ସେ ବେଶ୍ ଭଲପାଉଥିଲେ । କାରଣ ଏହା କଳ୍ପନା ଓ କୌତୁକରେ ଭର୍ତ୍ତି । ସେ ମନେ କରନ୍ତି ପରୀ କାହାଣୀ (fairy tales) ଠାରୁ ଏହା ଯଥେଷ୍ଟ ଉତ୍କୃଷ୍ଟ ।

ସବୁ ପାଠ ଭିତରେ ବିଜ୍ଞାନକୁ ସେ ବେଶି ମନଦେଇ ପଢୁଥିଲେ । ସେହି ବିଜ୍ଞାନ ପାଇଁ ସେ ଏକ ଗୋଲ୍ଡ଼ ମେଡାଲ୍ ମଧ୍ୟ ପାଇଥିଲେ । ମ୍ୟାରିଙ୍କର ପିଲାବେଳୁ ଅଧିକ ପଢ଼ିବା ଏବଂ ସବୁ ବିଜ୍ଞାନ ବିଷୟ ଟିକିଟିଖି ଜାଣିବାକୁ ଅତ୍ୟନ୍ତ ଆଗ୍ରହ ଥିଲା । ମ୍ୟାରି ଏବଂ ତାଙ୍କ ବଡ଼ ଭଉଣୀ ବ୍ରିନିଆ ଦୁହେଁ ମିଶି ସ୍ଥିର କଲେ ଯେ ମ୍ୟାରି ଗଭର୍ଣ୍ଣେଶ (Governess)ର କାମ କରିବେ ଆଉ ବ୍ରିନିଆଙ୍କୁ ଡାକ୍ତରି ପଢ଼ିବାରେ ସାହାଯ୍ୟ କରିବେ ଏବଂ ବ୍ରିନିଆ ଡିଗ୍ରୀ ପାଇସାରିଲା ପରେ ମ୍ୟାରିକୁ ସେ ତାଙ୍କ ପଢ଼ାରେ ସାହାଯ୍ୟ କରିବେ । ସେଥିପାଇଁ ୨୪ ବର୍ଷ ପର୍ଯ୍ୟନ୍ତ ମ୍ୟାରି କିଛି ପଢ଼ାପଢ଼ି କରିପାରି ନଥିଲେ । ସେ governess କାମ କରୁଥିଲେ ଏବଂ ଉଚ୍ଚତର ଶିକ୍ଷା ପାଇଁ ପ୍ରାୟ ଆଶା ଛାଡ଼ି ଦେଇଥିଲେ ଏବଂ ଦୁଃଖରେ ଦିନ କାଟୁଥିଲେ । ମ୍ୟାଡାମ୍ କ୍ୟୁରିଙ୍କର ବ୍ୟକ୍ତିଗତ ଜୀବନଶୈଳୀ ଏକ ହୃଦୟସ୍ପର୍ଶୀ ଆଦର୍ଶ ଜୀବନ ଥିଲା । ସେ ଦାରିଦ୍ର୍ୟର କଷାଘାତରେ ବ୍ୟଥିତ ନହୋଇ କି ଭାଙ୍ଗି ନପଡ଼ି ଅତି କଷ୍ଟରେ ଜୀବନ ସଂଗ୍ରାମରେ ଲଢୁଥିଲେ । ଶୁଣିଲେ ଆଶ୍ଚର୍ଯ୍ୟ ଲାଗିବ ଯେ ପ୍ୟାରିସ୍‌ର ସୋବର୍ଣ୍ଣ ବିଶ୍ୱବିଦ୍ୟାଳୟରେ ସେ ପଢୁଥିବା ବେଳେ ଅନେକ ଦିନ ଖାଇବାକୁ ପାଉନଥିଲେ । ସବୁ ଦୁଃଖ କଷ୍ଟ ସହି ନେବାକୁ ସେ ପ୍ରସ୍ତୁତ ଥିଲେ ।

ମ୍ୟାରି ବୈଜ୍ଞାନିକ ନୋବେଲ୍ ପୁରସ୍କାର ପାଇବା ପରେ ମଧ୍ୟ ନିରହଂକାର ସରଳ, ନିଷ୍କପଟ, ସ୍ୱାର୍ଥହୀନ ଜୀବନଯାପନ କରୁଥିଲେ । ଏହି ସମୟରେ ତାଙ୍କର ଭାବିସ୍ୱାମୀ ପିରିଙ୍କ ସଙ୍ଗେ ଦେଖା ସାକ୍ଷାତ ହେଲା । ପିରିଙ୍କର ବକ୍ତୃତା ମ୍ୟାରିଙ୍କୁ ବଡ଼ ଆକୃଷ୍ଟ କରିଥିଲା । ତାଙ୍କର ବକ୍ତୃତା ଶୁଣିବା ପାଇଁ ମ୍ୟାରି ସବୁବେଳେ ପହଞ୍ଚୁଥିଲେ । ଭଉଣୀ ବ୍ରିନିଆ ନିଜ ପାଠ ସାରିଲା ପରେ ମ୍ୟାରିଙ୍କୁ ପଢ଼ାପଢ଼ିରେ ସାହାଯ୍ୟ କଲେ । ପୁଣି ଥରେ ପଢ଼ାପଢ଼ିରେ ଧ୍ୟାନ ଦେଇ ସେ ୧୯୮୩ ମସିହାରେ ପଦାର୍ଥ ବିଜ୍ଞାନରେ ଏବଂ ପରବର୍ଷ ଗଣିତରେ ଡିଗ୍ରୀ ହାସଲ କଲେ ଏବଂ ଶେଷରେ ଶିକ୍ଷକଙ୍କ ଡିପ୍ଲୋମା ଡିଗ୍ରୀ ମଧ୍ୟ ହାସଲ କଲେ । ଏହାପରେ ତାଙ୍କୁ ସୋସାଇଟି ଫର୍ ଏନ୍‌କରେଜମେଣ୍ଟ ଅଫ୍ ନ୍ୟାସନାଲ୍ ଇଣ୍ଡଷ୍ଟ୍ରି (Encouragement of National Industry) ବିଭିନ୍ନ ଷ୍ଟିଲ୍‌ର ଚୁମ୍ବକୀୟ ଶକ୍ତି ଉପରେ ଗବେଷଣା କରିବା ପାଇଁ ଦାୟିତ୍ୱ ନେବା ପାଇଁ ନିର୍ଦ୍ଦେଶ ଦେଲେ । ମ୍ୟାରିଙ୍କୁ ଏହି କାମ ପାଇଁ ଏକ ଭଲ ପରୀକ୍ଷାଗାର ଦରକାର ପଡ଼ିଲା । ତାଙ୍କର ଜଣେ ସାଙ୍ଗ ତାଙ୍କୁ ଏହି ଦିଗରେ

ସାହାଯ୍ୟ କରିବା ପାଇଁ କହିଲେ । ପିରି କ୍ୟୁରିଙ୍କ ସଙ୍ଗେ ତାଙ୍କର ପରିଚୟ ଘନିଷ୍ଠ ହେଲା । ପିରି ଓ ମ୍ୟାରିଙ୍କର ବୈଜ୍ଞାନିକ ଚିନ୍ତାଧାରା ଏକା ପ୍ରକାରର ଥିଲା । ସେମାନେ ଅନେକ ବୈଜ୍ଞାନିକ ତଥ୍ୟ ଉପରେ ଘଣ୍ଟା ଘଣ୍ଟା ଆଲୋଚନା କରୁଥିଲେ । ଏହିପରି କିଛିଦିନ ଘଟିଲା ପରେ ଦୁହେଁ ଦୁହିଁଙ୍କ ପ୍ରତି ଆକୃଷ୍ଟ ହେବାରେ ଲାଗିଲେ ଏବଂ ୧୮୯୫ ମସିହା ଜୁଲାଇ ମାସରେ ବିବାହ କଲେ । ସିଆକ୍ସ ନାମକ ସହରର ଟାଉନ୍ ହଲ୍‌ରେ ସାଙ୍ଗସାଥୀଙ୍କ ଗହଣରେ ବାହାଘର କାର୍ଯ୍ୟ ଜାକଜମକରେ ସମ୍ପନ୍ନ ହେଲା । ଦୁହିଁଙ୍କର ଆର୍ଥିକ ଅବସ୍ଥା ଏତେ ଭଲ ନଥିଲା । ଉପହାରରେ ଯେଉଁ ଟଙ୍କା ମିଳିଥିଲା, ସେହିଥିରେ କ୍ୟୁରି ଦମ୍ପତି ଏକ ଦୁଇଚକିଆ ସାଇକେଲ୍ କିଣିଲେ । ଏହି ସାଇକେଲ୍ ରାଉଡ୍ ହିଁ ସେତେବେଳେ ଥିଲା ସେମାନଙ୍କର ଆନନ୍ଦ ବା ଫୁରୁସତ୍‌ର ଏକମାତ୍ର ଉପାୟ । ଦୁହେଁ ଅନବରତ ସକାଳୁ ସନ୍ଧ୍ୟା କଠିନ ପରିଶ୍ରମ କରନ୍ତି ଏବଂ ଫୁରୁସତ୍ ମିଳିଲେ ଏହି ସାଇକେଲ୍‌ରେ ଟିକିଏ ବୁଲାବୁଲି କରିବାକୁ ଯାଆନ୍ତି । ୧୮୯୭ ମସିହା ସେପ୍ଟେମ୍ବର ମାସରେ ମ୍ୟାରି ଏକ କନ୍ୟାକୁ ଜନ୍ମ ଦେଲେ । ପିଲାର ଲାଳନପାଳନ କରି ମଧ୍ୟ ସେ ବିଜ୍ଞାନଗାରରେ ଘଣ୍ଟା ଘଣ୍ଟା କଟାଉଥିଲେ । ସ୍ୱାମୀଙ୍କ ନିର୍ଦ୍ଦେଶରେ ସେ ପଦାର୍ଥ ବିଜ୍ଞାନ ଲାବୋରେଟେରୀରେ କିଛି ତଥ୍ୟକୁ ନେଇ ନିୟମିତ ଗବେଷଣା କରୁଥିଲେ । ଅନେକଗୁଡ଼ିଏ ପରୀକ୍ଷା ସେ ଲୁହାର ଚୁମ୍ବକୀୟ ଗୁଣ ଉପରେ କରି ଚାଲିଥାନ୍ତି । ମ୍ୟାରିଙ୍କର ଅନେକ ଦିନର ଇଚ୍ଛା ଥିଲା ଇଉରେନିୟମ୍ (Uranium) ରଶ୍ମି ଉପରେ ଗବେଷଣା କରିବା ପାଇଁ । କିଛିଦିନ ପରେ ମ୍ୟାରି ଗବେଷଣାରୁ ଜାଣିବାକୁ ପାଇଲେ ଥୋରିଅମ୍ (Thorium) ମଧ୍ୟ ଏକାପ୍ରକାର ରଶ୍ମି ବିକିରଣ କରେ, ଠିକ୍ ଇଉରେନିୟମ୍ ଭଳି । ଏହା ପିରିଙ୍କୁ ମଧ୍ୟ ଆଶ୍ଚର୍ଯ୍ୟ କଲା । ସେ ତାଙ୍କ ସ୍ଫଟିକ (Crystal) ଉପରେ ଗବେଷଣା ଛାଡ଼ି ମ୍ୟାରିଙ୍କ ଗବେଷଣାରେ ଲାଗି ପଡ଼ିଲେ । କ୍ୟୁରି ସ୍ୱାମୀ-ସ୍ତ୍ରୀ ଉପଲବ୍ଧି କଲେ କି ରେଡ଼ିଓଆକ୍ଟିଭିଟି (Radio activity) ଉପରେ ଗବେଷଣା ନିହାତି ଦରକାର । ଇଉରାନିୟମ ଭଳି ସେ ଏକ ନୂତନ ବସ୍ତୁ ଉଦ୍ଭାବନ କଲେ ଏବଂ ତା'ର ନାମ ରଖିଲେ ପୋଲୋନିୟମ (Polonium) । କାରଣ ମ୍ୟାରି ପୋଲାଣ୍ଡ ଦେଶକୁ ଅତି ଭଲପାଉଥିଲେ । ଦୁହେଁ ଏହା ଉପରେ ଗବେଷଣାରେ ମଜ୍ଜିଗଲେ ଏବଂ ଦ୍ୱିତୀୟ ରେଡ଼ିଓଆକ୍ଟିଭ୍ ଏଲିମେଣ୍ଟ (Radio active element) ଉଦ୍ଭାବନ କଲେ, ଯାହା

ଆଲୋକକୁ ପ୍ରତିଫଳନ କରିପାରେ । ଏହାର ନାମ ସେ ରଖିଲେ ରେଡ଼ିୟମ୍ (Radium) ।

ମ୍ୟାଡାମ୍ କ୍ୟୁରି ଯେଉଁ କାମ ଧରୁଥିଲେ, ତାକୁ ଅତି ନିଷ୍ଠାର ସହିତ ଲାଗିପଡ଼ି କରୁଥିଲେ । ମ୍ୟାଡାମ୍ କ୍ୟୁରି ଥିଲେ ପୃଥିବୀର ପ୍ରଥମ ମହିଳା ଯେ କି ୨ଟି ନୋବେଲ୍ ପୁରସ୍କାର ପାଇଥିଲେ । ୧୯୦୩ ମସିହାରେ ପ୍ରଥମ ଏବଂ ଦ୍ୱିତୀୟଟି ୧୯୧୧ ମସିହାରେ ପାଇଥିଲେ । ମ୍ୟାଡାମ କ୍ୟୁରି ଦୁଇଥର ନୋବେଲ୍ ପୁରସ୍କାର ପାଇବା ପରେ ମଧ୍ୟ ଅତି ସରଳ, ନିଷ୍କପଟ ସ୍ୱାର୍ଥହୀନ ଜୀବନଯାପନ କରୁଥିଲେ । ରେଡ଼ିଅମ୍ ଉଦ୍ଭାବନ କଲାପରେ ତା'ର ଅଦ୍ଭୁତ ପ୍ରୟୋଗର ରହସ୍ୟ ଏବଂ ପ୍ରକ୍ରିୟା ଜାଣିବା ପାଇଁ ଆମେରିକାର ବ୍ୟବସାୟୀ ସଂସ୍ଥାମାନେ ମ୍ୟାଡାମ୍ କ୍ୟୁରିଙ୍କୁ ହଜାର ହଜାର ଡଲାରର ଲୋଭ ଦେଖାଇ ତାଙ୍କ ଠାରୁ ରେଡ଼ିଅମ୍ ପ୍ରସ୍ତୁତିର ରହସ୍ୟ ଜାଣିବାକୁ ଚାହିଁଥିଲେ । କିନ୍ତୁ ନିରାସକ୍ତ ନିର୍ଲୋଭ ମାଡ଼ାମ କ୍ୟୁରି ସେସବୁ ପ୍ରତ୍ୟାଖାନ କରି ଆହୁରି ଅଧିକ ବିଜ୍ଞାନ ଗବେଷଣାରେ ହିଁ ସାରା ଜୀବନ କଟାଇଲେ । ପଇସା ଲୋଭ ତାଙ୍କୁ କେବେ ଛୁଇଁ ନଥିଲା । ଧନ୍ୟ ତାଙ୍କର ଆଦର୍ଶ ଜୀବନ, ଧନ୍ୟ ତାଙ୍କର ସ୍ୱାର୍ଥହୀନ, ଗର୍ବ-ଅହଂକାରଶୂନ୍ୟ ଜୀବନ । ଏତେ ବଡ଼ ବୈଜ୍ଞାନିକ । କିନ୍ତୁ ତାଙ୍କର ଜୀବନଶୈଳୀ ଅତି ସରଳ ଥିଲା, ଯାହା ଆମେ ଆଜି କଳ୍ପନା କରିପାରିବା ନାହିଁ । କଥା ଅଛି, ଥରେ ନିଜ ଘର ଝାଡୁରେ ସଫା କରୁଥିବା ବେଳେ ଜଣେ ଆମେରିକାର ସାମ୍ବାଦିକ ତାଙ୍କୁ ଚିହ୍ନ ନକାରି ଘରର ଚାକରାଣି ବୋଲି ଭାବି ପଚାରିଲେ, "ମ୍ୟାଡାମ୍ କ୍ୟୁରିଙ୍କୁ ଭେଟିପାରିବ କି ?" ମ୍ୟାଡାମ କ୍ୟୁରି ହସି ଉତ୍ତର ଦେଇଥିଲେ ସେ ବର୍ତ୍ତମାନ ଘରେ ନାହାନ୍ତି । ଆଶ୍ଚର୍ଯ୍ୟର କଥା ସେ କେବେ ସମ୍ବାଦପତ୍ରରେ ବା ସାମ୍ବାଦିକଙ୍କ ଦ୍ୱାରା ପ୍ରଶଂସିତ ହେବାରୁ ଆଦୌ ପସନ୍ଦ କରୁନଥିଲେ ।

ଆଜି ମ୍ୟାଡାମ୍ କ୍ୟୁରି ଏବଂ ପିରି କ୍ୟୁରିଙ୍କୁ ପୋଲାନିଅମ୍ ଏବଂ ରେଡ଼ିଅମ୍‌ର ଜନ୍ମଦାତା ବୋଲି ଧରାଯାଏ । ରେଡ଼ିଅମ୍ ଦ୍ୱାରା ଅନେକ ରୋଗ ଭଲ ହୋଇପାରୁଥିଲା । ଯୁଦ୍ଧ ସମୟରେ ଏହା ଅନେକ ଲୋକଙ୍କ ସାହାଯ୍ୟରେ ଆସେ । ମ୍ୟାଡାମ୍ କ୍ୟୁରିଙ୍କର ପ୍ରବନ୍ଧ ରେଡ଼ିଓଲୋଜି ଏବଂ ଯୁଦ୍ଧ (Radiology and war)ରେ

ରେଡ଼ିଓଲୋଜି (Radiology) ଦ୍ୱାରା ଜୀବନକୁ କିଭଳି ରକ୍ଷା କରାଯାଏ, ବିସ୍ତୃତ ଆକାରରେ ବର୍ଣ୍ଣନା କରାଯାଇଛି । ଆଉ ଏକ ଭଲ ଗୁଣ ଥିଲା ମ୍ୟାଡ଼ାମ କ୍ୟୁରିଙ୍କର । ସେ ପ୍ରେମ ଓ ଶାନ୍ତିର ପ୍ରତୀକ ଥିଲେ । ସେ ବିଶ୍ୱଶାନ୍ତି (World Peace) ପାଇଁ କାଉନ୍‌ସିଲ୍ ଅଫ୍ ଲିଗ୍ ଅଫ୍ ନେସନ୍‌ସ (Council of League of Nations) ଏବଂ ଇଣ୍ଟରନ୍ୟାସନାଲ୍ କମିଟି (International Committee)ରେ କିଛିଦିନ ପାଇଁ ଯୋଗ ଦେଇଥିଲେ । ସେ ନିଜେ ବଡ଼ ଶାନ୍ତିପ୍ରିୟ ଥିଲେ ଏବଂ ଚାରିଆଡ଼େ ଶାନ୍ତି ପ୍ରତିଷ୍ଠା କରିବାକୁ ଚାହୁଁଥିଲେ । ମ୍ୟାଡାମ୍ କ୍ୟୁରିଙ୍କୁ ପ୍ରେମ ଓ ଶାନ୍ତିର ପ୍ରତୀକ କହିଲେ କିଛି ଭୁଲ୍ ହେବ ନାହିଁ ।

୧୯୧୪ ମସିହାରେ ମ୍ୟାଡାମ୍ କ୍ୟୁରି ୟୁନିଭରସିଟି ଅଫ୍ ପ୍ୟାରିସ୍ ଏବଂ ପାଷ୍ଟର ଇନ୍‌ଷ୍ଟିଚ୍ୟୁଟ୍ (University of Paris & Pasture Institute)ର ସହଯୋଗରେ ଏକ ରେଡ଼ିଅମ୍ ଇନ୍‌ଷ୍ଟିଚ୍ୟୁଟ୍ ସ୍ଥାପନ କରିଥିଲେ । ସେହି ସମୟରେ ପ୍ରଥମ ବିଶ୍ୱଯୁଦ୍ଧ ଆରମ୍ଭ ହୋଇଥିଲା । ଏହି ସମୟରେ ମ୍ୟାଡାମ୍ କ୍ୟୁରି ତାଙ୍କର ଦୁଇଝିଅ ବାରିନ୍ (୧୭ ବର୍ଷ) ଏବଂ ଇଭ (୧୦ ବର୍ଷ)ଙ୍କୁ ବ୍ରିଟେନ୍ (Britain) ପଠାଇଦେଇ ନିଜେ ଯୁଦ୍ଧରେ ଦୁର୍ଘଟଣା ଗ୍ରସ୍ତ ଲୋକଙ୍କର ସେବାରେ ଲାଗିପଡ଼ିଲେ । ଏକ୍ସରେ ଯନ୍ତ୍ରମାନ ଚାରିଆଡ଼େ ଫିଟ୍ କରାଇଲେ ଏପରିକି ଯାନବାହାନରେ ମଧ୍ୟ ଏକ୍ସରେ ଯନ୍ତ୍ର ଲାଗିଲା । ଯୁଦ୍ଧରେ ଆହତ ଲୋକଙ୍କ ପାଇଁ ସେ ଅନେକ କିଛି ସୁବିଧା କରାଇଲେ । ଏଥିପାଇଁ ତାଙ୍କୁ ଚାରିଆଡ଼େ ବହୁତ ସମ୍ମାନ ମିଳିଲା । କିନ୍ତୁ ସେ ଏହାକୁ ଗ୍ରହଣ କଲେ ନାହିଁ । ସମ୍ମାନର କିଛି ଆବଶ୍ୟକତା ନାହିଁ ବା କିଛି ଅର୍ଥ ନାହିଁ ବୋଲି ସେ କୁହନ୍ତି । ୧୯୧୯ ମସିହାରେ ଯୁଦ୍ଧ ବନ୍ଦ ହେଲା ପରେ ସେ ରେଡ଼ିଅମ୍ ଇନ୍‌ଷ୍ଟିଚ୍ୟୁଟ୍‌ର ମୁଖ୍ୟ ହୋଇ କାର୍ଯ୍ୟ ଭାର ଗ୍ରହଣ କଲେ । ମ୍ୟାଡାମ୍ କ୍ୟୁରି ନିଃସ୍ୱାର୍ଥପର ସେବା କରିବାକୁ ସଦାସର୍ବଦା ଆଗେଇ ଆସନ୍ତି ।

୧୯୦୩ ମସିହାରେ ମ୍ୟାରି କ୍ୟୁରି ଏବଂ ପିରି କ୍ୟୁରି ଏବଂ ହେନେରି ବେକ୍ୟୁଏରେର୍ଲଙ୍କୁ ପଦାର୍ଥ ବିଜ୍ଞାନ ପାଇଁ ପୁରସ୍କାର ମିଳିଲା । ସେହି ସାଇଟେସନ୍‌ରେ ଲେଖାଥିଲା । ରେଡ଼ିଏସନ ଫିନ୍‌ମିନା (Rediation phenomina) ପାଇଁ ମିଳିତ ପୁରସ୍କାର । In recognition of the extra ordinary services they have rendered by their joint researchers on the radiation phenomena discovered by Professor Henri Becquerrel. ପିରି ଏବଂ ମ୍ୟାରି ସମ୍ମାନ ଗ୍ରହଣ କରିବାକୁ ଷ୍କ୍‌ହୋମ୍ ଯାଇପାରି ନଥିଲେ । କିନ୍ତୁ କିଛିଦିନ ପରେ ପିରି ୧୯୦୫ ମସିହାରେ ଷ୍କ୍‌ହୋମ୍‌ର ଏକ ନିମନ୍ତ୍ରଣ ରକ୍ଷା କରି ବକ୍ତୃତା ପାଇଁ ଯାଇଥିଲେ ମ୍ୟାରି ମଧ୍ୟ ସାଙ୍ଗରେ ଥିଲେ । ସେହିଠାରେ ପହଞ୍ଚିଲା ପରେ ସେଠାକାର ପବ୍ଲିକ୍, ପ୍ରେସ୍ ଏବଂ ମିଡ଼ିଆର ଏତେ ଆଗ୍ରହ ଦେଖି ଦୁହେଁ ଆଶ୍ଚର୍ଯ୍ୟ ହୋଇଯାଇଥିଲେ । ଲୋକମାନେ ବିଶ୍ୱାସ କରିପାରୁ ନଥିଲେ ଯେ ଅତି ସାଧାରଣ ପୋଷାକ ପରିଧାନ କରିଥିବା ସରଳ ଲୋକଟିର ସ୍ତ୍ରୀ ପୁଣି ଏତେ ବଡ଼ ବଡ଼ ଉଦ୍ଭାବନମାନ କରି ନୋବେଲ୍ ପୁରସ୍କାର ପାଇଛନ୍ତି ! ବେଶ ପୋଷାକରୁ ସେମିତି କିଛି ଜଣାପଡ଼ୁ ନାହାନ୍ତି । ଲୋକମାନଙ୍କୁ ବଡ଼ ଆଶ୍ଚର୍ଯ୍ୟ ଲାଗିଲା । ଥରେ ଜଣେ ଆମେରିକାନ୍ ସମ୍ବାଦଦାତା ତାଙ୍କୁ ଅନୁସରଣ କରି ଗାଁରେ ପହଞ୍ଚିଲେ । ସେଠାରେ ଏତେ ଲୋକ ଭିତରେ ନୋବେଲ୍ ପୁରସ୍କାର ବିଜେତା ମ୍ୟାରି କ୍ୟୁରିଙ୍କୁ ଆଦୌ ଜାଣିପାରିଲେ ନାହିଁ । ତାଙ୍କର ପୋଷାକ ପରିଧାନ ଠିକ୍ ଗାଁ ଲୋକଙ୍କ ଭଳି କିଛି ବି ଫରକ ନଥିଲା । ଦ୍ୱାର ବନ୍ଦରେ ବସି ଜୋତାରୁ ବାଲି ଝାଡ଼ୁଥିବା ସ୍ତ୍ରୀ ଲୋକଟିକୁ ଦେଖିଲେ । ଆଗରୁ ସମ୍ବାଦପତ୍ରମାନଙ୍କରେ ବାହାରିଥିବା ଫଟୋ ସହିତ ସମାନ, ଇଏ ନିଶ୍ଚୟ ମ୍ୟାରି କ୍ୟୁରି । ସେ ତାଙ୍କର ନିକଟବର୍ତ୍ତୀ ହୋଇ କିଛି ପ୍ରଶ୍ନର ଉତ୍ତର ମ୍ୟାରିଙ୍କ ଠାରୁ ନେଲେ । ସାମ୍ବାଦିକଙ୍କର ଇଚ୍ଛା ଥିଲା ମ୍ୟାରିଙ୍କ ନିଜ ବିଷୟରେ କିଛି ଶୁଣିବା ପାଇଁ । କିନ୍ତୁ ମ୍ୟାରି କହିଲେ ବିଜ୍ଞାନରେ ଆମେ ବସ୍ତୁ ବିଷୟରେ ଆଗ୍ରହ ରଖିବା, ମାନବଙ୍କ ବିଷୟରେ ନୁହେଁ । (In science we must keep interest on materials not on persons.) ଏହା ଥିଲା ଡବଲ ନୋବେଲ୍ ପୁରସ୍କାର ବିଜେତା ମ୍ୟାଡାମ୍ କ୍ୟୁରିଙ୍କର ଉତ୍ତର ।

ଏପ୍ରିଲ୍ ମାସ ୧୯ ତାରିଖ ୧୯୦୬ ମସିହା ମ୍ୟାଡାମ୍ କ୍ୟୁରିଙ୍କ ପାଇଁ ଥିଲା ଏକ ଅଶୁଭ ଦିନ । ଆକାଶ ଥିଲା ମେଘାଚ୍ଛନ୍ନ । ବର୍ଷା ଜୋର ଢାଳୁଥିଲା । ଦିନ ଥିଲା ଗୁରୁବାର । ପିରି ଦୁର୍ବଳ ହୋଇପଡ଼ିଥିଲେ ରାଡ଼ିଏସନ୍‌ରେ ଅତ୍ୟଧିକ କାମ କରି । ସେ ଏକ ଘୋଡ଼ାଗାଡ଼ି ଉପରେ ପ୍ୟାରିସ୍‌ରେ ମୃତ୍ୟୁବରଣ କଲେ । ମ୍ୟାରିଙ୍କ ନିକଟରେ ଯେତେବେଳେ ଏହି ଦୁଃଖଦାୟକ ଖବରଟି ଆସି ପହଞ୍ଚିଲା, ସେ ପୁରା

ସ୍ଥାଣୁ ହୋଇଗଲେ । ପାଟିରୁ କିଛି କଥା ବାହାରିଲା ନାହିଁ । ଲୁହ ନାହିଁ କି ଦୁଃଖ ନାହିଁ । କିଛି ସମୟ ପରେ ଥର ଥର ଓଠରେ କେତୋଟି ଶବ୍ଦ ଧୀର ଗଳାରେ ବାହାରିଲା ଯେପରି ମନରେ କିଞ୍ଚିତ ଆଶା ରଖି ସେ ପଚାରୁଛନ୍ତି, "ପିରି କ'ଣ ପ୍ରକୃତରେ ମରିଗଲେ ?" (Is Pieree really dead ?) ସେହିଦିନ ଠାରୁ ମ୍ୟାରି ଖାଲି ଯେ ବିଧବା ହେଲେ ତା' ନୁହେଁ, ପୁରା ଏକାକିନୀ ହୋଇଗଲେ ଜୀବନରେ ଏବଂ ବୈଜ୍ଞାନିକ ଗବେଷଣାରେ ତାଙ୍କର ମନେହେଲା ଯେପରି ତାଙ୍କର ସବୁକିଛି ଲୋପ ପାଇଗଲା ଚିରଦିନ ପାଇଁ । କିନ୍ତୁ ଲୋକମାନଙ୍କର ଅନେକ ଆଶା ଆକାଂକ୍ଷା ତାଙ୍କ ଉପରେ ଥିଲା ମ୍ୟାରି ହିଁ ଜଣେ ଯେ ପିରିଙ୍କର ଅସମ୍ପୂର୍ଣ୍ଣ କାମଗୁଡ଼ିକୁ ସମ୍ପୂର୍ଣ୍ଣ କରିପାରିବେ । ଫ୍ରେଞ୍ଚର ଉଚ୍ଚତର ଶିକ୍ଷା ଦାୟିତ୍ୱ ପାଇଁ ପ୍ରଥମ ଥର ଜଣେ ସ୍ତ୍ରୀ ଲୋକଙ୍କୁ ନିଯୁକ୍ତି କରାହେଲା । ମ୍ୟାରି କହିଲେ "ମୁଁ ଚେଷ୍ଟା କରିବି (I will Try) ।" ସେତେବେଳେ ତାଙ୍କ ସ୍ୱାମୀ ପିରିଙ୍କ କଥା ମନେପଡ଼ିଲା । ପିରି କହିଥିଲେ ଯେତେ ଯାହା ହୋଇଗଲେ ମଧ୍ୟ ଶରୀରକୁ ଆତ୍ମା ବିନା କାମ କରିବାକୁ ହେଲେ ମଧ୍ୟ କାମରେ ବ୍ୟାହତ ନହୋଇ କାମ ସେହିପରି ଚାଲିବା ଉଚିତ୍ । "Whatever happens even if one has to go on like a body without a soul one must work just the same."

ସେହିଦିନ ଠାରୁ ସେ ନିଜ ମନ ସ୍ଥିର କରି ପରୀକ୍ଷାଗାରରେ କାମ ଆରମ୍ଭ କଲେ ଏବଂ ତାଙ୍କ ଡାଏରୀରେ ପିରିଙ୍କ ଉଦ୍ଦେଶ୍ୟରେ ଲେଖିଲେ "ମୁଁ ତୁମ କାମକୁ ନିଶ୍ଚୟ ଆଗେଇ ନେବି (I would like to continue your incomplete work) ।"

ତାଙ୍କ ସାକ୍ଷାତକାର ନେବା ପାଇଁ ସେ ସବୁବେଳେ ମନା କରି ଆସୁଥିଲେ । କିନ୍ତୁ ଥରେ ମିଶି (Missy) ନାମ୍ନୀ ଜଣେ ଆମେରିକାନ ମହିଳା ସାମ୍ବାଦିକ ମ୍ୟାରିଙ୍କର ସାକ୍ଷାତ୍‌କାର ନେବାରେ ସକ୍ଷମ ହୋଇଥିଲେ । ଏହାଦ୍ୱାରା ଦୁଇଜଣଙ୍କର ବେଶ୍ ଲାଭ ହେଲା । ମ୍ୟାରି ମିଶିଙ୍କୁ କହିଲେ ଆମେରିକା ବୈଜ୍ଞାନିକମାନଙ୍କ ପାଖରେ ୫୦ ଗ୍ରାମ୍ ରେଡ଼ିଅମ୍ ଅଛି ତାଙ୍କ ନିଜ ପାଖରେ ଗୋଟେ ଗ୍ରାମ୍ । ମିଶି ଏହା ଉପରେ ଆମେରିକାରେ ଏକ କ୍ୟାମ୍ପେନ୍ (Campaign) ଲଞ୍ଚ୍ କଲେ ।

କୋଡ଼ିଏ ତାରିଖ ମେ' ମାସ ୧୯୨୧ ମସିହା ମ୍ୟାରିଙ୍କ ପାଇଁ ଥିଲା ଏକ ଶୁଭଦିନ । ୱାସିଂଟନ ହ୍ୱାଇଟ୍ ହାଉସ୍‌ରେ ଏହାର ରାଷ୍ଟ୍ରପତି ହାରଡ଼ିଙ୍ଗ (Harding) ତାଙ୍କର ଗୋଟେ ଗ୍ରାମ ରେଡ଼ିଅମ୍ ଆମେରିକାର ବୈଜ୍ଞାନିକମାନଙ୍କ ଠାରୁ ମିଶିଙ୍କ ସାହାଯ୍ୟରେ ମ୍ୟାରିଙ୍କୁ ଉପହାର ଦେଇଥିଲେ ଏହିଦିନ । ରାଷ୍ଟ୍ରପତି ତାଙ୍କ ବେକରେ ସେହି ରେଡ଼ିଅମ ଦ୍ୱାରା ବାକ୍ସର ସୁନାର ଚାବିକାଠିଟିଏ ଝୁଲାଇ ଦେଇଥିଲେ ଏବଂ ତାଙ୍କୁ ନେଇ ରାଷ୍ଟ୍ରପତି ଉପସ୍ଥିତ ଜନତାଙ୍କୁ ସୁନ୍ଦର ଭାଷଣ ଦେଇଥିଲେ । କେତୋଟି ଶବ୍ଦରେ ମ୍ୟାରିଙ୍କୁ ବର୍ଣ୍ଣନା କରି ନୋବେଲ୍ କ୍ରିଚର, ଡିଭୋଟେଡ଼୍ ୱାଇଫ୍, ସ୍ନେହୀ ମା' (Nobel creature, devoted wife and loving mother) ଇତ୍ୟାଦି କହି ମ୍ୟାରିଙ୍କୁ ସେ ବେଶ୍ ପ୍ରଶଂସା କରିଥିଲେ ସେହିଦିନ ।

କଥାରେ ଅଛି ଝିଅ ମା' ଭଳି (Like mother like daughter) ମ୍ୟାରି ତାଙ୍କ ଝିଅ ଇରିନ୍ ଏବଂ ଜ୍ୱାଇଁ ଫ୍ରେଡ଼େରିକ୍ ଜୋଲିଅଟରଙ୍କର ରିସର୍ଚ୍ଚରେ କାମକୁ ଶେଷ ୧୦ ବର୍ଷ ଖୁସିରେ ତଦାରଖ କରୁଥିଲେ । ସେମାନେ ଦୁଇଜଣ ଆର୍ଟିଫିସିଆଲ ରେଡ଼ିଓଆକ୍ଟିଭିଟି (Artificial radioactivity) ଉପରେ ଗଭୀର ଗବେଷଣା ଚଳାଇଥିଲେ । କିନ୍ତୁ ଦୁଃଖର କଥା ସେମାନଙ୍କୁ ନୋବେଲ ପୁରସ୍କାର ୧୯୩୫ ମସିହାରେ ମିଳିଲା ବେଳକୁ ମ୍ୟାଡ଼ାମ୍ କ୍ୟୁରି ଚିରଦିନ ପାଇଁ ଆଖି ବୁଜି ଦେଇଥିଲେ । ୪ ଜୁଲାଇ ୧୯୩୪ ମସିହାରେ ସେ ଶେଷ ନିଃଶ୍ୱାସ ତ୍ୟାଗ କଲେ । ରେଡ଼ିଅମ୍‌ର କୁପ୍ରଭାବ ବିଶେଷ ଜାଣିନଥିବାରୁ ତା'ର ବହୁଳ ବ୍ୟବହାର ଯୋଗୁଁ ତାଙ୍କ ଦେହର ସମସ୍ତ ଅସ୍ଥିମଜ୍ଜା ନଷ୍ଟ ହୋଇ ରକ୍ତ କମିଗଲା ଏବଂ ଶେଷରେ ସେ ରକ୍ତଶୂନ୍ୟ ହୋଇ ପ୍ରାଣତ୍ୟାଗ କଲେ ।

ଡାକ୍ତରଖାନାରେ ଅଧକ୍ଷ ରିପୋର୍ଟରେ ଲେଖିଥିଲେ - ମୃତ୍ୟୁର କାରଣ ଥିଲା ରେଡ଼ିଅମ୍‌ରେ ଅତ୍ୟଧିକ କାମ କରିବା ହେତୁ । ଜୁଲାଇ ୨୪ରେ ମ୍ୟାରି କ୍ୟୁରି ଓ ପିରି କ୍ୟୁରିଙ୍କ ଭସ୍ମ ପ୍ରସିଦ୍ଧ ଡୋମ୍ ପାନଥିଅନ୍ ପ୍ୟାରିସ୍‌ରେ ରଖାଗଲା । ମ୍ୟାଡାମ କ୍ୟୁରି ନିଜେ ରେଡ଼ିଅମ୍ ଉଦ୍ଭାବନ କରିଥିଲେ ଏବଂ ନିଜେ ହିଁ ତା'ର ଶିକାର ମଧ୍ୟ ହୋଇଥିଲେ । ଯୁବ ବୈଜ୍ଞାନିକମାନେ ତାଙ୍କ ମୃତ୍ୟୁ ଖବର ପାଇ ହତାଶ ହୋଇଗଲେ ଏବଂ କହିଲେ, "ସବୁ ଆମର ସରିଗଲା । ଆମକୁ ଆଉ କିଏ ସାହାଯ୍ୟ କରିବ ଏବଂ ଆମର ଗବେଷଣା କାମ କିପରି ଆଗେଇବ ।"

ତାଙ୍କ ମୃତ୍ୟୁର ଠିକ୍ ବର୍ଷେ ପରେ ତାଙ୍କର ଶେଷ କେଇପଦ କଥା ପଦାର୍ଥ ବିଜ୍ଞାନର ଯୁବ ବୈଜ୍ଞାନିକମାନଙ୍କ ପାଇଁ ଏକ ବହିରେ ପ୍ରକାଶ ପାଇଲା । ସେହି ବହିର ନାମ ରଖାଯାଇଥିଲା ଗୋଟିଏ ଶବ୍ଦ 'ରେଡ଼ିଓ ଆକ୍ଟିଭିଟି' (Radio activity) ସେ ମ୍ୟାରି କ୍ୟୁରିରୁ ମ୍ୟାଡ଼ାମ୍ କ୍ୟୁରି ନାଁରେ ସ୍ମରଣୀୟ ହୋଇ ରହିଲେ । ସମସ୍ତଙ୍କ ପାଖରେ ସେ ଜଣେ ଶାନ୍ତିଦୂତ, ଅସାଧାରଣ ବୈଜ୍ଞାନିକ ଭାବରେ ଆଜୀବନ ପରିଚିତ ହୋଇ ରହିଲେ । ସେ ଥିଲେ ଏକମାତ୍ର ମହିଳା, ଯେ କି ଦୁଇଥର ନୋବେଲ ପୁରସ୍କାର ପାଇଥିଲେ । ଏତେବଡ଼ ବୈଜ୍ଞାନିକ ହୋଇ ତାଙ୍କୁ ଟିକିଏ ଗର୍ବ ଅହଂକାର ସ୍ପର୍ଶ କରିନଥିଲା । ମ୍ୟାଡ଼ାମ୍ କ୍ୟୁରିଙ୍କ ଠାରୁ ଆମମାନଙ୍କର ଅନେକ କିଛି ଶିଖିବାକୁ ଅଛି ।

◆◆

ବୈଜ୍ଞାନିକ ଗଳ୍ପ

ଧୂସର ସ୍ୱପ୍ନ

ସତ୍ୟପ୍ରେମଙ୍କର ହଠାତ୍ ନିଦ ଭାଙ୍ଗିଗଲା । ଠିକ୍ ସେହି ସମୟରେ କୋଇଲି ଘଣ୍ଟାଟି ବୋବାଇ ଉଠିଲା କୁଉ-କୁଉ-କୁଉ ଠିକ୍ ଛଅଥର । ତାଙ୍କର ଦୃଷ୍ଟି ପଡ଼ିଲା ସେହି କୋଇଲି ଘଣ୍ଟାଟି ଉପରେ । ସମୟ ସମୟରେ ନିଦ ଭାଙ୍ଗିଗଲେ ମଧ୍ୟ ବିଛଣାରୁ ଉଠିବାକୁ ଇଚ୍ଛା ହୁଏ ନାହିଁ । ସେ ଭାବିବାକୁ ଲାଗିଲେ ସେହି ଘଣ୍ଟାଟି ବିଷୟରେ । ସତ୍ୟପ୍ରେମ ଘଣ୍ଟାଟିକୁ ଆଣିଥିଲେ ପଢ଼ାସାରି ବିଦେଶରୁ ଫେରିଲା ବେଳେ ସୁଇଜରଲାଣ୍ଡର ସୁପ୍ରସିଦ୍ଧ ନଗରୀ ଜେନିଭାରୁ । ଏହି କୋଇଲି ଘଣ୍ଟାଟିର ବିଶେଷତ୍ୱ ହେଲା ଯେ ଠିକ୍ ସମୟ ହେଲାମାତ୍ରେ କୋଇଲିଟି ତା' ଛୋଟ କୋଠରୀ ଭିତରୁ ବାହାରି ଆସି ସମୟ ଅନୁସାରେ ସେତିକି ଥର ବୋବାଇ ଦେଇ ପୁଣି ନିଜ କୋଠରୀ ଭିତରକୁ ଚାଲିଯାଏ । ସତ୍ୟପ୍ରେମଙ୍କର ଏହି କୋଇଲି ଘଣ୍ଟାଟି ବେଶ୍ ଏକ ସୌଖିନ ପଦାର୍ଥ । ସେ ଏହି ଘଣ୍ଟାଟିକୁ ବିଦେଶରୁ ଆଣିଥିବାରୁ ନିଜକୁ ବହୁତ ଧନ୍ୟ ମନେ କରନ୍ତି । ତାଙ୍କର ସାଙ୍ଗ ସାଥୀମାନେ ଥଟ୍ଟା କରନ୍ତି, "ସତ୍ୟପ୍ରେମ, ତୁ ତ ସୁବିଖ୍ୟାତ ଜେନିଭା ସହରରୁ ହଜାର ହଜାର ଘଣ୍ଟା ମଧ୍ୟରୁ ଏହି ସୁନ୍ଦର ବୋବାଉ ଥିବା କୋଇଲି ଘଣ୍ଟାଟିକୁ ପସନ୍ଦ କଲୁ । ସେହିପରି ତୋ ଜୀବନର ସାଥୀଟିକୁ ମଧ୍ୟ ତୁ ବେଶ୍ ପସନ୍ଦଯୋଗ୍ୟ ମନୋନୀତ କରିପାରିବୁ ଲାଗୁଛି । ଆମମାନଙ୍କର ସହାୟତା ବୋଧହୁଏ ତୋର ଦରକାର ପଡ଼ିବ ନାହିଁ ।" ସତ୍ୟପ୍ରେମ ଖାଲି ମୁରୁକି ମୁରୁକି ହସି ଦିଅନ୍ତି ।

ସତ୍ୟପ୍ରେମ ବିଦେଶରୁ ଫେରିଲା ପରେ ଭାରତରେ ଆସି ଇଞ୍ଜିନିୟର ପୋଷ୍ଟରେ ନିଯୁକ୍ତି ପାଇଛନ୍ତି । ବାହାଘର ପ୍ରଶ୍ନ ଏ ପର୍ଯ୍ୟନ୍ତ ଉଠିନାହିଁ । ଘରେ ସେ ଏକୁଟିଆ ଓ ତାଙ୍କର କୁକୁର ଲାସି । ରୋଷେଇବାସ କରିବା ପାଇଁ ଠକରଟିଏ ।

ସତ୍ୟପ୍ରେମ ଓ ସାଥୀ ଲାସି ବେଶ୍ ଆନନ୍ଦରେ ଦିନ କଟାନ୍ତି । ଲାସିକୁ ସତ୍ୟପ୍ରେମ କେବେ ପାଖରୁ ଛାଡ଼ନ୍ତି ନାହିଁ । ସେ ଯେତେବେଳେ ଯାହା ଖାଆନ୍ତି ଲାସି ସବୁବେଳେ ସେଥିର ଅଂଶୀଦାର ହୋଇଥାଏ । ବାହାରକୁ ବୁଲିଗଲେ ଲାସି ସବୁବେଳେ ତାଙ୍କ ସାଙ୍ଗରେ ଥାଏ । ଅଧିକାଂଶ ସମୟ ସତ୍ୟପ୍ରେମ ଲାସି ସାଙ୍ଗରେ ଖେଳି ଓ ତାକୁ କ୍ରୀଡ଼ା କୌଶଳ ଶିଖାଇବାରେ ସମୟ କଟାଇ ଦିଅନ୍ତି । ବାକି ସମୟତକ ବୈଜ୍ଞାନିକ ପତ୍ରପତ୍ରିକା ଇତ୍ୟାଦି ପଢ଼ିବାରେ କଟିଯାଏ । ତାଙ୍କର ବିଜ୍ଞାନ ପ୍ରତି ଭାରି ଆଗ୍ରହ । ଘରେ ଏକ ଲାଇବ୍ରେରୀ କରିଛନ୍ତି । ସେହିଥିରେ ବିଜ୍ଞାନ ବହି ଭରପୁର ।

ସେହିଦିନ ଥାଏ ରବିବାର, ସତ୍ୟପ୍ରେମ ବିଛଣାରୁ ଉଠିଲେ । ଦେଖିଲେ ପାଗଟା ବେଶ୍ ଭଲ ହୋଇଛି । ସକାଳୁ ଆକାଶ ପୁରା ମେଘାଚ୍ଛନ୍ନ ଥିଲେ ମଧ୍ୟ ବର୍ତ୍ତମାନ ପରିଷ୍କାର ସଫା ହୋଇ ନୀଳ ହୋଇଯାଇଛି । ସେ ଭାବିଲେ ବର୍ତ୍ତମାନ ଲାସିକୁ ନେଇ ଗାଡ଼ିରେ ଟିକିଏ ବାହାରେ ବୁଲି ଆସିଲେ କିଛି ମନ୍ଦ ହେବ ନାହିଁ । ଲାସି ମଧ୍ୟ ସତ୍ୟପ୍ରେମଙ୍କ ପାଖେ ପାଖେ ରହି ବେଶ୍ ବୁଲିବା ପ୍ରିୟ ହୋଇଯାଇଛି । ତାକୁ ଡାକିବା ମାତ୍ରେ ସେ ଖୁବ୍ ହୋଇଗଲା ଓ ସାଙ୍ଗେ ସାଙ୍ଗେ ଲାଙ୍ଗୁଡ଼ ହଲେଇ ଗାଡ଼ି ପାଖକୁ ଦୌଡ଼ିଗଲା । ସତ୍ୟପ୍ରେମ ସିଧା ରୋଡ଼ରେ ଡ୍ରାଇଭ୍ କରିବାକୁ ଲାଗିଲେ । କିଛିବାଟ ଗଲାପରେ ସତ୍ୟପ୍ରେମଙ୍କର ହଠାତ୍ ମନେପଡ଼ିଗଲା ଯେ ସେ ଆଜି ଉଠିଲା ପରେ କିଛି ଜଳଖିଆ ଖାଇନାହାନ୍ତି । ଲାସି ମଧ୍ୟ କିଛି ଖାଇନାହିଁ । ତେଣୁ ଗୋଟିଏ ଭଲ ରେଷ୍ଟୁରାଣ୍ଟ ଖୋଜିବାକୁ ପଡ଼ିବ । ଗାଡ଼ିରେ ମଧ୍ୟ ପେଟ୍ରୋଲ୍ ନାହିଁ । ଆଗେ ପେଟ୍ରୋଲ୍ ନେଇଗଲେ ତା'ପରେ ଖାଇବା ବ୍ୟବସ୍ଥା ହେବ । କାଲି ଗୋଟିଏ ସାଙ୍ଗର ପାର୍ଟିରୁ ଡେରିରେ ଫେରିଥିବାରୁ ନିଦ ମଧ୍ୟ ଭଲକରି ହୋଇନାହିଁ । ସତ୍ୟପ୍ରେମଙ୍କର ଧାରଣା ଯେ କେବଳ କ'ଣ ଶୋଇରହି ବିଶ୍ରାମ ନେଲେ କ୍ଲାନ୍ତି ଦୂର ହୁଏ । କିଛିବାଟ ବାହାର ପବନରେ ଡ୍ରାଇଭ୍ କରି ମନଟା ଫୁର୍ତ୍ତି କରିଦେଲେ ଭଲ ଲାଗିବ । ସେଥିପାଇଁ ସେ ଆଜି ବେଶୀ ସମୟ ନ ଶୋଇ ବୁଲି ବାହାରିଛନ୍ତି । ଆଗରେ ଏକ ପେଟ୍ରୋଲ୍ ପମ୍ପ ଦେଖାଗଲା । ସେଠାରେ ସେ ଗାଡ଼ି ଅଟକାଇଲେ ଓ କିଛି ପେଟ୍ରୋଲ୍ ଭର୍ତ୍ତି କରିବା ପାଇଁ ବରାଦ କରିଦେଲେ ।

×　　　×　　　×

ପାଖରେ ଏକ ବିରାଟ କୋଠାଘର । ଘର ଆଗରେ ନିଜ ବଗିଚାରେ ଏକ ଦଶ ବାର ବର୍ଷର ଛୋଟ ଝିଅଟିଏ ତାର ଅତି ଆଦରରେ ବିଲେଇ ଛୁଆକୁ କୋଳରେ ଧରି ବସିଛି । ଲାସି ବିଲେଇ ଛୁଆକୁ ଦେଖି ଗାଡ଼ିରୁ ଡେଇଁପଡ଼ି ଭୋ-ଭୋ ହୋଇ ଏକାଡ଼ିଆଁକେ ଯାଇ ଝିଅଟି ପାଖରେ ହାଜର । ସତ୍ୟପ୍ରେମ ଯେତେ ଡାକିଲେ ମଧ୍ୟ ଶୁଣିବାକୁ ନାହିଁ । କାଳେ ଲାସି ବିଲେଇ ଛୁଆକୁ ଆକ୍ରମଣ କରିବ ସତ୍ୟପ୍ରେମ ତା' ପଛେ ପଛେ ଦୌଡ଼ିଲେ । କୁକୁରଟି କାଳେ ବିଲେଇ ଛୁଆକୁ ଆକ୍ରମଣ କରିବ, ଏହି ଭୟରେ ଝିଅଟି ଅନନ୍ୟୋପାୟ ହୋଇ ହଠାତ୍ ଏକ ଅଦ୍ଭୁତ ଯନ୍ତ୍ର ତା' ପକେଟ୍‌ରୁ ବାହାର କରି ଲାସି ଆଡ଼କୁ ଦେଖାଇବା ମାତ୍ରେ ଲାସି କୁଆଡ଼େ ଅଦୃଶ୍ୟ ହୋଇଗଲା । ଏହା ଦେଖି ସତ୍ୟପ୍ରେମ ବଡ଼ ଆଶ୍ଚର୍ଯ୍ୟ ହୋଇଗଲେ । ଘଟଣାଟା କ'ଣ ହେଲା ଜାଣିବା ପାଇଁ ସେ ମଧ୍ୟ ଆଗ୍ରହର ସହିତ ଝିଅଟି ପାଖକୁ ଦୌଡ଼ିଗଲେ । ଝିଅଟି ହଠାତ୍ ଦୌଡ଼ିଯାଇ ଘର ଭିତରେ ପଶିଯାଇ କବାଟ ଲଗାଇଦେଲା । ସତ୍ୟପ୍ରେମ ଯେତେ ଡାକିଲେ କେହି ଶୁଣିଲେ ନାହିଁ । ସତ୍ୟପ୍ରେମଙ୍କର ଲାସି ଅତି ପ୍ରିୟ । ସେ ତାକୁ ଛାଡ଼ି ରହିବେ ବା କିପରି ? ସେ ଭାବିପାରିଲେ ନାହିଁ ପ୍ରକୃତରେ ଲାସିର ଏ କ'ଣ ହେଲା । ତାଙ୍କ ମୁଣ୍ଡ ଗୋଳମାଳ ହୋଇଗଲା । ସେ ଖୁବ୍ ଜୋରରେ କଲିଂବେଲ୍ ଚିପିବାରେ ଲାଗିଲେ । କିଛି ସମୟ ପରେ ଏକ ବୟସ୍କ ଲୋକ ଦ୍ୱାର ଖୋଲିଲେ । ସତ୍ୟପ୍ରେମ ଏକା ନିଃଶ୍ୱାସରେ ତାଙ୍କୁ ସବୁକଥା କହିଗଲେ ।

ଲୋକ ଜଣକ କହିଲେ, "ଦେଖନ୍ତୁ ମିଷ୍ଟର, ଆପଣ ଏତେ ବ୍ୟତିବ୍ୟସ୍ତ ହୋଇ ପଡୁଛନ୍ତି କାହିଁକି ? ଆପଣଙ୍କ କୁକୁର ଏହି ପାଖରେ କେଉଁଠି ବୁଲୁଥିବ । ଆଉ ଆପଣ ଏକି ଆଶ୍ଚର୍ଯ୍ୟ କଥା କହୁଛନ୍ତି, କୁକୁରଟି ଅଦୃଶ୍ୟ ହୋଇଗଲା । ଆପଣ ବୋଧହୁଏ ବହୁ ସମୟ ଡ୍ରାଇଭ୍ କରିକରି କ୍ଳାନ୍ତ ହୋଇ ପଡ଼ିଛନ୍ତି, ସେଥିପାଇଁ ଆପଣଙ୍କୁ ସେପରି ବୋଧହେଲା । ଚାଲନ୍ତୁ ଦେଖିବା ହୁଏତ ଅଦୂରରେ କେଉଁଠି ଥାଇପାରେ ।

ସତ୍ୟପ୍ରେମ ଓ ସେହି ବ୍ୟକ୍ତି ଜଣକ ଏକା ସାଙ୍ଗରେ ଲାସିକୁ ଖୋଜିବାକୁ ଲାଗିଲେ । ଲୋକ ଜଣକ କହିଲେ, "ଆପଣ ଗୋଟିଏ ପଟେ ଖୋଜନ୍ତୁ ମୁଁ ଆରପଟେ ଖୋଜୁଛି ।" ସତ୍ୟପ୍ରେମ କହିଲେ, "ଦେଖନ୍ତୁ, ମୋ ଆଖିଆଗରେ ମୋ କୁକୁର କୁଆଡ଼େ ଅଦୃଶ୍ୟ ହୋଇଗଲା, ଆଉ ଆପଣ କ'ଣ କହୁଛନ୍ତି ଖୋଜିବା

ବୋଲି ।” ଲୋକ ଜଣକ ହସିଲେ, “ମୋ କଥା ବିଶ୍ୱାସ କରନ୍ତୁ, ଆପଣଙ୍କ କୁକୁର ନିଶ୍ଚୟ ଏଠାରେ କେଉଁଠି ଅଛି । କୁଆଡ଼େ ଅଦୃଶ୍ୟ ହୋଇଯାଇନାହିଁ । ଚାଲନ୍ତୁ ଖୋଜିବା, ଆଉ ଡେରି କରିବା ଉଚିତ ନୁହେଁ ।” କିଛି ସମୟ ଖୋଜା ଖୋଜି କରିବା ପରେ ଲାସି କେଉଁଆଡ଼ୁ ସାଙ୍ଗେ ସାଙ୍ଗେ ଦୌଡ଼ି ଆସିଲା । ସତ୍ୟପ୍ରେମ ଏସବୁ ଦେଖି ବଡ଼ ଆଶ୍ଚର୍ଯ୍ୟ ହୋଇଗଲେ । ସେ କିଛି ସମୟ ପୂର୍ବରୁ ଲାସି ଲାସି ଏତେ ଡାକିଲେ ଅଥଚ ଶୁଣିଲା ନାହିଁ, କିନ୍ତୁ ସାଙ୍ଗେ ସାଙ୍ଗେ କୁଆଡ଼େ ଥିଲା ଚାଲି ଆସିଲା । ସତ୍ୟପ୍ରେମ ଲୋକଟିକୁ ଧନ୍ୟବାଦ ଦେବା ଛଡ଼ା ଭଦ୍ରତା ଦୃଷ୍ଟିରୁ ତାଙ୍କର ଆଉ କିଛି କର୍ତ୍ତବ୍ୟ ନଥିଲା । ସେ ସାଙ୍ଗେ ସାଙ୍ଗେ ଗାଡ଼ି ପାଖକୁ ଫେରିଆସି ଗାଡ଼ିରେ ବସି ବାହାରି ଗଲେ । ମୁଣ୍ଡ ଭିତରେ ସେହି ଗୋଟିଏ ଚିନ୍ତା, ଘଟଣାଟି ପ୍ରକୃତରେ କ’ଣ ହେଲା । ସେ ଅନୁଭବ କରିପାରିଲେ ଯେ, ତାଙ୍କୁ ଭୀଷଣ ଭୋକ ହେଲାଣି । ସମୟ ଗଡ଼ିଲାଣି ଲାସିକୁ ମଧ୍ୟ କମ୍ ହେଉ ନଥିବ । ହୋଟେଲ ଖୋଜିବା ଉଦ୍ଦେଶ୍ୟରେ ଆଗକୁ ଆଗକୁ ଡ୍ରାଇଭ୍ କରିଚାଲିଲେ । ହଠାତ୍ ତାଙ୍କ ଗାଡ଼ିରେ କ’ଣ ଗୋଟିଏ ଧକ୍କା ଲାଗିଲା ପରି ମନେହେଲା । ଲାସି ଓ ସେ ନିଜେ ବାହାରେ ପଡ଼ିଗଲେ । ନୂଆ ପ୍ଲିମଥ୍ ଗାଡ଼ିଟି ମଧ୍ୟ ହଠାତ୍ ଭାଙ୍ଗି ଚୂରମାର୍ ହୋଇଗଲା । ସତ୍ୟପ୍ରେମ ନିଜ ଅବସ୍ଥା ଭୁଲି ଲାସି ପାଖକୁ ଦୌଡ଼ିଗଲେ । ସେ ଦେଖିଲେ ଯେ ଲାସି ପୂରା ସଂଜ୍ଞାହୀନ ଓ ରକ୍ତାକ୍ତ ହୋଇ ପଡ଼ିଯାଇଛି । ମୁଣ୍ଡରେ ଆଘାତ ଲାଗି ରକ୍ତର ସ୍ରୋତ ଛୁଟି ଚାଲିଛି । ଲାସିର ଏ ଅବସ୍ଥା ଦେଖି ତାଙ୍କ ହୃଦୟ ସମ୍ଭାଳିଲା ନାହିଁ । ସେ ଲାସିକୁ ଧରି ଅତି କରୁଣ ଭାବରେ ‘ଲାସି’ ‘ଲାସି’ ବୋଲି ଚିତ୍କାର କରିବାକୁ ଲାଗିଲେ । ଗାଡ଼ିର ଅବସ୍ଥା ଓ ନିଜର ଅବସ୍ଥା କଥା ସେ ସେତେବେଳେ ଭୁଲି ଯାଇଥିଲେ । ଏହି ଦୁର୍ଘଟଣା ଦେଖି ନିକଟରୁ କେତେଜଣ ଲୋକ ଦୌଡ଼ି ଆସି ତାଙ୍କୁ ଧରି ଉଠାଇଲେ । ସତ୍ୟପ୍ରେମ ଆଜି ପର୍ଯ୍ୟନ୍ତ କେବେ ଦୁର୍ଘଟଣାର ସମ୍ମୁଖୀନ ହୋଇ ନଥିଲେ । ସେ ଆମେରିକା ଭଳି କାର୍ ବହୁଳ ରାଜ୍ୟରେ ଖୁବ୍ ସ୍ପିଡ୍‌ରେ ଗାଡ଼ି ଚଳାଇ ଆସିଛନ୍ତି, ଯେଉଁଠାରେ କି ଶହ ଶହ ଗାଡ଼ି ପ୍ରତିଦିନ ଦୁର୍ଘଟଣା ହୁଏ, କିନ୍ତୁ କେଉଁଠି ଦୁର୍ଘଟଣାର ସମ୍ମୁଖୀନ ହୋଇନାହାନ୍ତି । ଆଜି ହଠାତ୍ ଏ ଖୋଲା ରାସ୍ତାରେ କଣ ହେଲା ଭାବି ପାରିଲେନି । ସେ ଚାରିଆଡ଼କୁ ଲକ୍ଷ୍ୟ କରି ଦେଖିଲେ ଯେ ଗାଡ଼ି ଦୁର୍ଘଟଣା ହେବାର କୌଣସି କାରଣ ନାହିଁ । ତାଙ୍କୁ ବଡ଼

ଆଶ୍ଚର୍ଯ୍ୟ ଲାଗିଲା ଯେ କିଛି କାରଣ ନଥିବା ସତ୍ତ୍ୱେ ଗାଡ଼ିଟି ଏପରି ଚୂରମାର ହୋଇଗଲା କିପରି । ଏସବୁ ଦେଖି ସେ ବଡ଼ ଆଶ୍ଚର୍ଯ୍ୟ ହୋଇଗଲେ । ଲୋକମାନେ ତାଙ୍କୁ କହିଲେ, "ଆଜ୍ଞା, ଚାଲନ୍ତୁ ଆମ ସାଙ୍ଗରେ, ପାଖରେ ଗୋଟିଏ ଡାକ୍ତରଖାନା ଅଛି ।" ଆପଣ ପ୍ରଥମେ ଠିକ୍ ହୋଇଯାଆନ୍ତୁ ପରେ କୁକୁର ଓ ଗାଡ଼ି କଥା ବୁଝିବା ।

ସତ୍ୟପ୍ରେମଙ୍କର କିନ୍ତୁ ଇଚ୍ଛା ହେଉନଥିଲା ଲାସିକୁ ସେହିପରି ଅବସ୍ଥାରେ ଛାଡ଼ିଯିବା ପାଇଁ । ଲୋକମାନେ କିନ୍ତୁ ତାଙ୍କୁ ଜିଗର କରି ପାଖ ଡାକ୍ତରଖାନାକୁ ନେଇଗଲେ । କିନ୍ତୁ ବଡ଼ ଆଶ୍ଚର୍ଯ୍ୟ କଥା ଯେ ସେଠାରେ ସେ ଦେଖିବାକୁ ପାଇଲେ ସେହି ଭଦ୍ରବ୍ୟକ୍ତିଙ୍କୁ, ଯେକି ତାଙ୍କ କୁକୁରକୁ ଖୋଜି ଦେଇଥିଲେ । ତାଙ୍କ ସହିତ ଅନ୍ୟ ଦୁଇଜଣ ଲୋକ ମଧ୍ୟ ସେଠାରେ ଥିଲେ । ଦୁଇଜଣଙ୍କର ପୋଷାକରୁ ମନେହେଉଥିବା କମ୍ପାଉଣ୍ଡର ବୋଲି । ତାଙ୍କ ମଧ୍ୟରେ ଜଣେ ବୈଜ୍ଞାନିକ ମଧ୍ୟ ଥିଲେ । ସତ୍ୟପ୍ରେମଙ୍କୁ ଗୋଟିଏ ଚେୟାର ଦିଆଗଲା ବସିବା ପାଇଁ ।

ଡାକ୍ତର ଜଣକ ସଙ୍ଗେ ସଙ୍ଗେ ସତ୍ୟପ୍ରେମଙ୍କ କ୍ଷତସ୍ଥାନ ଓ ଫାଟି ଯାଇଥିବା ସ୍ଥାନ ଉପରେ ଏକ ପ୍ରକାର ଯନ୍ତ୍ରରୁ ଅଦୃଶ୍ୟ ରଶ୍ମି ପକାଇଲେ । ସଙ୍ଗେ ସଙ୍ଗେ କ୍ଷତସ୍ଥାନଗୁଡ଼ିକ ଭଲହୋଇ ସୁସ୍ଥସ୍ଥାନ ଭଳି ଦିଶିଲା । ରକ୍ତ ଆଦି ସବୁ ଉଭେଇଗଲା । ବୈଜ୍ଞାନିକ ଜଣକ ଖୁବ୍ ଗମ୍ଭୀର ଦେଖାଯାଉଥିଲେ । ସେ କହିଲେ, "ଦେଖନ୍ତୁ ମିଷ୍ଟର ସତ୍ୟପ୍ରେମ, ଆପଣଙ୍କୁ ବହୁତ ଗୁଡ଼ିଏ କାର୍ଯ୍ୟ ବଡ଼ ଆଶ୍ଚର୍ଯ୍ୟ ମନେହେଉଥିବ, ନୁହେଁ? ପ୍ରଥମତଃ ଆପଣଙ୍କ କୁକୁର ଅଦୃଶ୍ୟ ହୋଇଯିବା, ଦ୍ୱିତୀୟରେ କିଛି କାରଣ ନଥିବା ସତ୍ତ୍ୱେ ଆପଣଙ୍କର ନୂଆ ପ୍ଲିମଥ୍ ଗାଡ଼ିଟି ଭାଙ୍ଗି ଚୂରମାର୍ ହୋଇଯିବା ଇତ୍ୟାଦି । ଆମେ ଆପଣଙ୍କୁ ଏସବୁ ବିଷୟ ବୁଝାଇବା ପାଇଁ ପ୍ରସ୍ତୁତ ଅଛୁ, କିନ୍ତୁ ଏସବୁ ବିଷୟ ଜାଣିସାରିଲା ପରେ ଆପଣ ଯେପରି ଆପଣଙ୍କ ସ୍ଥାନକୁ ଫେରିବା କଥା ନ ଭାବନ୍ତି । ଆମେ ଜାଣିପାରୁଛୁ ଯେ ଆପଣ ଜଣେ ବିଶିଷ୍ଟ ବୈଜ୍ଞାନିକ ଓ ଆପଣଙ୍କ ଭଳି ବୈଜ୍ଞାନିକମାନେ ଆପଣଙ୍କ ସହରରେ ବହୁତ ଉନ୍ନତି କରୁଛନ୍ତି । ଆମ ଅଞ୍ଚଳ କିନ୍ତୁ ପୃଥିବୀର ନୁହେଁ । ଆମେ ପୃଥିବୀ ବାହାରର ଲୋକ । ଆପଣଙ୍କ ପୃଥିବୀ ତୁଳନାରେ ଆମେ ବିଜ୍ଞାନରେ ବହୁତ ଉନ୍ନତି କରିପାରିଛୁଁ, ଯାହାକି ଆପଣମାନଙ୍କର କଳ୍ପନାର ବାହାରେ । ଆମେ କିନ୍ତୁ ଚାହୁଁନା ଯେ ଆମର ଏହି ଗୁପ୍ତ

ତଥ୍ୟଗୁଡ଼ିକ ଏତେ ଶୀଘ୍ର ବାହାରେ ପ୍ରକାଶ ପାଉ ବୋଲି । ତେଣୁକରି ଆମେ ଅନ୍ୟମାନଙ୍କ ଠାରୁ ଦୂରରେ ରହିବାକୁ ଚେଷ୍ଟା କରୁଛୁ । ଆପଣ ଏହି ବିଷୟରେ କିଛି ଚିନ୍ତା କରୁଥିବାରୁ ଓ କିଛି ସନ୍ଦେହ ପ୍ରକାଶ କରିଥିବାରୁ ଆମେ ଜାଣିଶୁଣି ଆପଣଙ୍କ ଗାଡ଼ିକୁ ଦୁର୍ଘଟଣାର ସମ୍ମୁଖୀନ ହେବାକୁ ଦେଇଥିଲୁ । ଆପଣ, ଆପଣଙ୍କ କୁକୁର ଓ ଗାଡ଼ି ବିଷୟରେ ବ୍ୟସ୍ତ ହେବା ଉଚିତ ନୁହେଁ । ସେଗୁଡ଼ିକ ଆପଣଙ୍କୁ ଭଲ ଅବସ୍ଥାରେ ଫେରାଇ ଦିଆଯିବ । ସବୁ ଯେପରି ଥିଲା ଠିକ୍ ସେହିପରି ଅଛି । ଆମର ଏଠାରେ କିଛି ଜିନିଷ ନଷ୍ଟ କରିବାକୁ ଦିଆଯାଏ ନାହିଁ ।"

ସତ୍ୟପ୍ରେମ ଏକଥାଗୁଡ଼ିକ ଶୁଣିସାରି କହିଲେ, "ମୋର ଗାଡ଼ିତ ଏକବାର ଚୁରମାର ହୋଇଯାଇଛି । ତାକୁ ସଜାଡ଼ିବା ତ ଅସମ୍ଭବ । ଆଉ ଲାସି, ତା'ର ହୃତ୍‌ସ୍ପନ୍ଦନ ଆସ୍ତେ ଆସ୍ତେ କମି କମି ଆସି ପ୍ରାୟ ବନ୍ଦ ହୋଇଯାଇଥିବ । ସେ ତ ଆଉ ବଞ୍ଚିପାରିବ ନାହିଁ ।" ଏତକ କହି ସତ୍ୟପ୍ରେମ ଭୋ ଭୋ ହୋଇ କାନ୍ଦି ପକାଇଲେ । ଲାସିର ବିଚ୍ଛେଦ ତାଙ୍କୁ ବଡ଼ ଆଘାତ ଦେଲା ।

ବୈଜ୍ଞାନିକ ଜଣକ କହିଲେ, "ମିଷ୍ଟର ସତ୍ୟପ୍ରେମ, ଆପଣ ମୋଟେ ବ୍ୟସ୍ତ ହୁଅନ୍ତୁ ନାହିଁ, ଲାସିର ଏଠି କୌଣସି ଲୋକକୁ ମରିବାକୁ ଦିଆଯାଏ ନାହିଁ । ଆମେ ଆପଣଙ୍କୁ ସବୁ ବିଷୟ ବୁଝାଇଦେବୁ । ଆପଣ ମୋଟେ ବ୍ୟସ୍ତ ହୁଅନ୍ତୁ ନାହିଁ ।"

ସତ୍ୟପ୍ରେମ ଅତି ଆଶ୍ଚର୍ଯ୍ୟ ହୋଇଗଲେ କହିଲେ ଆପଣ ମୋ ନାମ କିପରି ଜାଣିଲେ ?" "ସବୁ କଥା କହୁଛି, ଧୈର୍ଯ୍ୟ ଧରନ୍ତୁ ମିଷ୍ଟର ସତ୍ୟପ୍ରେମ ।"

ଏହାପରେ ବୈଜ୍ଞାନିକ ଜଣକ ଏକ ସୁଇଚ୍ ଟିପିଲେ ଓ ସଙ୍ଗେ ସଙ୍ଗେ ଏକ ଦିବ୍ୟସୁନ୍ଦରୀ ତରୁଣୀ ଆସି ତାଙ୍କ ସମ୍ମୁଖରେ ଠିଆ ହୋଇଗଲା । ସେହି ବୈଜ୍ଞାନିକ ତାଙ୍କୁ କହିଲେ, "ଦେଖ ପାରମିତା, ଏହି ଭଦ୍ର ବ୍ୟକ୍ତିଙ୍କୁ ଭିତରକୁ ନେଇ ତାଙ୍କ ଜଳପାନର ବ୍ୟବସ୍ଥା କର ଓ ତାଙ୍କ ପାଇଁ ଗୋଟିଏ ଭଲ ସୁସଜ୍ଜିତ ରୁମ୍ ମଧ୍ୟ ଯୋଗାଡ଼ କରିଦିଅ, ଯେପରିକି ତାଙ୍କର ଆଉ କୌଣସିଥିରେ କିଛି ଅସୁବିଧା ହେବ ନାହିଁ ।" ତରୁଣୀ ଜଣକ ସତ୍ୟପ୍ରେମଙ୍କୁ ସାଙ୍ଗେ ସାଙ୍ଗେ ଭିତରକୁ ଡାକି ନେଇଗଲା । ସତ୍ୟପ୍ରେମ ମଧ୍ୟ ଯନ୍ତ୍ରଚାଳିତ ଭଳି ତା' ପଛେ ପଛେ ଚାଲିଲେ । କିଛିଦୂର ଗଲାପରେ ଏକ ସୁସଜ୍ଜିତ କୋଠରୀ ପଡ଼ିଲା । ସେହି ଘର ଭିତରେ ଖୁବ୍

ବଡ଼ ଗୋଟିଏ ଯନ୍ତ୍ର ଥିଲା । ତା'ପାଖରେ ଗୋଟିଏ ଡାଇନିଂ ଟେବୁଲ୍ ଓ କେତୋଟି ଚେୟାର୍ ପଡ଼ିଥିଲା ।

ତରୁଣୀ ଜଣକ ସତ୍ୟପ୍ରେମଙ୍କୁ ଚେୟାର୍ ଉପରେ ବସାଇ ତା'ର ସୁନ୍ଦର ଆଖି ଯୋଡ଼ିକୁ ନଚାଇ କହିଲା, "ବସନ୍ତୁ ନା ମିଷ୍ଟର ସତ୍ୟପ୍ରେମ । ଏଇଟା ଆମର ଡାଇନିଂ ହଲ୍ । ଆପଣ ପରା ରେଷ୍ଟୁରାଣ୍ଟ୍ ଖୋଜୁଥିଲେ ଖାଇବା ପାଇଁ । ଏଠାରେ ଆମର ସବୁପ୍ରକାର ଖାଇବାର ବ୍ୟବସ୍ଥା ଅଛି । ଆପଣ ଯାହା ଚାହିଁବେ ତାହା ସାଙ୍ଗେ ସାଙ୍ଗେ ମିଳିପାରିବ । କୁହନ୍ତୁ ଆପଣ ବର୍ତ୍ତମାନ କ'ଣ ଖାଇବେ ? ମୋର ନା' ପାରମିତା ।"

ଏସବୁ ଆଶ୍ଚର୍ଯ୍ୟ ଜିନିଷ, ଘରଦ୍ୱାର, ଯନ୍ତ୍ରପାତି ଦେଖି ସତ୍ୟପ୍ରେମଙ୍କର ଭୋକଶୋଷ ସେତେବେଳକୁ କୁଆଡ଼େ ଉଭେଇ ଗଲାଣି ।

ଆପଣମାନେ ମୋର ନାମ ଜାଣିଛନ୍ତି, ମୋତେ ଭୋକ ହେଉଥିଲା ବୋଲି ଜାଣିଛନ୍ତି । ମୋତେ ବଡ଼ ଆଶ୍ଚର୍ଯ୍ୟ ଲାଗୁଛି ଏହିସବୁ କିପରି ସମ୍ଭବ ? ମୁଁ ଆଉ କେଉଁ ପରୀ ରାଇଜରେ ପହଞ୍ଚି ନାହିଁ ତ !" ସତ୍ୟପ୍ରେମ ଅତି ଆଶ୍ଚର୍ଯ୍ୟ ହୋଇ ପଚାରିଲେ ।

"ଆପଣ ଅତ୍ୟଧିକ ବ୍ୟସ୍ତ ହୋଇପଡ଼ୁଛନ୍ତି ମିଷ୍ଟର ସତ୍ୟପ୍ରେମ । ଆପଣ ମୋଟେ ବ୍ୟସ୍ତ ହୁଅନ୍ତୁନି । ଆପଣଙ୍କ କାର୍ ଏବଂ ଆପଣଙ୍କ କୁକୁର ଲାସି ଆପଣଙ୍କୁ ଯଥାସମୟରେ ମିଳିଯିବେ । ସେମାନଙ୍କୁ ସାମୟିକ ଭାବେ ନଷ୍ଟ କରି ଦିଆଯାଇଛି । ଆପଣ ତ ସକାଳୁ କିଛି ଖାଇନାହାନ୍ତି । ଆପଣ ତ ରେଷ୍ଟୁରାଣ୍ଟ୍‌ରେ ଖାଇବା ପାଇଁ ମନେ ମନେ ଇଚ୍ଛାପ୍ରକାଶ କରିଥିଲେ । ଏବେ କୁହନ୍ତୁନା କ'ଣ ଖାଇବେ ?"

"ଆପଣ କେମିତି ଜାଣିଲେ ମିସ୍ ପାରମିତା, ମୁଁ ସକାଳୁ କିଛି ଖାଇନି ବୋଲି ?"

"ଆପଣଙ୍କ ମନକଥା ଆମ ପକ୍ଷରେ ଜାଣିବା ବିଶେଷ କିଛି କଷ୍ଟକର ନୁହେଁ ମିଷ୍ଟର ସତ୍ୟପ୍ରେମ । ସେଥିପାଇଁ ଆମର ସ୍ୱତନ୍ତ୍ର ଯନ୍ତ୍ର କାମ କରୁଛି । ଆପଣ ପ୍ରତ୍ୟେକ ମୁହୂର୍ତ୍ତରେ କ'ଣ ଭାବୁଛନ୍ତି, ମୁଁ ଜାଣିପାରୁଛି । ଖାଲି ମୁଁ ନୁହେଁ, ଆମ ଡାଇରେକ୍ଟର ମଧ୍ୟ ତାହା ଜାଣିପାରୁଛନ୍ତି ।"

"ଆପଣଙ୍କ ଡାଇରେକ୍ଟର କିଏ ?"

"ଯେଉଁ ଲୋକଙ୍କ ଆଦେଶରେ ମୁଁ ଆପଣଙ୍କୁ ଏଠାକୁ ଘେନି ଆସିଲି ।"

"ଆପଣମାନେ କେଉଁଠିକାର ଲୋକ ମିସ୍ ପାରମିତା ? ଆପଣ କ'ଣ ଆମ ପୃଥିବୀର ଲୋକ ନୁହଁନ୍ତି ? ଆପଣ ତ ଆମଭଳି ଦିଶୁଛନ୍ତି । ଠିକ୍ ଆମରିଭଳି କଥାବାର୍ତ୍ତା, ଚାଲିଚଳନ ସବୁକିଛି ।"

"ଆମେ କିଏ, ଆମେ କେଉଁଠୁ ଆସିଛୁ, ସେ ବିଷୟରେ ଆପଣ ଜାଣିବାକୁ ଚେଷ୍ଟା କରନ୍ତୁନି ମିଷ୍ଟର ସତ୍ୟପ୍ରେମ ! ସେଇଟା ପୁରାପୁରି ଗୋପନୀୟ ।"

"ତା' ହେଲେ ମୋତେ ଯିବାକୁ ଦିଅନ୍ତୁ, ମିସ୍ ପାରମିତା ।"

"ଆପଣ ଯିବେ କେମିତି ? ଆପଣଙ୍କ ଗାଡ଼ି ନାହିଁ, କୁକୁର ନାହିଁ । ଏ ଦୁଇଟିକୁ ଛାଡ଼ି ଆପଣ ଯାଇପାରିବେ ତ ? ତା'ପରେ ଆପଣ ଏବେ କ୍ଷୁଧାର୍ତ୍ତ । ଆପଣଙ୍କର ଖାଇବା ଦରକାର ।"

ଏତକ କହି ମିସ୍ ପାରମିତା ସେହି ଯନ୍ତ୍ରର ଏକ ସୁଇଚ୍ ଟିପିଲେ । ସେହି ରୁମ୍‌ର କାନ୍ଥ ଘଣ୍ଟାରେ ଥିବା କୋଇଲି ଘଣ୍ଟାକୁ - କୁ ହୋଇ ଦଶଥର ବାଜି ଉଠିଲା । ସତ୍ୟପ୍ରେମ ଠିକ୍ ଦଶଟାରେ ଖାଇ କରି ଅଫିସ୍‌କୁ ଯା'ନ୍ତି । ସେ ସବୁଠାରୁ ଯେଉଁ ଖାଦ୍ୟକୁ ଅତ୍ୟଧିକ ଭଲ ପାଆନ୍ତି, ଠିକ୍ ସେହି ଖାଦ୍ୟସବୁ ଗରମ ଗରମ ରନ୍ଧା ହୋଇ ଟେବୁଲ ଉପରକୁ ମନକୁ ମନ ଚାଲିଆସିଲା । ତା' ସହିତ କଣ୍ଟା ଚାମଚ, ତଉଲିଆ ସବୁକିଛି ।

"ଆଉ ଡେରି କାହିଁକି ମିଷ୍ଟର ସତ୍ୟପ୍ରେମ । ଏଥର ଆରମ୍ଭ କରନ୍ତୁ । ଏ ତ ସବୁ ଆପଣଙ୍କର ଅତି ପ୍ରିୟ ଖାଦ୍ୟ, ନୁହେଁ କି ?" ଯୁବତୀଟି ତାର ମୃଗାକ୍ଷି ଦୁଇଟିକୁ ନଚାଇ କହିଲା ।

ଟେବୁଲ ଉପରେ ବଢ଼ା ହୋଇଥିବା ଖାଦ୍ୟ ଆଡ଼କୁ ଆଖି ବୁଲାଇ ଆଣି ସତ୍ୟପ୍ରେମ କହିଲେ ।

"ମୋତେ ଆଶ୍ଚର୍ଯ୍ୟ ଲାଗୁଛି, ମିସ୍ ପାରମିତା, ମୁଁ କେଉଁ ଖାଦ୍ୟକୁ ଭଲପାଏ ଆପଣ ଜାଣିଲେ କେମିତି ? ମୁଁ ତ ଦେଖୁଛି, ମୋର ସବୁ ପ୍ରିୟ ଖାଦ୍ୟ ଆପଣ

ତିଆରି କରାଇ ଆଣିଛନ୍ତି । କିଏ କହିଲା ଆପଣଙ୍କୁ ମୁଁ ଏହିସବୁ ଖାଦ୍ୟ ଖାଇବାକୁ ଭଲପାଏ ବୋଲି ? ଦୋସା, ସମ୍ବର, ଚଟଣି ପୁଣି ତା' ସାଙ୍ଗରେ ଛେନାପୋଡ଼; କି ଆଶ୍ଚର୍ଯ୍ୟ !"

"ଫେର୍ ସେଇ ପ୍ରଶ୍ନ ? ଆପଣଙ୍କୁ ମୁଁ ପରା ଥରେ କହିଛି, ଆମେ ଆପଣଙ୍କ ମନକଥା ସବୁ ଜାଣିପାରୁ । ଆପଣ କ'ଣ କ'ଣ ଖାଇବାକୁ ଭଲ ପାଆନ୍ତି, ଆମେ ନ ଜାଣିବୁ କେମିତି ?"

"କିନ୍ତୁ ଏସବୁକୁ ରାନ୍ଧିଲା କିଏ ?"

"କାହିଁକି, ଆପଣଙ୍କ ସାମନାରେ ସେଇ ଯେଉଁ ଯନ୍ତ୍ରଟି ଥୁଆ ହୋଇଛି । ସେତ ଆପଣଙ୍କ ମନକଥା ଜାଣିପାରି ଆପଣ ଠିକ୍ ଦଶଟା ବେଳେ କ'ଣ ଖାଇବାକୁ ଭଲ ପାଆନ୍ତି, ଜାଣି ସେଇ ଅନୁସାରେ ରାନ୍ଧି ଥୋଇଦେଇଛି ।"

"କିନ୍ତୁ ଗୋଟିଏ କଥା ଆପଣ ଜାଣିପାରି ନାହାନ୍ତି ମିସ୍ ପାରମିତା । ଲାସି ମୋ ପାଖରେ ନ ଖାଇଲେ ମୁଁ ଖାଏନି । ଆପଣ ଏକଥା ଭୁଲି ଯାଇଛନ୍ତି ।"

"ହଁ, ସତେତ; କିନ୍ତୁ କରାଯିବ କ'ଣ ? ଆପଣଙ୍କ ଲାସିତ ମୃତ ।"

"କିନ୍ତୁ ଲାସି ମୋ ପାଖରେ ନ ଖାଇଲେ ମୁଁ ତ ଖାଇ ପାରିବିନି । ମୁଁ ଆଗେ ମୋ ଲାସିକୁ ଖୁଆଇ ପରେ ମୁଁ ଖାଏ ।"

"ହେଉ", ସୁଇଚ୍ ଟିପି ନିଜ ଭାଷାରେ ଡିରେକ୍ଟରଙ୍କ ସହ କ'ଣ କଥାବାର୍ତ୍ତା କଲେ କେଜାଣି ଆଉ ଏକ ସୁଇଚ୍ ଟିପିଦେଲା ମାତ୍ରେ ଲାସି ଘର ଦୁଆର ଦେଇ ସତ୍ୟପ୍ରେମଙ୍କ ପାଖକୁ ଦୌଡ଼ି ଆସିଲା । ସତ୍ୟପ୍ରେମ ଅତି ଆଶ୍ଚର୍ଯ୍ୟ ହୋଇଗଲେ ଓ ଲାସିକୁ ବିକଳରେ କୁଣ୍ଢାଇ କୋଳରେ ବସାଇ ଖାଇବାକୁ ଦେଲେ । ଲାସି ଖୁବ୍ ଆନନ୍ଦରେ ଲାଙ୍ଗୁଳ ହଲାଇ ଖାଇବାକୁ ଲାଗିଲା । ଲାସିକୁ ଖୁଆଇସାରି ସତ୍ୟପ୍ରେମ ନିଜେ ଖାଇଲେ । ଖାଦ୍ୟଗୁଡ଼ିକ ଖୁବ୍ ସୁସ୍ୱାଦୁ ଓ ଗରମ । ସତେ ଯେପରି କିଏ ତାଙ୍କୁ ବର୍ତ୍ତମାନ ରାନ୍ଧିକରି ଦେଲା ।

"କିନ୍ତୁ ଆପଣ ଯେ ଠିଆହୋଇ ରହିଲେ ମିସ୍ ପାରମିତା ? ଆପଣ ମଧ୍ୟ କିଛି ଖାଆନ୍ତୁ ନା ?" - କହିଲେ ସତ୍ୟପ୍ରେମ ।

"ଆମ ଖାଦ୍ୟ ଅଲଗା ମିଷ୍ଟର ସତ୍ୟପ୍ରେମ । ଆମେ ଆପଣଙ୍କ ଖାଦ୍ୟ ଖାଇ ପାରିବୁନି । ଅନ୍ୟ କୋଠରୀରେ ଆମ ଖାଦ୍ୟ ରନ୍ଧା ହୋଇ ରହିଛି । ଆପଣ ଖାଇ ସାରନ୍ତୁ, ଆମେ ଖାଇବୁ ।"

ତରୁଣୀଟି କହିଲା, "ମିଷ୍ଟର ସତ୍ୟପ୍ରେମ, ଆପଣ ବୋଧହୁଏ ଖାଦ୍ୟଗୁଡ଼ିକ ଦେଖି ଆଶ୍ଚର୍ଯ୍ୟ ହୋଇଗଲେ, ନୁହେଁ ? ଆମର ଏଠାରେ ଏପରି ବ୍ୟବସ୍ଥା ଅଛି । ଆମର ଯାହା ଇଚ୍ଛା, ତାହା ଆମେ ସାଙ୍ଗେ ସାଙ୍ଗେ ଖାଇ ପାରିବୁ । ଏହି ବଟନ୍‌ଗୁଡ଼ିକ ଖାଲି ପ୍ରେସ୍ କଲେ ହେଲା । ଆମର ଏଠାରେ କେହି କେବେ ରାନ୍ଧନ୍ତି ନାହିଁ । ଏଗୁଡ଼ିକ ସବୁ ଆମେ ବିଜ୍ଞାନ ବଳରେ କରିପାରୁଛୁ । ଆହୁରି ଅନେକ ଆଶ୍ଚର୍ଯ୍ୟ କଥା ଅଛି ଆପଣଙ୍କର ଜାଣିବା ପାଇଁ, ଚାଲନ୍ତୁ ଡିରେକ୍ଟର ସାହେବଙ୍କ ପାଖକୁ ଯିବା । ସେ ଆପଣଙ୍କୁ ସବୁ କଥା ବୁଝାଇ କହିବେ ।"

ତରୁଣୀଟି ସତ୍ୟପ୍ରେମଙ୍କୁ ନେଇ ଡିରେକ୍ଟରଙ୍କ ପାଖରେ ଗୋଟାଏ ହଲ୍‌ରେ ପହଞ୍ଚାଇ ଦେଲା । ଡିରେକ୍ଟର ସେତେବେଳକୁ ତାଙ୍କ ପାଇଁ ଅପେକ୍ଷା କରି ବସିଥିଲେ ।

ଡିରେକ୍ଟର କହିଲେ, "ଦେଖନ୍ତୁ ମିଷ୍ଟର ସତ୍ୟପ୍ରେମ, ଏହି ରୁମ୍‌ଟା ହେଲା ଆମର ସବୁ ଗୁପ୍ତତଥ୍ୟ ଥିବା ରୁମ୍ । ଏହି ବିଷୟ ଯଦି ବାହାରେ ପ୍ରକାଶ ପାଇଯାଏ, ତା'ହେଲେ ଆମେ ବହୁ ଅସୁବିଧାରେ ସମ୍ମୁଖୀନ ହେବୁ । ଆପଣ ସେହି ପୁରୁଣା କଥାକୁ ସ୍ମରଣ କରି ମନେପକାନ୍ତୁ, ସେହି ବାଳିକାଟିକି ଯେ କି ଆପଣଙ୍କ କୁକୁରକୁ ଅଦୃଶ୍ୟ କରିପାରିଥିଲା ଏକ ଅଦ୍ଭୁତ ଯନ୍ତ୍ର ସାହାଯ୍ୟରେ ।" ସେହି ଯନ୍ତ୍ରଟିକୁ ଡିରେକ୍ଟର ସତ୍ୟପ୍ରେମଙ୍କ ହାତକୁ ବଢ଼ାଇଦେଲେ । "ଏହି ଯନ୍ତ୍ର ସାହାଯ୍ୟରେ ଆମେ ସବୁ ଜିନିଷକୁ ଅଦୃଶ୍ୟ କରିପାରିବା ଓ ପୁଣି ସେହି ପୁରୁଣା ଅବସ୍ଥାକୁ ଫେରାଇ ଆଣିପାରିବା ।" କେତୋଟି ଉଦାହରଣ ଦେଇ ତାଙ୍କୁ ଦେଖାଇଲେ ଓ ନିଜେ ପରୀକ୍ଷା କରିବା ପାଇଁ ତାଙ୍କୁ କହିଲେ ।

"ଆଉ ସବୁଠାରୁ ଆଶ୍ଚର୍ଯ୍ୟ ଜିନିଷ ହେଲା ଯେ, ଆମେ ଗୋଟିଏ ଲୋକକୁ ସାଙ୍ଗେ ସାଙ୍ଗେ ମାରିଦେଇ ପୁଣି ଜୀବିତ ଅବସ୍ଥାକୁ ଫେରାଇ ଆଣିପାରୁ ।" ଡିରେକ୍ଟର ସଙ୍ଗେ ସଙ୍ଗେ ଗୋଟିଏ ଛୁରାରେ ତାଙ୍କ ଭିତରୁ ଜଣେ ଲୋକଙ୍କୁ ହତ୍ୟାକଲେ । ତାହାର ଛାତିରୁ ରକ୍ତର ସ୍ରୋତ ଛୁଟି ଚାଲିଲା । ସତ୍ୟପ୍ରେମ ଏହା ଦେଖି ଅଚେତ

ହେବା ଉପରେ । ଡିରେକ୍ଟର କହିଲେ, "ଆପଣ ନିଜକୁ ସଞ୍ଜିତ ରଖନ୍ତୁ ମିଷ୍ଟର ସତ୍ୟପ୍ରେମ । ଏଇ କ୍ଷଣି ସବୁ ଠିକ୍ ହୋଇଯିବ । ସାଙ୍ଗେ ସାଙ୍ଗେ ଲୋକଟି କିପରି ଜୀବନ ଫେରି ପାଉଛି ଦେଖନ୍ତୁ ।"

ସେହି ଯନ୍ତ୍ର ସାହାଯ୍ୟରେ ଡିରେକ୍ଟର ତା' ପ୍ରତ୍ୟେକ ରକ୍ତ କଣିକାକୁ ପୁଣି ଛାତି ଭିତରେ ପୂରାଇ ଦେଲେ ଓ ସଙ୍ଗେ ସଙ୍ଗେ ଲୋକଟି ତା'ର ଜୀବନ ଫେରି ପାଇଲା ଓ ପୂର୍ବଭଳି କଥାବାର୍ତ୍ତା କଲା ।

ଏହା ଦେଖି ସତ୍ୟପ୍ରେମଙ୍କର ଆଶ୍ଚର୍ଯ୍ୟର ସୀମା ରହିଲା ନାହିଁ । ଏହା କ'ଣ ପି.ସି. ସରକାରଙ୍କର ମ୍ୟାଜିକ୍ ? ସତ୍ୟପ୍ରେମ ନିଜେ ଭାବିବାକୁ ଲାଗିଲେ । ଧନ୍ୟ ଏମାନେ । ବିଜ୍ଞାନ ବଳରେ କ'ଣ ନକରି ପାରିଛନ୍ତି । ଆଉ ବା କ'ଣ ବାକି ରହିଲା । ସେ ଭାବିବାକୁ ଲାଗିଲେ ଆମ ଲୋକମାନେ ପ୍ରକୃତରେ କେତେ ପଛରେ ପଡ଼ିଛନ୍ତି । ତା'ପରେ ଡିରେକ୍ଟର ତାଙ୍କୁ ସେହିପରି ଏକ ଯନ୍ତ୍ର ଉପହାର ଦେଲେ ଓ ସେହି ତରୁଣୀଙ୍କୁ ଡାକି ସତ୍ୟପ୍ରେମଙ୍କୁ ତାଙ୍କ ଶୋଇବା ରୁମ୍‌ରେ ପହଞ୍ଚାଇ ଦେଇ ଆସିବା ପାଇଁ କହିଲେ । ଗଲାବେଳେ ଡିରେକ୍ଟର କହିଲେ, "ଦେଖନ୍ତୁ ମିଷ୍ଟର ସତ୍ୟପ୍ରେମ, ଆପଣଙ୍କୁ ସବୁ ସୁବିଧା ଦେବା ସତ୍ତ୍ୱେ, ଆପଣ ଯେପରି ଏ ଜାଗା ଛାଡ଼ି ପଳାଇଯିବାକୁ ଚେଷ୍ଟା ନ କରନ୍ତି । ଏହା କଲେ ଆପଣ ମହାବିପଦର ସମ୍ମୁଖୀନ ହେବେ ।"

ସତ୍ୟପ୍ରେମ କିଛି ଉତ୍ତର ନଦେଇ ତରୁଣୀଟି ପଛରେ ଚାଲିଲେ ।

ସତ୍ୟପ୍ରେମ ନିଜର ଶୋଇବା ଘର ଦେଖି ଚମକି ପଡ଼ିଲେ । ରୁମ୍‌ଟି ଅତି ଚମତ୍କାର ଓ ଲୋଭନୀୟ ଭାବରେ ସଜ୍ଜା ହୋଇଥିଲା, ଯାହାକି ଅବର୍ଣ୍ଣନୀୟ । ସେହି ରୁମ୍‌ରେ ରଖାହୋଇଥିବା ସବୁକିଛି ଫର୍ଣ୍ଣିଚର ଓ କାନ୍ଥ ଧଳା ଧଳା ରଙ୍ଗରେ ରଞ୍ଜିତ ହୋଇଥିଲା । ଧଳାରଙ୍ଗ ଦିଆହେବାର କାରଣ ସେଗୁଡ଼ିକ ଇଚ୍ଛା ଅନୁସାରେ ବିଭିନ୍ନ ରଙ୍ଗକୁ ବଦଳା ଯାଇପାରିବ । ଇଚ୍ଛାକଲେ ରୁମ୍‌ଟି ନାଲି, ନେଳି, ବାଇଗଣି ଇତ୍ୟାଦି ରଙ୍ଗର ହୋଇପାରିବ । ନିଜେ ଆନନ୍ଦ ପାଇବା ପାଇଁ ସବୁକିଛି ସେ ରୁମ୍‌ରେ ଖଞ୍ଜା ହୋଇଥିଲା । ତରୁଣୀ ଜଣକ କହିଲା, "ମିଷ୍ଟର ସତ୍ୟପ୍ରେମ, ଆପଣଙ୍କର ଯାହା କିଛି ଆବଶ୍ୟକ, ମୁଁ ତାହା ପୂରଣ କରିବା ପାଇଁ ପ୍ରସ୍ତୁତ ଅଛି । ଆପଣ ଖାଲି କହିଲେ ହେଲା ।"

ସତ୍ୟପ୍ରେମ କହିଲେ, "ନା, ମୋର ଆଉ କିଛି ଦରକାର ନାହିଁ, ଅଶେଷ ଧନ୍ୟବାଦ।" ସତ୍ୟପ୍ରେମ ନିଜକୁ ନିଜେ ଭାବିବାକୁ ଲାଗିଲେ ଜଣେ ଲୋକର ଦୁନିଆରେ ଖୁସି ହେବା ପାଇଁ ଖାଲି ମାତ୍ର ଏତିକି ଦରକାର। ବିନା ପରିଶ୍ରମରେ ସବୁ ଖାଇବା ପିଇବା ମିଳି ଯାଉଥିବ ଓ ନିଜେ ଉପଭୋଗ କରିବା ପାଇଁ ସବୁକିଛି ଜିନିଷ ତା' ପାଖରେ ଥିବ ରେଡ଼ିଓ, ଟେଲିଭିଜନ୍, ଷ୍ଟେରିଓ ଇତ୍ୟାଦି।

ଏହିପରି ଭାବରେ ସତ୍ୟପ୍ରେମ କିଛିଦିନ ରହିଲା ପରେ ତାଙ୍କର ମନେହେଲା, ତାଙ୍କର ଯେମିତି ବହୁତ କିଛି ଅଭାବ ରହି ଯାଇଛି। ସେ ଯେକୌଣସି ଉପାୟରେ ନିଜ ଘରକୁ ଫେରିଯିବା ପାଇଁ ବ୍ୟାକୁଳ ହୋଇ ଉଠିଲେ, ଘରକୁ ଗଲାବେଳେ ସାଙ୍ଗରେ ସେହି ଅଦ୍ଭୁତ ଯନ୍ତ୍ରଟିକୁ ନେବା ପାଇଁ ଭାରି ଇଚ୍ଛା, ଯାହାକୁ ଦେଖିଲେ, ପ୍ରତ୍ୟେକ ବୈଜ୍ଞାନିକ ବିସ୍ମିତ ହୋଇଯିବେ ଓ ପୃଥିବୀରେ ଏକ ନୂଆ ଚାଞ୍ଚଲ୍ୟ ସୃଷ୍ଟି ହେବ। ଏହି ତଥ୍ୟଗୁଡ଼ିକ କଥା କେମିତି ଯାଇ ନିଜ ସାଙ୍ଗସାଥୀମାନଙ୍କୁ କହିବେ ତାଙ୍କ ମନ ଆଉଟୁ ପାଉଟୁ ହେବାକୁ ଲାଗିଲା।

ଲାସି ସବୁବେଳେ ସତ୍ୟପ୍ରେମଙ୍କ ପାଖେ ପାଖେ ଥାଏ। ତାକୁ ମଧ୍ୟ ଭଲ ଖାଇବାକୁ ମିଳୁଛି ବୋଲି ତା' ମନ ବେଶ୍ ଖୁସି। ତା'ଛଡ଼ା ତା'ର ପ୍ରିୟ ମାଷ୍ଟର ତ ସବୁବେଳେ ତା' ପାଖେ ପାଖେ। ଆଉ ତା'ର ବା କ'ଣ ଅଭାବ। ବୈଜ୍ଞାନିକ ସତ୍ୟପ୍ରେମ ଲାସି ଅବସ୍ଥାକୁ ନିଜ ସାଙ୍ଗରେ ତୁଳନା କଲେ। ପଶୁ ପାଇଁ ସିନା ସେତକ ହୋଇଗଲେ ସେ ଯଥେଷ୍ଟ ଖୁସିରେ ରହିପାରିବ, କିନ୍ତୁ ମନୁଷ୍ୟ ? ସେତ ପଶୁଠାରୁ ବହୁଗୁଣ ଉଚ୍ଚରେ। ଭଗବାନଙ୍କ ଜୀବଜଗତରେ ମନୁଷ୍ୟ ହେଉଛି ଶ୍ରେଷ୍ଠକୃତି। ସେ କ'ଣ କେବେ ଏତିକି ଭିତରେ ସନ୍ତୁଷ୍ଟ ରହିପାରିବ।

ଇତି ମଧ୍ୟରେ ତରୁଣୀ ପାରମିତାଙ୍କ ଆଡ଼କୁ ସତ୍ୟପ୍ରେମ କ୍ରମଶଃ ଆକୃଷ୍ଟ ହୋଇପଡ଼ିଛନ୍ତି। ଏଣେ ମିସ୍ ପାରମିତା ପ୍ରାଣମୂର୍ଚ୍ଛା ଉଦ୍ୟମ ଚଳାଇଛନ୍ତି, ସତ୍ୟପ୍ରେମଙ୍କ ମନକୁ ବଦଳାଇବା ପାଇଁ, କିନ୍ତୁ ସତ୍ୟପ୍ରେମ ସବୁବେଳେ ଚିନ୍ତାମଗ୍ନ। ତାଙ୍କର ସେହି ଏକମାତ୍ର ଚିନ୍ତା କିପରି ଘରକୁ ଫେରିବେ, ସେହି ଅଦ୍ଭୁତ ଜାଗାରୁ। ସାଙ୍ଗରେ ସେ ଯଦି ପାରମିତାଙ୍କୁ ନେଇ ପଳାଇ ଯାଇପାରନ୍ତି, ତେବେ ସବୁଠାରୁ ଆନନ୍ଦଦାୟକ ହେବ। ପାରମିତା ସୁନ୍ଦରୀ, ଆକର୍ଷଣୀୟା, କଥା ତାଙ୍କର ମନୋମୁଗ୍ଧକର।

ଚଳିଚଳନ, ସବୁଥିରେ କିଛି ବାଛିବାକୁ ନାହିଁ । ପାରମିତା ତାଙ୍କର ଶୟନେ, ସ୍ୱପନେ, ଜାଗରଣେ ସର୍ବଦା ଚିନ୍ତାର ବିଷୟ କିନ୍ତୁ ଏହା କ'ଣ କେବେ ସମ୍ଭବପର ହେବ ? ଏଣେ ପାରମିତାଙ୍କୁ ଛାଡ଼ି, ସେ ଯିବେ ବା କେମିତି ? ପାରମିତା ତାଙ୍କର ଘନିଷ୍ଠ ହୋଇଯାଇଛନ୍ତି ଖୁବ୍ ଅଳ୍ପ ଦିନରେ । ଅନେକ ଦିନରୁ ସତ୍ୟପ୍ରେମ ଏହିପରି ଏକ ଝିଅର କଳ୍ପନା କରି ଆସୁଥିଲେ । ପାରମିତା ମଧ୍ୟ ମନ ଭିତରେ ସତ୍ୟପ୍ରେମଙ୍କ ଆଡ଼କୁ ଆକୃଷ୍ଟ ହେବାରେ ଲାଗିଛନ୍ତି ।

ସତ୍ୟପ୍ରେମଙ୍କୁ ସଦାସର୍ବଦା ଚିନ୍ତାମଗ୍ନ ଦେଖି ପାରମିତା ଦିନେ ପଚାରିଲେ, "ମିଷ୍ଟର ସତ୍ୟପ୍ରେମ, ଆପଣଙ୍କର କ'ଣ କେଉଁଥିରେ କିଛି ଅଭାବ ହେଉଛି କି ? ଆପଣ ସବୁବେଳେ କାହିଁକି ଏତେ ଗମ୍ଭୀର ଓ ଚିନ୍ତାମଗ୍ନ ଥିଲା ଭଳି ଜଣାପଡୁଛନ୍ତି ? ମୁଁ କ'ଣ ଆପଣଙ୍କୁ ଯାହା ଯାହା ଆନନ୍ଦ ଦେବା ଦରକାର କେଉଁଥିରେ କିଛି ତ୍ରୁଟି କରିଛି ? ମୋତେ ଖୋଲି କରି କୁହନ୍ତୁ ମିଷ୍ଟର ସତ୍ୟପ୍ରେମ, ଆପଣଙ୍କର ପ୍ରକୃତରେ ଆଉ କ'ଣ ଦରକାର ବା ଆପଣଙ୍କର ଏଠାରେ କ'ଣ ଅସୁବିଧା ହେଉଛି ?"

ସତ୍ୟପ୍ରେମ ହଠାତ୍ ନିଜ ଭାବନାରୁ ତଳକୁ ଖସି ଆସି କହିଲେ, "ନା, ନା, ମିସ୍ ପାରମିତା, ଆପଣ କେଉଁଥିରେ କିଛି ତ୍ରୁଟି କରିନାହାନ୍ତି ମୋର । ହେଲେ ଆପଣ ନିଜେ ଭାବି ଦେଖନ୍ତୁ ତ, ମଣିଷର କ'ଣ ଆନନ୍ଦିତ ହେବା ପାଇଁ ଏତିକି ଯଥେଷ୍ଟ ?"

"ଆପଣ କ'ଣ କହିବାକୁ ଚାହାଁନ୍ତି, ମିଷ୍ଟର ସତ୍ୟପ୍ରେମ ?"

"ଦେଖନ୍ତୁ, ମିସ୍ ପାରମିତା, ସମାଜରେ ଭାଇ-ଭଉଣୀ, ସ୍ୱାମୀ-ସ୍ତ୍ରୀ, ବାପା-ମା'ଙ୍କର ଯେଉଁ ଅପୂର୍ବ ସ୍ନେହ ମମତା, ସେଗୁଡ଼ିକ କ'ଣ ଆପଣ ଏଠାରେ ପାଇପାରନ୍ତି ? କିଛି ପରିଶ୍ରମ ପରେ ବିଶ୍ରାମ । ସେଥିରେ କି ଅପାର ଆନନ୍ଦ, ଆଉ ଏଠାରେ ସେ ସବୁ କିଛି ନାହିଁ । ଆଚ୍ଛା କହିଲେ ମିସ୍ ପାରମିତା, ଆପଣ କ'ଣ ପ୍ରକୃତରେ ଏହା ଭିତରେ ରହି ଖୁସି ହୋଇପାରିଛନ୍ତି ? ମୁଁ ତ କାହିଁକି ଏହି କିଛିଦିନ ଭିତରେ ପୁରା ଅଣନିଃଶ୍ୱାସୀ ହୋଇଗଲିଣି ।" ସତ୍ୟପ୍ରେମ ପାରମିତାଙ୍କୁ ବୁଝାଇବାରେ ଲାଗିଲେ ।

ପାରମିତା ହସିଲେ, ଏକ ମାଦକତାର ହସ । "ମୁଁ ବୁଝିଛି ମିଷ୍ଟର ସତ୍ୟପ୍ରେମ, ଆପଣ ପ୍ରକୃତରେ କ'ଣ ଚାହାଁନ୍ତି ।" ପାରମିତା କେବେ ସତ୍ୟପ୍ରେମଙ୍କର ବିଚ୍ଛେଦ ଚାହୁଁ ନଥିଲେ । ସେ ବହୁତ ଚେଷ୍ଟା କରିଥିଲେ ସତ୍ୟପ୍ରେମଙ୍କୁ ଏଠାକାର ସ୍ଥାୟୀ ବାସିନ୍ଦା କରି ରଖିନେବାକୁ । କିନ୍ତୁ ସତ୍ୟପ୍ରେମଙ୍କ ଠାରୁ ଏହିପରି କଥା କେଇପଦ ଶୁଣି ପାରମିତାଙ୍କର ମନ ଭୀଷଣ ଦୁଃଖ ହେଲା । ନିଜ ମନର ଦୁଃଖକୁ ପ୍ରକାଶ ନକରି କହିଲେ, "ଚାଲନ୍ତୁ ମିଷ୍ଟର ସତ୍ୟପ୍ରେମ କିଛି ସମୟ ବାହାରେ ବୁଲି ଆସିବା । ଆପଣ ପରା ବେଳେବେଳେ ଲାସିକୁ ନେଇ କାର୍‌ରେ ବୁଲିଯା'ନ୍ତି । ଆପଣ ଏଠି ବସି ବସି ଏହି ଟେଲିଭିଜନ୍, ରେଡ଼ିଓ, ରେକର୍ଡ଼ ପ୍ଲେୟାର୍ ଶୁଣି ଶୁଣି ବ୍ୟସ୍ତ ହୋଇ ପଡ଼ିବେଣି । ଆସନ୍ତୁ ଏକାଠି ମିଶି ବାହାରେ ଟିକିଏ ବୁଲି ଆସିବା ।"

ଏତକ କହି ସେ ସତ୍ୟପ୍ରେମ ଓ ଲାସି ସାଙ୍ଗେ ରୁମ୍‌ରୁ ବାହାରି ପଡ଼ିଲେ । ହଠାତ୍ ଠିଆ ହୋଇଯାଇ କହିଲେ, "ଆରେ ଆପଣଙ୍କ ଗାଡ଼ିତ ଭାଙ୍ଗି ଯାଇଛି, ଯିବା କେମିତି ? ସଙ୍ଗେ ସଙ୍ଗେ ସୁଇଚ୍ ଟିପି ଡିରେକ୍ଟରଙ୍କ ସହିତ କ'ଣ କଥା ହୋଇ କହିଲେ, "ଆପଣଙ୍କ ପ୍ଲିମଥ୍ ଗାଡ଼ି ଠିକ୍ ହୋଇ ବର୍ତ୍ତମାନ ଗେଟ୍‌ରେ ଠିଆ ହୋଇଛି ମିଷ୍ଟର ସତ୍ୟପ୍ରେମ । ଚାଲନ୍ତୁ ଆମେ ସେଥିରେ ବୁଲି ଆସିବା ।"

"ମୁଁ ଏଇ ଯନ୍ତ୍ରଟାକୁ ସାଙ୍ଗରେ ନେଇପାରେ କି ମିସ୍ ପାରମିତା ? ବଡ଼ ଆଶ୍ଚର୍ଯ୍ୟ ଏହି ଯନ୍ତ୍ରଟି । ମୋତେ ବଡ଼ ଭଲ ଲାଗୁଛି । କେତେ ବୈଜ୍ଞାନିକ କୌଶଳରେ ଏହା ତିଆରି ହୋଇଛି ସତେ !"

"ଆପଣ ଏ ଯନ୍ତ୍ରକୁ ସାଙ୍ଗରେ ନେବେ ? କ'ଣ ଦରକାର ? ଲାସିକୁ ନେବେ ନା ଛାଡ଼ିଦେଇ ଯିବେ ଏଠି ?" - ପଚାରିଲେ ପାରମିତା ।

"ନା, ନା, ଲାସି ବି ଯିବ । ଆପଣ, ମୁଁ ଆଉ ଲାସି । ତା' ସହିତ ଏ ଯନ୍ତ୍ର ।"

ପାରମିତା କିଞ୍ଚିତ ଅନ୍ୟମନସ୍କ ହେଲାଭଳି ଜଣାପଡ଼ିଲେ । କିଛି ସମୟ ଚିନ୍ତା କରି କହିଲେ, "ହେଉ ଚାଲନ୍ତୁ । ଆପଣଙ୍କ ମନରେ ଆଘାତ ଦେବାକୁ ମୁଁ ଚାହୁଁନି ମିଷ୍ଟର ସତ୍ୟପ୍ରେମ ।" - ପାରମିତା ଚିନ୍ତିତ ମନରେ କହିଲେ ।

ନିଜ ପ୍ଲିମଥ୍ ଗାଡ଼ିରେ ଷ୍ଟିଅରିଂ ଧରିଲେ ସତ୍ୟପ୍ରେମ । ପାଖରେ ବସିଲେ ପାରମିତା ନିଜ ଦେହକୁ ଲାଗି । ପଛ ସିଟ୍‌ରେ ଲାସି । କିଛିଦୂର ଗଲାପରେ ସତ୍ୟପ୍ରେମ ବଡ଼ ତନ୍ମୟ ହୋଇ ଆରମ୍ଭ କଲେ, "ପ୍ରକୃତି ଦେବୀ କେଡ଼େ ସୁନ୍ଦର, ଦେଖୁଛନ୍ତି ମିସ୍ ପାରମିତା ? ଚାରିଆଡ଼େ ଦିଗନ୍ତ ବିସ୍ତାରିତ ପର୍ବତମାଳା, ଅଦୂରରେ ନିଘଞ୍ଚ ନିକୁଞ୍ଜ ପୁଞ୍ଜିତ କାନନ ଶ୍ରେଣୀ, ନିକଟରେ ବିବିଧ ବୃକ୍ଷ ପରିଶୋଭିତ ନୟନ ତୃପ୍ତିକର ଉପବନ କ'ଣ ଲୋଡ଼େ ଜାଣନ୍ତି ମିସ୍ ପାରମିତା ?"

"ଆପଣ ବଡ଼ କଳ୍ପନା ବିଳାସୀ ହୋଇପଡ଼ିଛନ୍ତି ମିଷ୍ଟର ସତ୍ୟପ୍ରେମ ।"

"ନା, ମିସ୍ ପାରମିତା, ମୁଁ ବାସ୍ତବତାକୁ ନେଇ ଉପଭୋଗ କରିବାକୁ ଚାହେଁ । ଖାଲି କଳ୍ପନାରେ ବିଭୋର ହେବାକୁ ଚାହେଁନି । ମୁଁ ଆଜି ଗୋଟେ କଥା କହିବି, ଚାଲ ପାରମିତା, ଆମେ ଏଠାରୁ ପଳାଇଯିବା । ମୁଁ ଆପଣଙ୍କୁ ନେଇ ସୁଖର ସଂସାର ଗଢ଼ିବାକୁ ଚାହେଁ । ମୁଁ ତୁମକୁ ଭଲପାଇ ବସିଛି । ଚାଲ ଆମେ ଆମ ଜାଗାକୁ ଫେରିଯିବା ଏବଂ ଖୁସିରେ ଦିନ କାଟିବା ।"

ପାରମିତାଙ୍କର ଉତ୍ତର ପ୍ରତି ଧ୍ୟାନ ନଦେଇ ସତ୍ୟପ୍ରେମ ଜୋର୍‌ରେ ଗାଡ଼ି ନିଜ ଘର ଅଭିମୁଖେ ଛୁଟାଇ ଦେଲେ । ସେ ମନେମନେ ଭାବିଲେ, ପାରମିତାଙ୍କ ଠାରେ ଯନ୍ତ୍ରାଦି କିଛି ଶକ୍ତି ନାହିଁ । ସେ କ'ଣ ତାଙ୍କୁ ଆଉ ଆୟତ୍ତ କରିପାରିବେ ?

"ଦେଖନ୍ତୁ ମିଷ୍ଟର ସତ୍ୟପ୍ରେମ, ଆପଣଙ୍କୁ ଆମ ଡିରେକ୍ଟର ଯାହା କହିଥିଲେ ଆପଣ ଭୁଲିଯାଉଛନ୍ତି । ଆପଣ ଆଉ ନିଜ ଘର ସଂସାରକୁ ଫେରିଯିବାକୁ ଚେଷ୍ଟା କରନ୍ତୁନି । ଫେରିଲେ ଆପଣଙ୍କ ପାଇଁ ବିପଦ ।" - କହିଲେ ପାରମିତା ।

ସତ୍ୟପ୍ରେମ ପାରମିତାଙ୍କ କଥାକୁ ନଶୁଣି ଆହୁରି ଜୋର୍‌ରେ ଗାଡ଼ି ଚଲେଇ ନେଲେ । କିଛି ବାଟ ଯିବା ପରେ ହଠାତ୍ କ'ଣ ହେଲା କେଜାଣି ଗାଡ଼ିଟି ମନକୁ ମନ ଅଟକିଗଲା । ପରେ ପରେ ଏହା ଆଗକୁ ଯିବ କ'ଣ ପଛେଇ ପଛେଇ ଆସିଥିବା ସ୍ଥାନକୁ ଫେରିଆସିଲା । ସତ୍ୟପ୍ରେମ ଯେତେ ଚେଷ୍ଟା କଲେ ବି ଆଗକୁ ଆଉ ଚଳାଇ ପାରିଲେନି । ନିଜ ସ୍ଥାନକୁ ଫେରି ଆସିବା କ୍ଷଣି ଦୁଇଜଣ ପ୍ରହରୀ ପହଞ୍ଚିଯାଇ ତାଙ୍କୁ ଡିରେକ୍ଟରଙ୍କ କୋଠରୀକୁ ଘେନିଗଲେ । ଡିରେକ୍ଟରଙ୍କର ଦୃଷ୍ଟି

ସତ୍ୟପ୍ରେମଙ୍କ ଉପରେ ପଡ଼ିଲା ମାତ୍ରେ, ସତ୍ୟପ୍ରେମ ଦୌଡ଼ି ପଳାଇବାକୁ ଚେଷ୍ଟା କରୁଥିଲେ, କିନ୍ତୁ ସେହି ପ୍ରହରୀ ଦ୍ୱୟ ଜବରଦସ୍ତି ତାଙ୍କୁ ଆଣି ପୁଣି ତାଙ୍କ ସାମନାରେ ବସାଇ ଦେଲେ ।

ଡିରେକ୍ଟର କହିଲେ, "ବୃଥା ଚେଷ୍ଟା କରନ୍ତୁ ନାହିଁ ମିଷ୍ଟର ସତ୍ୟପ୍ରେମ । ମୁଁ ଆପଣଙ୍କୁ ପ୍ରଥମରୁ ହିଁ ସେୟା କହିଥିଲି । ବର୍ତ୍ତମାନ ଆପଣଙ୍କୁ ମୃତ୍ୟୁଦଣ୍ଡ ଦେବା ଛଡ଼ା ଆମର ଅନ୍ୟ ଉପାୟ କିଛି ନାହିଁ ।"

ମୃତ୍ୟୁଦଣ୍ଡ ନା ଶୁଣି ସତ୍ୟପ୍ରେମଙ୍କ ଛାତି ଦାଉଁକିନା ହୋଇଗଲା । ମୁଖମଣ୍ଡଳ କଳାକାଠ ପଡ଼ିଗଲା । ସତେ ଯେମିତି ଦେହର ସବୁ ରକ୍ତ ପାଣି ପାଲଟି ଯାଉଛି ।

ସତ୍ୟପ୍ରେମଙ୍କ ମୁହଁରେ ଏକପ୍ରକାର କାଚର ଘୋଡ଼ଣୀ ଘୋଡ଼ାଇ ଦିଆଗଲା । ପାରମିତାଙ୍କୁ ଏକ ଆଶ୍ଚର୍ଯ୍ୟଜନକ ବନ୍ଧୁକ ଦିଆଗଲା ସତ୍ୟପ୍ରେମଙ୍କୁ ଗୁଳି କରିବା ପାଇଁ । ସେ ଗଣି ଚାଲିଲେ ଦଶ, ନଅ, ଆଠ -

ସତ୍ୟପ୍ରେମଙ୍କର ହଠାତ୍ ନିଦ ଭାଙ୍ଗିଗଲା ଏବଂ ସେ ଦେଖିଲେ ଲୋକଟି ଗାଡ଼ିରେ ପେଟ୍ରୋଲ ଭରି ସାରି ବାକି ପଇସାତକ ଫେରାଉଛି । ସତ୍ୟପ୍ରେମଙ୍କୁ ଲୋକଟି କହିଲା, "ଆଚ୍ଛା ବାବୁ, ଆପଣଙ୍କୁ ମୁଁ ବହୁତ ସମୟ ହେଲା ଡାକୁଛି, କିନ୍ତୁ ଆପଣ ନିଦରେ ଶୋଇ ପଡ଼ିଛନ୍ତି । ଏହି ନିଅନ୍ତୁ ବାକି ପଇସା ।" ସତ୍ୟପ୍ରେମ ବୁଝିଲେ ଯେ ଯାହାସବୁ ଘଟିଗଲା, ସେଗୁଡ଼ାକ ଖାଲି ସ୍ୱପ୍ନ । ଯାହାକି ସେ କେବେ ଜୀବନରେ ଭୁଲି ପାରିବେ ନାହିଁ । ଦେଖିଲେ ପଛରେ ବିଚରା ଲାସି ମଧ୍ୟ ଭୋକରେ ଶୋଇ ପଡ଼ିଛି । ତାଙ୍କୁ ବି କମ୍ ଭୋକ ହେଉନାହିଁ । ସେ ସିଧା ଡ୍ରାଇଭ୍ କଲେ ରେଷ୍ଟୁରାଣ୍ଟ୍ ଆଡ଼କୁ । ତାଙ୍କର ମନେ ପଡ଼ିଯାଉଥାଏ ସ୍ୱପ୍ନରେ ଦେଖିଥିବା କଥାଗୁଡ଼ିକ । ପାରମିତାଙ୍କର ସୌନ୍ଦର୍ଯ୍ୟଭରା ସେହି ହସ ହସ ମୁଖମଣ୍ଡଳ, ସୁମଧୁର କଥା ଓ ସୁସ୍ୱାଦୁ ଖାଦ୍ୟ । କି ସବୁ ଉଦ୍ଭଟ କଳ୍ପନା ! ଏହା ଥିଲା ଏକ ଧୂସର ସ୍ୱପ୍ନ । ବିଜ୍ଞାନକୁ ଏହି ସ୍ତରରେ ପହଞ୍ଚିବାକୁ ଲାଗିବ ଅନେକ ଯୁଗ । ଧନ୍ୟ ଏହି ବିଜ୍ଞାନ ଓ ଧନ୍ୟ ବୈଜ୍ଞାନିକଙ୍କର ଚିନ୍ତାଧାରା ।

◆◆

ବୈଜ୍ଞାନିକ ଗଳ୍ପ

ଅଜଣା ଭବିଷ୍ୟତ

"ମା' ବୁଲ୍‌ବୁଲ୍, ବାହାରିଲୁ କି? ଆଜି ପରା ଚନ୍ଦନ ଡାକ୍ତରଖାନାରୁ ଘରକୁ ଫେରିବ । ରୁମ୍‌ଟା ଭଲଭାବରେ ସଜାଡ଼ି ଦେଇଥାଅ, ଆଉ କିଛିଦିନ ବିଶ୍ରାମ ଦରକାର ତା'ର । ରାଧାମୋହନ ବାବୁଙ୍କ ସ୍ତ୍ରୀ କହିଲେ ବୋହୂ ବୁଲ୍‌ବୁଲ୍‌କୁ ।"

"ହଁ, ମାମୀ, ମୁଁ ସବୁ କରିଦେଇଛି । ଡ୍ରାଇଭରକୁ ବି କହିଛି ସେ ଗାଡ଼ି ବାହାର କରୁଛି ।"

ଶିଳ୍ପପତି ରାଧାମୋହନ ବାବୁଙ୍କର ଏକମାତ୍ର ଅଲିଅଲ ପୁଅ ଚନ୍ଦନ ଦୁର୍ଘଟଣାଗ୍ରସ୍ତ ହୋଇ ଅନେକ ଦିନ ହେଲା ଡାକ୍ତରଖାନାରେ ଚିକିତ୍ସାଧୀନ ଥିଲେ । ପୁଅ ଇଞ୍ଜିନିଅର ଓ ଅଳ୍ପ କେତେଦିନ ତଳେ ଆଉ ଏକ ଶିଳ୍ପପତିଙ୍କ ଝିଅ, ବୁଲ୍‌ବୁଲ୍‌ଙ୍କ ସଙ୍ଗରେ ବିଭାଘର ହୋଇଛି । ଓବରାଇ ହୋଟେଲ୍‌ରେ କ'ଣ ଗୋଟିଏ ଭଲ ଶୋ ପାଇଁ ଟିକେଟ୍ ଆଣି ଫେରିବା ବାଟରେ ଜୟଦେବ ବିହାର ଛକରେ ଦୁର୍ଘଟଣା ହୋଇଥିଲା । ମୁଣ୍ଡରେ ବେଶ୍ ଆଘାତ ଲାଗିଥିଲା । ଡାକ୍ତରମାନଙ୍କ କହିବା କଥା ଆଉ ଘରେ କିଛିଦିନ ବିଶ୍ରାମ ନେଲେ ପୁରାପୁରି ଠିକ୍ ହୋଇଯିବେ । ଡାକ୍ତରଖାନାରେ ଆଉ ରହିବା ଦରକାର ନାହିଁ ।

ଡାକ୍ତରଖାନାର ସ୍ୱତନ୍ତ୍ର କ୍ୟାବିନ୍ । "ବାବୁଲ୍‌ରେ, ଆଜି ଆମେ ଘରକୁ ଯିବା । ଡାକ୍ତରମାନେ କହୁଛନ୍ତି ଘରେ ବିଶ୍ରାମ ନେଲେ ସବୁ ପୁରାପୁରି ଠିକ୍ ହୋଇଯିବ । ଏହି ଦେଖୁନୁ, ବୁଲ୍‌ବୁଲ୍ ବି ଆସିଛି ସାଙ୍ଗରେ । ବାପା ସବୁ କାଗଜପତ୍ର କାମ ଦେଖୁଛନ୍ତି ।" କହିଲେ ବାବୁଲଙ୍କର ମା' ।

"ଆପଣ କିଏ ମୁଁ ତ କିଛି ଜାଣିପାରୁ ନାହିଁ । ମୁଁ ବାବୁଲ୍ ନୁହେଁ କି ଆପଣ ମୋର ମା' ନୁହଁନ୍ତି । ବୁଲ୍‌ବୁଲ୍ କିଏ, ମୁଁ କେବେ ଦେଖିନି କି ଜାଣିନାହିଁ ।" -

ଚନ୍ଦନ କହିଲେ । ଶାଶୁ-ବୋହୂ ଦୁହେଁ ଆଶ୍ଚର୍ଯ୍ୟରେ ଚାହିଁ ରହିଲେ । ବୁଲ୍‌ବୁଲ୍‌ଙ୍କ ଆଖି ଛଳଛଳ ।

"ହଉ, ଘରକୁ ଚାଲ ତୁ ସବୁ ବୁଝିପାରିବୁ ।" - ମା' କହିଲେ । ନୂଆ ବିବାହିତା ବୁଲ୍‌ବୁଲ୍‌ଙ୍କ ଆଖିରେ ଲୁହ । ସ୍ୱାମୀ ଭଲ ହୋଇଗଲେ ସତ; କିନ୍ତୁ ନିଜ ସ୍ତ୍ରୀ ଓ ମା'ଙ୍କୁ ଚିହ୍ନିପାରୁ ନାହାନ୍ତି । କି ଆଶ୍ଚର୍ଯ୍ୟ! କ'ଣ ସେ କହିବେ ? ୩ ମାସ ହେଲା ବାହାଘର ହୋଇଛି । ଆଖିରୁ ବହି ଚାଲିଲା ଧାରା ଶ୍ରାବଣ । "ନା, ମା' ବୁଲ୍‌ବୁଲ୍ ବ୍ୟସ୍ତ ହୁଅ ନାହିଁ । ଡାକ୍ତର କହିଛନ୍ତି କିଛିଦିନ ଲାଗିବ ପୁରା ଠିକ୍ ହେବାକୁ । ଏତେ ବଡ଼ ଦୁର୍ଘଟଣା ତ । ଆମକୁ ଧୈର୍ଯ୍ୟ ଧରିବାକୁ ପଡ଼ିବ ।" ହାତ ଥାପୁଡ଼ାଇ ବୋହୂକୁ ରାଧାମୋହନ ବାବୁଙ୍କର ସ୍ତ୍ରୀ କହିଲେ ।

ସବୁ ହସ୍ପିଟାଲର କାମ ସରିଲା ପରେ ଗାଡ଼ିରେ ସମସ୍ତେ ଘରକୁ ଗଲେ । ଚନ୍ଦନ କିନ୍ତୁ ଅସନ୍ତୋଷ । ଏହିଟା ମୋର ଘର ନୁହେଁ । ମୁଁ ସାଧାରଣ ଘରର ପିଲା । ମୋ ବାହାଘର ଅନେକ ଦିନୁ ସରିଛି ଏବଂ ମୋର ୪ ବର୍ଷର ଝିଅଟିଏ ଅଛି... ଇତ୍ୟାଦି ଇତ୍ୟାଦି ବାଟସାରା କହୁଥାନ୍ତି । ଘରେ ପହଞ୍ଚି, "ଆପଣମାନେ ମୋତେ କାହିଁକି ଏଇଠିକୁ ଆଣିଲେ ? ବିଶ୍ୱାସ କରନ୍ତୁ ମୋର ଇଏ ଘର ନୁହେଁ । ଆପଣମାନଙ୍କୁ ମୁଁ ଆଦୌ ଜାଣେ ନାହିଁ ।" "ନା'ରେ ବାପା ତୁ ଏମିତି ଏଆଡୁ ସେଆଡୁ କହିଚାଲିଛୁ । ଗଲୁ ବୁଲ୍‌ବୁଲ୍ ବାହାଘର ଆଲବମ୍ ଆଣି ଦେଖାତ ଚନ୍ଦନର ସବୁ ମନେ ପଡ଼ିବ ।" ବୁଲ୍‌ବୁଲ୍ ଦୌଡ଼ିଯାଇ ଆଲମାରୀରୁ ଆଣି ବାହାଘର ଆଲବମ୍ ଫଟୋ ଉପରେ ଫଟୋ ବିକଳରେ ଦେଖାଇବାକୁ ଲାଗିଲା । ଚନ୍ଦନର ସେଇ ଏକା ଜିଦ୍ । "ଏହି ଫଟୋଗୁଡ଼ିକ କିପରି ଉଠିଛି ମୁଁ କିଛି ଜାଣେନାହିଁ । ମୋ'ଘର ଏଇଟା ଆଦୌ ନୁହେଁ । ମୋ ଚେହେରା ତ ଠିକ୍ ଦିଶୁଛି କିନ୍ତୁ ଇଏ ମୁଁ ନୁହେଁ । ମୋତେ ଦୟାକରି ମୋ ଘରକୁ ପଠାଇ ଦିଅନ୍ତୁ । ମୁଁ ଶୈଳଶ୍ରୀ ବିହାରରେ ରୁହେ ।" ଯେତେ ବୁଝାଇଲେ ସେ ଆଦୌ ବୁଝିଲେ ନାହିଁ ହାତଯୋଡ଼ି ବିନତି କଲେ ମୋତେ ମୋ ଘରକୁ ପଠାଇ ଦିଅନ୍ତୁ ସେଠାରେ ମୋ ସ୍ତ୍ରୀ, ମୋ ବାପା, ମା', ଝିଅ ସବୁ ଅଛନ୍ତି । ମୋ' ଫେରିବା ବାଟକୁ ଚାହିଁ ବସିଛନ୍ତି ।" ରାଧାମୋହନ ଆଉ କିଛି ଉପାୟ ନପାଇ ଗାଡ଼ି ଓ ଡ୍ରାଇଭରକୁ ଡାକି ଯେଉଁଆଡ଼େ ଯିବାକୁ ଚାହୁଁଛନ୍ତି ଚନ୍ଦନ,

ସେଇଠିକୁ ନେଇଯିବାକୁ ଡ୍ରାଇଭରକୁ ନିର୍ଦ୍ଦେଶ ଦେଲେ । ବୋହୂ ବୁଲ୍‌ବୁଲ୍‌ର କାନ୍ଦ କାହିଁରେ କ'ଣ । ଇଏ ମୋ ଭାଗ୍ୟ କ'ଣ ହେଲା । ସ୍ୱାମୀଙ୍କର କିଛି ମନେପଡୁ ନାହିଁ । ସେ ଯାହାହେଉ, ଗାଡ଼ିରେ ଚନ୍ଦନ ଗଲେ ଶୈଳଶ୍ରୀ ବିହାର ।

ଚନ୍ଦନ ଠିକ୍ ରାସ୍ତା ଜାଣିଛନ୍ତି । ଶୈଳଶ୍ରୀବିହାରରେ ପହଞ୍ଚି ଠିକ୍ ନମ୍ବର ଘରେ ମଧ୍ୟ ପହଞ୍ଚିଗଲେ । ଘରେ ପହଞ୍ଚୁ ପହଞ୍ଚୁ ଡାକ ଛାଡ଼ିଲେ । ମୀନା-ମୀନା.... ଭିତରୁ ସାଧା ଧଳା ଶାଢ଼ୀ ପିନ୍ଧିଥିବା ସ୍ତ୍ରୀ ଲୋକଟିଏ ମୁଣ୍ଡରେ ଓଢ଼ଣା ଦେଇ ସାମନାକୁ ଆସିଲେ । ଚନ୍ଦନର ଖୁସି କହିଲେ ନସରେ । "ଆରେ ମୀନା, ଏମିତି କ'ଣ ଧୀରେ ଧୀରେ ଆସୁଛ ମ? ଏତେଦିନ ଡାକ୍ତରଖାନାରେ ପଡ଼ିଲି ଟିକିଏ ଦେଖିବାକୁ ଆସିଲ ନାହିଁ । ଏମିତି ଧଳା ଶାଢ଼ି କାହିଁକି ପିନ୍ଧିଛ ? କାନରେ ବେକରେ କିଛି ଗହଣା ନାହିଁ କ'ଣ ସଫା କରିଛ ଆଜି ଅଳଙ୍କାର ସବୁ? ଆଚ୍ଛା କୁନି କାହିଁ କହିଲ ? ସେତ ମୋତେ ବହୁତ ଖୋଜୁଥିବ । ଏତେଗୁଡ଼ିଏ ପ୍ରଶ୍ନ ଏକାଥରେ ମିନତି ଆଶ୍ଚର୍ଯ୍ୟ ହୋଇ କ'ଣ ଉତ୍ତର ଦେବେ ବୁଝିପାରିଲେ ନାହିଁ । କିଏ ଇଏ ସ୍ୱାମୀଙ୍କ କଥା ଭଳି ଟିକିଏ ଶୁଭୁଛି । ନା, ସେ ତ କେବେଠାରୁ ଆରପାରିକୁ ଗଲେଣି । ମୋର ଏଇଟା ଭ୍ରମ । ଇଏ ଆଉ କିଏ । "ଆଜ୍ଞା ଆପଣ କାହାକୁ ଖୋଜୁଛନ୍ତି ?" ଧୀର ଗଳାରେ ମୀନତି ପଚାରିଲେ । କ'ଣ ମୀନା ମୋତେ ଚିହ୍ନିପାରୁନାହଁ? କି ଆଶ୍ଚର୍ଯ୍ୟ, ମୁଁ ତୁମ ସ୍ୱାମୀ ରାଜେନ୍ଦ୍ର । ମୀନତି ଏହିପରି ଅଦ୍ଭୁତ କଥା ଶୁଣି ସ୍ତବ୍ଧ ହୋଇଗଲେ । କହିଲେ, "ମୋ ସ୍ୱାମୀଙ୍କର ଆଜକୁ ୨ ମାସ ତଳେ ରାସ୍ତା ଦୁର୍ଘଟଣାରେ ମୃତ୍ୟୁ ହୋଇଛି । ଆପଣ ଏହିପରି ଭୁଲ୍ କଥା କାହିଁକି କହୁଛନ୍ତି ? ଆପଣ ମୋ ସ୍ୱାମୀ ନୁହଁନ୍ତି । ଏହି ସମୟରେ ମା', ବାପା ଓ ପାଖ ପଡ଼ିଶା ରୁଣ୍ଡ ହୋଇଗଲେ । ସମସ୍ତେ ଭାବିଲେ ଏହି ଲୋକ ଏହିପରି ମିଛ କହି ଧନ ସମ୍ପତ୍ତି ଲୁଟ କରିବା ପାଇଁ ଆସିଛି ବୋଧହୁଏ । ନହେଲେ ତା' ଦେହରେ ରାଜେନ୍ଦ୍ରର ଭୂତ ପଶିଯାଇଛି । ଆଜିକାଲି ଦୁନିଆରେ କେତେପ୍ରକାରର ଠକେଇ ଚାଲିଛି କିଏ ଜାଣେ ଇଏ ବି ସେହିପରି କିଛି ଗୋଟାଏ ଚାଲ୍ । ଚନ୍ଦନ ମାନିବାକୁ ପ୍ରସ୍ତୁତ ନୁହଁନ୍ତି । ବିଶ୍ୱାସ କର ମୀନା ମୁଁ ତୁମ ସ୍ୱାମୀ । ମୁଁ ବଞ୍ଚିଛି, ମରିନାହିଁ । କାନ୍ଥରେ ଟଙ୍ଗା ହୋଇଥିବା ଫଟୋ ଦେଖାଇ ମିନତି କହିଲେ, "ମୋ ସ୍ୱାମୀଙ୍କର ଚେହେରା ଦେଖନ୍ତୁ । ଚନ୍ଦନ କାନ୍ଥରେ ଝୁଲା ହୋଇଥିବା ମୀନା ସହିତ ଉଠିଥିବା ଫଟୋ

ଦେଖି ଆଚମ୍ବିତ ହୋଇଗଲେ । ସେ ତା' ହେଲେ ପ୍ରକୃତରେ କିଏ ? ସେଠି ସେମାନେ କହୁଛନ୍ତି ତୁ ଆମ ପୁଅ ଏଠି ଏମାନେ କହୁଛନ୍ତି ତୁ ଅନ୍ୟ କିଏ ? ତା'ହେଲେ ମୁଁ କିଏ ମୋର ଘର କେଉଁଠି ? ତାଙ୍କ ମୁଣ୍ଡ ଗୋଳମାଳ ହୋଇଗଲା ଏବଂ ସେ ବାଧ୍ୟ ହୋଇ ଗାଡ଼ି ଧରି ରାଧାମୋହନ ବାବୁଙ୍କ ଘରକୁ ପୁଣି ଫେରି ଆସିଲେ ଅତି ଦୁଃଖରେ । ସେଠାରେ ପହଞ୍ଚି ସେ ରାଧାମୋହନ ବାବୁଙ୍କୁ ଅତି ବିକଳରେ ପଚାରିଲେ, "ଆଜ୍ଞା, କୁହନ୍ତୁ ଏହି ସବୁର ପ୍ରକୃତ ରହସ୍ୟ କ'ଣ ? ମୁଁ ପ୍ରକୃତରେ କିଏ ମୋର ଘର କେଉଁଠି ? ମୋର ପ୍ରକୃତ ସ୍ତ୍ରୀ କିଏ ? ଏଠି ଆପଣ କହୁଛନ୍ତି ମୁଁ ଆପଣଙ୍କ ନିଜର । ମୁଁ ଗ୍ରହଣ କରିବାକୁ ରାଜି ନୁହେଁ । ସେଠି ମୁଁ କହୁଛି ମୁଁ ତାଙ୍କର ନିଜର । ମୋତେ ସେମାନେ ଗ୍ରହଣ କରିବାକୁ ରାଜି ନୁହଁନ୍ତି । ମୁଁ ତା'ହେଲେ କରିବି କ'ଣ ? ଦୟାକରି ମୋତେ ବୁଝାନ୍ତୁ ଏହିସବୁ ଗୋଳମାଳିଆର ଅର୍ଥ କ'ଣ ? ରାଧାମୋହନ ବାବୁ ଏବେ ପାଟି ଖୋଲିଲେ । କହିଲେ, ବ୍ୟସ୍ତ ହୁଅନାହିଁ ବାବୁ । ସବୁକଥା ମୁଁ ଏବେ ଖୋଲିକି ବୁଝାଉଛି ।"

ସେହିଦିନ ଜୟଦେବ ବିହାର ଛକର ଦୁର୍ଘଟଣାଟି ବେଶ୍ ଭୟଙ୍କର ଥିଲା । ତୋର ମସ୍ତିଷ୍କ ସେହି ଦୁର୍ଘଟଣାରେ ଛିନ୍‌ଭିନ୍ ହୋଇଯାଇଥିଲା । ଭାଗ୍ୟକୁ ଠିକ୍ ସେହି ସମୟରେ ଆଉ ଜଣେ ଯୁବକ ନିଜ ସ୍କୁଟରରେ ଆସୁଥିଲେ ଦୁର୍ଘଟଣାରେ ମଧ୍ୟ ସମ୍ମୁଖୀନ ହେଲେ ଏବଂ ଅନେକ ଚେଷ୍ଟା ପରେ ତାଙ୍କର ସେହି ଡାକ୍ତରଖାନାରେ ମୃତ୍ୟୁ ହୋଇଗଲା । ସେତିକିବେଳେ ତୋତେ ଦେଖୁଥିବା ଡାକ୍ତର ମିଶ୍ରଙ୍କ ମୁଣ୍ଡରେ ବୁଦ୍ଧି ପଶିଲା ଏବଂ ସେ କହିଲେ ଠିକ୍ ସେହି ସମୟରେ ଆମେରିକାରୁ ଜନ୍ ଫରଗୁସନ୍ ନାମକ ବ୍ରେନ୍ ସର୍ଜନ ଦିଲ୍ଲୀକୁ ଆସିଥାନ୍ତି କନଫରେନ୍ସରେ ଯୋଗଦେବାକୁ । ତାଙ୍କୁ ଡକାଇ ମସ୍ତିଷ୍କ ରୋପଣ କରିଦେଲେ ତୁ ପୁରା ଭଲ ହୋଇଯିବୁ । କିନ୍ତୁ ଏଥିପାଇଁ କୋଟିଏ ଟଙ୍କାରୁ ଉର୍ଦ୍ଧ୍ୱ ଖର୍ଚ୍ଚ ହେବ । ମୁଁ ତୋତେ ପାଇବା ପାଇଁ ଏତେ ବିକଳ ହୋଇ ପଡ଼ିଥିଲି ଏବଂ ବୁଲ୍‌ବୁଲ୍‌ର ଶୁଖିଲା ମୁହଁ ମୋତେ ଦିଶୁଥିଲା ବାରମ୍ବାର । ସେହି ପ୍ରସ୍ତାବରେ ମୁଁ ସଙ୍ଗେ ସଙ୍ଗେ ରାଜି ହୋଇଗଲି ଏବଂ ଡଃ ମିଶ୍ରଙ୍କ ସଙ୍ଗେ କଥାବାର୍ତ୍ତା କରି ସେହି ଡାକ୍ତରଙ୍କୁ ଏଠାକୁ ଅଣାଗଲା । ଅନ୍ୟ ଦୁର୍ଘଟଣାରେ ମୃତ୍ୟୁ ହୋଇଥିବା ଲୋକଟିର ବ୍ରେନ୍‌କୁ ଭଲରେ ସାଇତି ରଖି ତୋର ରୋପଣ କରାହେଲା । ସେଥିପାଇଁ ଅଜସ୍ର ପଇସା ଖର୍ଚ୍ଚ ହେଲା ସତ

ହେଲେ ତୋତେ ସଶରୀରରେ ଫେରି ପାଇଲୁ ସେତିକି ଆମର ବଡ଼ ଭାଗ୍ୟ । ତୋତେ ଫେରି ପାଇନଥିଲେ ତୋ ମା' ପାଗଳ ହୋଇଯାଇ ଥାଆନ୍ତା ଆଉ ନୂଆ ବିବାହିତା ବୁଲ୍‌ବୁଲ୍‌ର ଯେ କି ଅବସ୍ଥା ହୋଇଥାଆନ୍ତା ମୁଁ ଭାବିପାରୁ ନାହିଁ । ତୋର ଯେହେତୁ ଅନ୍ୟ ଲୋକର ବ୍ରେନ୍ ଲଗା ହୋଇଛି ତୁ ଭାବୁଛୁ ତୁ ସେମାନଙ୍କର କିନ୍ତୁ ସେମାନେ ତୋତେ ଗ୍ରହଣ କରିବାକୁ ନାରାଜ କାରଣ ତୁ ତାଙ୍କ ଲୋକଭଳି ଆଦୌ ଦିଶୁନାହୁଁ । ତେଣୁ ମସ୍ତିଷ୍କ ରୋପଣରେ ବଡ଼ ସମସ୍ୟା ବିଜ୍ଞାନ ଆଜି ଆସି ଆମ ପାଖରେ ଛିଡ଼ା କରିଛି । ବର୍ତ୍ତମାନ ତ ସବୁକଥା ଶୁଣିଲୁ ଏବେ ତୋ' ଉପରେ ନିର୍ଭର କରେ ତୋ ନିଷ୍ପତ୍ତି । ଚନ୍ଦନଙ୍କର ମୁଣ୍ଡ ଘୁରିଗଲା । ସତରେ ସେ କରିବେ କ'ଣ ? ବୈଜ୍ଞାନିକ ପଦ୍ଧତି ଆଜି ଏହିପରି ଏକ ଜଟିଳ ସମସ୍ୟାରେ ପକାଇବ କିଏ ଜାଣିଥିଲା ? ସେ କ'ଣ କରିବେ କିଛି ଠିକଣା କରିପାରିବେ ନାହିଁ ମସ୍ତିଷ୍କ ରୋପଣ ସମ୍ଭବ ହୋଇପାରିଛି ସତ; କିନ୍ତୁ ଏହି ଜଟିଳ ସମସ୍ୟାର ସମାଧାନ କରିବ କିଏ ? ? ?

◆◆

ପ୍ରଣାମ ସେହି ଜନପ୍ରିୟ ବିଜ୍ଞାନ ଲେଖକଙ୍କୁ ଯାହାଙ୍କର ସାରାଜୀବନ ବିଜ୍ଞାନକୁ ଲୋକପ୍ରିୟ କରିବାରେ ବିତିଛି । ସେଥିପାଇଁ ସେ ଆଜି ପ୍ରଶଂସାର ପାତ୍ର ।

ଆବିର୍ଭାବ : ୨୪.୦୫.୧୯୨୨

ତିରୋଧାନ : ୧୦.୦୭.୨୦୧୩

ପ୍ରଫେସର ଡକ୍ଟର ଗୋକୁଳାନନ୍ଦ ମହାପାତ୍ରଙ୍କର ଜନ୍ମ ଶତବାର୍ଷିକୀ ଜୁଲାଇ ମାସ ୨୦୨୩ରେ ଆରମ୍ଭ ହୋଇ ୨୦୨୪ରେ ସମାପ୍ତ ହୋଇଛି । ତାଙ୍କର ଶତବାର୍ଷିକୀ ବର୍ଷସାରା କଟକ, ଭୁବନେଶ୍ୱର, ନିଜ ଗ୍ରାମ ଭଦ୍ରକ ଆଦିରେ ବେଶ୍ ଧୁମ୍‌ଧାମ୍‌ରେ ପାଳନ କରାହୋଇଛଇ । 'ଆଶ୍ରୟ' ଅନାଥ ଆଶ୍ରମରେ ପିଲାମାନଙ୍କୁ ନୂତନ ବସ୍ତ୍ର ବଣ୍ଟାଯାଇ ସୁସ୍ୱାଦୁ ଖାଦ୍ୟ ଖାଇବାର ମଧ୍ୟ ବ୍ୟବସ୍ଥା କରାହୋଇଥିଲା । ପ୍ରଫେସର ମହାପାତ୍ରଙ୍କର ସେବା ମନବୃତ୍ତି ମଧ୍ୟ ବେଶ୍ ଥିଲା । ପ୍ରଫେସର ଗୋକୁଳାନନ୍ଦ ମହାପାତ୍ର ବିଜ୍ଞାନର ଜଣେ ପ୍ରବୀଣ ଲେଖକ ଥିଲେ । ୧୯୪୮ ମସିହାରେ ଆଠଟି ପ୍ରବନ୍ଧକୁ ନେଇ ସେ ସର୍ବପ୍ରଥମେ ଓଡ଼ିଆ ଭାଷାରେ

'ବିଜ୍ଞାନ ବିସ୍ମୟ' ପୁସ୍ତକ ରଚନା କରିଥିଲେ । ୧୯୫୨ ମସିହାରେ ତାଙ୍କ ଲିଖିତ ପୁସ୍ତକ 'ପୃଥିବୀ ବାହାରେ ମଣିଷ' ସାରା ଓଡ଼ିଶାରେ ଚହଳ ପକାଇ ଦେଇଥିଲା । ଏହି ବହିର ଇଂରାଜୀ ଅନୁବାଦ 'Man Beyond Earth' ତାଙ୍କର ଝିଅ ଡକ୍ଟର ଜ୍ୟୋସ୍ନାଙ୍କ ଦ୍ୱାରା ପ୍ରକାଶିତ ହୋଇଛି ୨୦୧୨ ମସିହାରେ । ତାଙ୍କର ଅନ୍ୟାନ୍ୟ ପୁସ୍ତକ ମଧ୍ୟରେ ବିଜ୍ଞାନ କୃତିତ୍ୱ, ପରମାଣୁ ବୋମା, ଏ ଯୁଗର ଶ୍ରେଷ୍ଠ ଉଦ୍ଭାବନ, ଉଡ଼ନ୍ତା ଥାଳିଆ, ଚନ୍ଦ୍ରର ମୃତ୍ୟୁ, ମୃତ୍ୟୁ ଏକ ମାତୃତ୍ୱର ଭ୍ରମଣ କାହାଣୀ, ନୀଳଚକ୍ରବାଳା ସେପାରି ଓ ପାଶ୍ଚାତ୍ୟ ସ୍ମୃତି ଆଦି ପୁସ୍ତକ ଉଲ୍ଲେଖଯୋଗ୍ୟ । ତାଙ୍କର ଶେଷ ପୁସ୍ତକ 'ଡାଇନୋସୋରର ହସ' । ପିଲାଙ୍କ ପାଇଁ ଛୋଟ ଛୋଟ ବହି ଅନେକ ଲେଖିଛନ୍ତି । ବିଜ୍ଞାନକୁ ଲୋକପ୍ରିୟ କରିବା ତାଙ୍କର ଉଦ୍ୟମ ଅତି ପ୍ରଶଂସନୀୟ । ଆଶ୍ଚର୍ଯ୍ୟ ଲାଗେ ୧୦୦ରୁ ଊର୍ଦ୍ଧ୍ୱ ପୁସ୍ତକ ଏବଂ ବିରାଟ ୧୫୦୦ ପୃଷ୍ଠାର ବୈଜ୍ଞାନିକ ଜ୍ଞାନକୋଷମାନ ମଧ୍ୟ ପ୍ରକାଶ କରିଯାଇଛନ୍ତି । ପ୍ରଫେସର ମହାପାତ୍ରଙ୍କ ଦ୍ୱାରା ବିଜ୍ଞାନ ପ୍ରଚାର ସମିତି ଆରମ୍ଭ ହୋଇ ଆସନ୍ତା ଅଗଷ୍ଟ ମାସ ୭ ତାରିଖରେ ପ୍ଲାଟିନମ୍ ଜୁବିଲି ପାଳନ ହେଉଛି । ରୌପ୍ୟ ଓ ସୁବର୍ଣ୍ଣ ଜୟନ୍ତୀ ଖୁବ୍ ଖୁସିରେ ଡ: ମହାପାତ୍ରଙ୍କର ଉପସ୍ଥିତିରେ ପାଳନ କରାଯାଇଥିଲା । ପୃଥିବୀର କୋଣେ କୋଣେ ବାସ କରୁଥିବା ଓଡ଼ିଆ ଲୋକମାନେ ପ୍ରଫେସର ମହାପାତ୍ରଙ୍କୁ ଲୋକପ୍ରିୟ ବିଜ୍ଞାନ ଲେଖା ପାଇଁ ଆଜି ବି ମନେପକାଉଛନ୍ତି । ତାଙ୍କ ଜନ୍ମ ଶତବାର୍ଷିକୀରେ 'ଗୋକୁଳାନନ୍ଦ ସ୍ମୃତି ସମ୍ମାନ'ରେ କେତେଜଣ ଜନପ୍ରିୟ ବିଜ୍ଞାନ ଲେଖକ ସମ୍ମାନିତ ହୋଇଥିଲେ ।

◆◆

Man Beyond Earth
Jyotshna Mahapatra

ଡ: ଜ୍ୟୋସ୍ନା ମହାପାତ୍ରଙ୍କ
ଲୋକପ୍ରିୟ ବିଜ୍ଞାନ

ଓମ୍

କବି ଏକ ଭିନ୍ନ ପୃଥିବୀର

ସ୍ମୃତିର ସିନ୍ଦୁକ

ବୋଉ
ଡକ୍ଟର ଜ୍ୟୋସ୍ନା ମହାପାତ୍ର

+2 PRACTICAL CHEMISTRY
Dr. Gokulananda Mahapatra
Dr. Jyotshna Pattanayak

The Language of Chemistry
Dr. Gokulananda Mahapatra
Dr. Jyotshna Pattanayak